献给: 那些喜欢 C 的人, 把 C 当作乐趣的人。为了 C, 你可能茶饭不思; 为了 C, 你可能面红耳赤; 为了 C, 你可能义无反顾。C 是一种精神, 一种说不清楚的理想, 痛苦并快乐。

C语言程序设计丛书

说C解C

耿楠 聂艳明 李建良 冯妍 著

西安电子科技大学出版社

内 容 简 介

本书针对目前国内高校在C语言程序设计教学中对部分重要语法细节的关注不足、对综合应用的分析不够深入、缺少工程化意识和忽略程序DEBUG等问题，提出了程序设计“三观”的概念，即内存观、代码观和调试观，选取25个实用性强的专题如DEBUG的概念及使用、scanf()函数及键盘缓冲区、数据类型的本质、浮点数及其使用、函数参数的单向值传递、泛型排序程序设计和第三方库的安装与使用等，以科技论文的撰写方式对所列专题进行了较为深入细致的讨论。

本书图文并茂，实例丰富，语言活泼，以期为深入学习和掌握C语言程序设计的读者提供指导和帮助，为承担C语言教学的教师提供参考和启发。

图书在版编目 (CIP) 数据

说C解C/耿楠等著.—西安：西安电子科技大学出版社，2021.3
ISBN 978-7-5606-5578-9

I. ①说··· II. ①耿··· III. ①C语言—程序设计 IV. ①TP312.8

中国版本图书馆CIP数据核字 (2020) 第088817号

策划编辑 陈婷
责任编辑 苏镇镇 陈婷
出版发行 西安电子科技大学出版社 (西安市太白南路2号)
电 话 (029)88242885 88201467 邮 编 710071
网 址 www.xduph.com 电子邮箱 xdupfxb001@163.com
经 销 新华书店
印刷单位 陕西天意印务有限责任公司
版 次 2021年3月第1版 2021年3月第1次印刷
开 本 787毫米×1092毫米 1/16 印 张 19.75
字 数 459千字
印 数 1～3000册
定 价 46.00元
ISBN 978-7-5606-5578-9 / TP
XDUP 5880001-1

序

受耿楠教授等人之盛邀，为他们所著的《说 C 解 C》一书作序，荣幸之余，心存惶惶。

C 语言作为程序设计语言中的一员，具有特殊的身份和地位。自从 D.M.Ritchie 和 Ken Thompson 开发出这种不依赖于具体机器系统的语言后，它就焕发出蓬勃的活力。近些年来，各种新的计算机程序设计语言层出不穷，特别是以面向对象为特征的、有利于开发者理解的、有利于高效撰写与复用的语言，往往一经推出就迅速普及开来，以至于在 C 语言教学与学习中，有许多人质疑其在最近和将来一段时期内的价值。我就此问题谈谈个人的看法：第一，目前唯一能够完全衔接低级语言（机器码和汇编语言）和其它各种高级语言的中级语言是 C 语言；第二，目前的主流操作系统无一不是以 C 语言为基础开发的；第三，在硬件控制中，最能高效驱动且易于移植，并使开发者易于理解的是 C 语言。如果不掌握这个不可替代的有力工具，在软件和硬件方面做本质上的创新，无异于沙滩上筑高楼。

要想学好 C 语言，第一，要了解计算机的基本架构和特点，就像要学好外语最好先了解那个国家的文化渊源；第二，要掌握 C 语言的基本语法规则和运行流程，不仅仅是死记硬背，要从逻辑上明白为何是这样而不是那样；第三，要经常从机器和人两个视角考查并理解一些容易出现歧义的规定；第四，要多练习，不能机械地将代码从书本或屏幕上挪移到计算机中，应该在头脑中深思熟虑（综合考虑操作流和数据流）后，再输入计算机中，而且要在输入的同时预测出错的地方和输出的结果；第五，要多总结，将人和机器的思维模式对应起来，要掌握扎实的编译技巧，同时要具备深厚的编译功底。

耿楠教授等人在多年的教学实践中对许多技术细节做了比较深入的调查研究，同时对学生的学习习惯有比较全面的掌握，基于"详尽说明、透彻讲解、深入浅出、旁征博引"的原则撰写了这本《说 C 解 C》，期望能对想学好 C 语言的诸位有所帮助。使科技易于学习和掌握不只是 C 语言教授者和学习者的心愿，更是所有相关技术研究者们的宏念。孜求进步，果待自心！是为序。

张志毅

2020 年 12 月

陕西杨凌

前　言

本书根据作者教学团队多年从事“C 语言程序设计”“数据结构”等课程的教学和科研工作经验，以当前广泛使用的轻量级免费跨平台开发工具 Code::Blocks(MinGW) 为 IDE 开发环境，针对 C 语言程序设计教学过程中常见的重点和难点进行了深度剖析。

本书并没有系统讲解 C 语言的语法和编程方法，而是针对选定的 25 个专题，将 C 语言中的重点、难点和疑点的细节从计算机编程理念、工程化规范意识、开发思路与技巧等方面，进行了深入的解读。通过讲解大量实践案例和技巧，揭示 C 语言中那些鲜为普通学习者或开发者所知的秘密，并简要介绍了 C99 语言规范的新特性及不同平台架构下数据表示的差异，旨在让已经具备 C 语言基础的读者真正掌握 C 语言，从而撰写出更加高效和稳定的 C 语言代码，同时也为承担 C 语言程序设计教学的教师提供必要的参考和启发。

本书的另外一个特点是形式新颖，内容有趣易读，原理讲解细致深刻，知识覆盖面广，并提供书中所有示例源码及其讨论平台，不但是一本提升 C 语言编程水平的读本，也可以为提高读者科技写作能力提供参考。本书适合有一定 C 语言基础的程序员阅读学习，也可作为学习 C 语言程序设计的辅导材料，同时还可作为 C 语言程序设计的教学参考书。无论是 C 语言新手还是有 C 语言基础的程序员，都可以从本书中汲取需要的知识和创意。

本书第 3、4、9 章由聂艳明撰写，第 13、14、15 章由李建良撰写，第 2、8 章由冯妍撰写，其余各章由耿楠撰写，全书由耿楠完成统稿。耿楠、李建良分别编写了配套示例代码，由耿楠对代码进行了系统集成，冯妍对代码进行了审核和校对。西北农林科技大学信息工程学院研究生江旭参加了书稿校对和代码调试工作。

本书的撰写参考了一些在线资料和共享文档以及相关文献，本书基于 LaTeX 工作室提供的开源“ChenLaTeXBookTemplate”LaTeX 模板实现排版。

鉴于作者的学识水平，书中谬误之处在所难免，敬请读者不吝指正。本书的出版得到了西安电子科技大学出版社领导的关怀和支持，陈婷编辑也为本书的出版付出了大量心血，在此一并表示衷心的感谢。

耿楠
2020 年 10 月
陕西杨凌

目录

第 1 章　C 语言的“三观”和提问的智慧

针对 C 语言程序设计在数据组织、代码管理和程序调试中普遍存在的问题，本书提出了 C 语言程序设计的“三观”，即内存观、代码观和调试观。另外，在学习 C 语言程序设计过程中遇到困惑时，如何才能详细、精确地描述问题并及时得到准确答复也是很重要的。根据多年的教学工作经验，在参考相关文献的基础上，本章也总结了 C 语言程序设计中提问的智慧。本章旨在帮助读者建立正确的程序设计“三观”和提问策略，探索获得答案的有效途径。

1.1　C 语言的“三观”

长期以来，在 C 语言程序设计教学中普遍存在着为了减轻学习压力而“简化”教学的现象。例如，用浮点数代替整数，将所有代码都写在“main()”函数中，随意在代码中添加“printf()”“getch()”“system(PAUSE)”函数等。类似这样对 C 语言程序的简化在一定程度上回避了学生在 C 语言学习中学习曲线陡峭的问题，提高了学生学习的积极性。但是往往会使学生忽略 C 语言程序设计的本质，产生“只见树木，不见森林”的片面认识，无法将学到的知识灵活应用于工程实践中。

为此，本书提出了 C 语言程序设计“三观”的概念，即内存观、代码观和调试观，以期读者能够更好地从宏观上掌握程序设计的基本思想。

1.1.1　内存观

程序设计是采用 IPO(Input Processing and Output) 模式对数据进行加工处理和输出的过程。如何高效、准确地组织和管理程序设计中的数据，这不只是使用 C 语言而是使用任何一种语言进行程序设计时，首先应该认真对待的问题。

众所周知，C 语言严格来讲是一种介于汇编语言和高级语言之间的“中级语言”。它是一种强类型的程序设计语言，为数据处理的严谨和灵活提供了必要的语句和语法。但由于目前多数教科书对 C 语言的数据类型只是进行了简单的分类，没有深入分析数据类型是内存组织与管理的本质，甚至一些教材中在整型变量无法满足需要时，用浮点型变量替换整型变量来保存数据。类似这种不完整、不准确的概念和提法，往往会造成读者“死记硬背”且无法灵活运用 C 语言语句和语法的现象。

另外，C 语言中地址类型指针变量的存在，使得在 C 语言程序设计中可以灵活、精确地管理和使用内存。但由于指针的复杂性，一些教材甚至是教师在教学中刻意回避使用指针，并强调对于能用普通变量解决的问题，不要用指针来解决，这对于真正掌握 C 语言程序设计毫无裨益。

以上现象违背了C语言程序设计的基本理念。在C语言程序设计中，建立正确的“内存观”非常重要。在编写任何代码前，一定要深入分析数据的类型，设计合理的数据组织与管理方案，然后再进行后续的程序设计。只有这样，才能合理、准确、高效地使用内存，避免出现“内存浪费”和“内存泄漏”等问题。

1.1.2 代码观

在目前的C语言教学中，为了简化教学任务和应付考试，往往在完成C语言的学习后，所有的代码都写在一个“main.c”文件中甚至在一个“main()”函数中。更有甚者，一些教材中会出现“双击这个.c文件编译/运行程序”的提法。

实质上，C语言是一种结构化的程序设计语言，“函数”是其程序设计的“基本单元”。在实际工程中，往往要求任何规模的程序设计都必须基于函数来实现。

另外，对于实际中规模较大的程序设计，需要按照“工程”的方式，采用“多文件结构”的形式组织程序中涉及的各类代码、数据和其它文件，所有文件相互协作，通过编译/链接，生成最终的可执行文件。

所以，在C语言程序设计中，一定要建立正确的“代码观”，以便更为合理地进行任务分解，完成函数设计，进行代码的分文件组织，用工程的方式管理代码。只有这样才能避免将所有代码都写在一个“main.c”文件甚至是一个“main()”函数中。也只有这样才能建立起“工程”的概念，在保存文件时，不至于只保存一个“main.c”文件，造成工程设置丢失的问题。

1.1.3 调试观

不只是C语言，在使用任何程序设计语言进行程序设计时，总会有BUG发生，因此，在程序设计中不断进行DEBUG是一个不可回避的任务(关于BUG和DEBUG的详细介绍见第4章)。

同样为了简化教学任务和应付考试，大都建议学生不断地用“printf()”“putc()”“puts()”等输出函数输出程序运行的中间结果，甚至会使用“getchar()”“system(PAUSE)”等导致系统无端挂起的语句中断程序运行，以便分析程序的运行状态。这些方式往往无法全面跟踪和剖析程序的运行过程，只能是“头痛医头，脚痛医脚”，并且由于系统无端挂起，会造成更多无法预知的错误。

为此，本书提出了程序设计“调试观”的概念，强调无论何处何时，程序设计中的BUG务必要使用相应的DEBUG工具分析、定位和提出解决方案。只有建立正确的调试观，才能避免在代码里随处使用“printf()”的问题，养成只有在最终输出或输出函数中才使用“printf()”函数的习惯，才能有效地避免随意使用“getchar()”或“system(PAUSE)”挂起程序的恶习！

内存观、代码观和调试观这“三观”是C语言程序设计中重要的“思想”和“理念”，每一个学习和使用C语言的人都应该树立正确的C语言程序设计“三观”。在程序设计中，要树立正确的内存观以有效组织数据；要树立正确的代码观以建立清晰的代码组织结构；要树立正确的调试观以准确定位并解决各类错误。

1.2 提问的智慧

任何人,任何时候,学习任何知识,都不可避免地要碰到各种各样的问题。向有经验的人提问和请教,是任何学习任务中都不可或缺的一个环节。如何高效地提出问题,通过与对方进行交流和沟通“挣”来一个正确和完美的答案,是学习者必须掌握的方法。

1.2.1 提问之前应该做的事情

1. 查阅教材和参考文献

对于大多数的问题,一些教材和参考文献能为你提供标准的解答。因此在提问之前,最好先去阅读相关的教材和参考文献。如果能够在提问的同时表明自己已经阅读过教材和参考文献,但是依旧留有困惑,别人会更加愿意为你解答。如果你不知道如何查找参考文献,那么抓紧时间去学习,这是一门非常重要的课程,并且没有人专门给你讲授这门课程!

2. 检索互联网

C 语言是一个成熟且经典的计算机程序设计语言,从 1969 年开始,人们使用它已有五十多年的历史。初学者遇到的绝大部分问题都能在互联网上找到成熟的答案。因此,在提问之前,最好是先在互联网上搜索。

常用的网站有:

- http://en.cppreference.com/w/;
- https://stackoverflow.com/;
- https://www.csdn.net/;
- 北大、浙大等的 OJ 系统 (Online Judge 系统)。

3. 认真 DEBUG

DEBUG 是 C 语言程序设计中一个不可或缺的工具,通过 DEBUG 可以剖析一个程序中的所有细节,从而判断程序中 BUG 出现的位置、种类、严重程度等。解决这些 BUG,程序便能够正常运行。DEBUG 特别适用于解决程序中的逻辑错误。

在提问之前一定要认真完成程序的 DEBUG,通过设置断点暂停程序的运行,以查看或改变程序的变量值、函数调用结果、CPU 的状态和内存的状态等,从而实现程序运行过程的剖析、错误的定位和错误的分析。在提问之前,应该准备 DEBUG 的过程截图、内容记录等信息。

4. 相互讨论

三人行必有我师,在学习过程中,身边一定有许多精于此道的同学和朋友,要多向这些同学和朋友请教,与同学和朋友展开讨论和分析。

理不辩不明,讨论分析得多了,对问题的理解也就更加深入,可以更为清晰地分析和解决问题了。也许经过与同学和朋友的讨论,很多问题及相关疑问就轻易得到了解决和解答。

1.2.2 提问模板

为了能够详细、精确、及时地得到问题的分析和处理方法，给回答的人提供全面、有效的信息是非常必要的。根据作者多年的教学工作经验，以C语言课程的提问为例，这里给出两个基本的提问模板。

1. 语法错误（编译错误）

语法错误是在程序编写过程中产生的，编译器通过词法和语法分析完全可以精确地定位错误的位置和错误的类型。因此在出现语法错误时，需要提供全面的编译器编译内容和链接错误及警告信息，可参照下面的模板进行提问。

> 编译遇到了错误，请问应该如何解决？是否还需要提供更多信息？谢谢！
> **编译报错：**
> 在这里填写编译报错信息截图（Code::Blocks 的 Logs & others 输出窗格中的 Build messages 标签中以 error 或 warning 开始的信息）。
> **最小工作示例代码：**
> 填写 MWE 请勿截图，切记要提供源代码！
> **问题描述：**
> 请使用缩进和空行等策略有条理、清晰地对遇到的问题进行罗列和表达。
> **编译链接参数：**
> 如有必要，请详细描述编译链接参数（Code::Blocks 的 Logs & others 输出窗格中 Build messages 标签中的信息）。

2. 逻辑错误（程序运行崩溃或运行结果与期望结果不符）

如果编译和链接没有错误，而是在程序运行中出现崩溃或者是程序运行结果与期望结果不相符，则这样的错误大多数是逻辑错误。逻辑错误当然是因为程序设计的逻辑不正确造成的，解决逻辑错误一般离不开DEBUG，可参照下面的模板进行提问。

> 程序出现逻辑错误，请问应该如何解决？是否还需要提供更多信息？谢谢！
> **当前输出结果：**
> 提供相应控制台（黑窗口）输出截图。
> **功能描述与预期结果：**
> 对程序功能及预期结果进行详细、精准的描述，或提供预期效果截图（也可以是其他人的正确结果截图）。
> **最小工作示例代码：**
> 填写 MWE 请勿截图，切记要提供源代码！
> **编译链接参数：**
> 如有必要，请详细描述编译链接中的参数（Code::Blocks 的 Logs & others 输出窗格中的 Build log 标签中的编译日志）。

1.2.3　提问时的建议

1. 整理 MWE

MWE(Minimal Working Example) 意思是“最小工作示例”。顾名思义，MWE 的特点有三个：简短 (不包含与问题无关的代码片段)、工作 (能够独立运行于他人的计算机上，而不需要再添加额外的代码)、示例 (在他人计算机上的运行结果，能完整地再现你所遇到的问题)。

时间对任何人都是一笔宝贵的财富。如果提供的代码冗长，回答者势必要花费大量时间阅读不必要的代码。这样会浪费回答者的时间，提问者会等待更久。因此有必要让示例足够简短，而且尽量能够再现错误。

特别需要注意的是：Code::Blocks 中是以工程的方式管理代码，提供完整的“工程文件”，而不只是一个“*.c”或“*.h”文件，要将“*.cbp”“*.layout”等与工程相关的文件一并提供，以便他人能够运行代码。

建议：一般需提供 MWE 所在文件夹下除了 “bin”和“obj”文件夹的其余所有文件。

2. 给出完整准确的错误提示

在 Code::Blocks 中编译/链接错误信息在 Logs & others 输出窗格中的 Build messages 标签中输出，如图 1.1 所示。

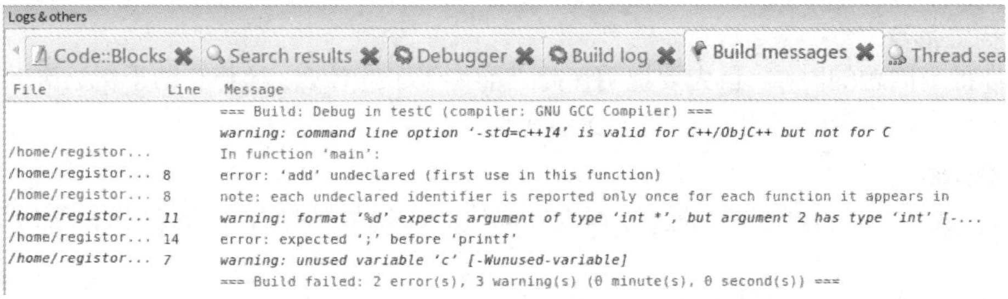

图 1.1　编译错误信息

错误截图应该完整，若过长，则要提供 Logs & others 输出窗格中的 Build log 标签中的编译/链接日志信息，如图 1.2 所示。

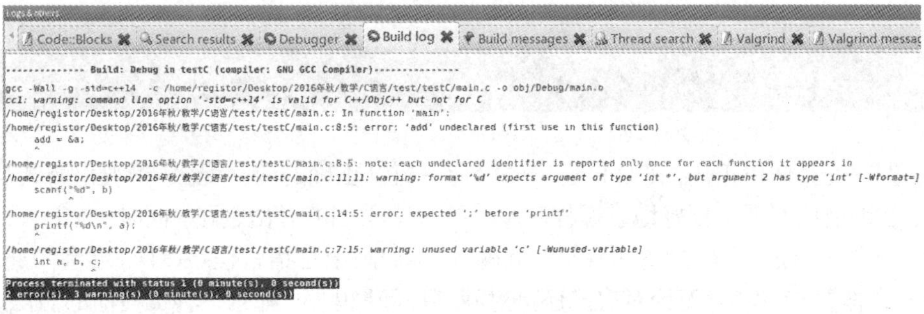

图 1.2　编译日志信息

3. 提问者常犯的错误

提问者常犯的错误：一是只提供代码截图；二是只提供代码片段；三是对代码冗余不做删减。

(1) 永远不要提供代码截图，应直接提供源代码。C语言是一种非常灵活的语言，同时也意味着复杂。除了一些经典的问题，大多数问题通常无法通过“看一眼”就能解决。这意味着，回答者通常需要在自己的计算机上运行代码。如果只是给出了代码截图，回答者就不得不自己在计算机上重新输入你的代码。这样一方面会浪费很多时间(通常也不会有人乐意这样做)，另一方面，在重新输入代码的过程中，有可能会产生新的错误，从而无法完全复现所遇到的问题。

(2) 永远不要只提供代码片段，应提供完整的工作示例。众所周知，如果一个人感冒流涕，他不会只把自己的鼻子送给医生去检查。同样，提问者也不能只提供问题的一部分代码，因为问题可能出现于其它地方。如果只提供代码片段，则大多数的问题是无从解决的。特别是当涉及数据文件、第三方库等内容时，应该同时提供需要的数据文件以及需要的第三方库相关配置说明。

(3) 永远不要提供不加删减的冗长代码，应提供简短的工作示例。将未做删减的代码全部提供给别人，回答者往往要在工作、学习之余帮你解决问题，而没有人乐意在休息时间阅读一段乱码或垃圾代码。

1.2.4 提问者要谨记

1. 树立形象

当你提出问题的时候，首先要说明在此之前你干了些什么，这将有助于树立你的形象：你不是一个妄图不劳而获的乞讨者，不愿浪费别人的时间。

2. 思考周全

周全地思考，准备好你的问题，草率地发问只能得到草率的回答，或者根本得不到任何答案。

3. 尊重他人

决不要自以为够资格得到答案，你没这种资格！你要自己去“挣”回一个答案，靠提出一个有内涵、有趣、有思维激励作用的问题去“挣”到这个答案。

切记，你要自己去“挣”回一个答案，这一点极其重要！

1.3 小结

“三观”不正，何以正码，在C语言程序设计中树立正确的内存观、代码观和调试观非常有必要，这也是从宏观上更好地掌握程序设计的基本思想的必由之路。同时，在学习和工作中，任何人任何时候都会碰到各式各样的问题，这不局限于C语言程序设计。学会沟通、高效提问，努力“挣”一个答案，无论对自己还是对回答你问题的人，都是一种负责任的做法。

第 2 章　开发环境安装与配置

在 IT 行业的工作和学习中，为电脑配置 C/C++ 程序设计开发环境是重中之重。本章基于 Windows 平台，以跨平台的 C/C++ 编译器 MinGW 和 Code::Blocks 集成 C/C++ 开发环境的配置为例，说明编译器与集成开发环境的区别及其相互配合构建开发环境的基本方法，同时，也为 Python、Java 和 C# 等开发环境的配置提供基本思路。

2.1　安装 MinGW

MinGW 是 Minimalist GNU on Windows 的简称，是一个自由软件 (免费)。它是一个可以自由使用和发布的 Windows 特定头文件，也是使用 GNU 工具集导入库的编译工具集合，用于构建 Windows 平台下的可执行文件。实际上 MinGW 不仅仅是一个 C/C++ 编译器，更是一套 GNU 工具集合。除了 GCC(GNU) 编译器集合外，MinGW 还包含一些其它 GNU 程序开发工具 (例如 gawk、bison 等)。开发 MinGW 是为那些不喜欢 Linux 等操作系统而留在 Windows 操作系统的人提供一套符合 GNU 规范的编译环境。

安装 MinGW 有在线安装和离线安装两种方式，本章选择较新的 MinGW-w64 为例进行说明[1]。

2.1.1　在线安装 MinGW-w64

1. 下载 MinGW-w64 在线安装包

可以在官网https://sourceforge.net/projects/mingw-w64/ 下载 MinGW-w64 的在线安装包 “mingw-w64-install.exe”，如图 2.1 所示。

2. 安装 MinGW-w64

双击“mingw-w64-install.exe”程序启动 MinGW-w64 的安装，如图 2.2 所示。

需要注意的是：MinGW-w64 在安装过程中需要联网下载相关组件。因此，请在安装过程中保持网络连通，一旦安装完毕，则不需要网络即可运行 MinGW-w64。

MinGW-w64 的安装过程与常用软件的安装类似，通常一直点 next 即可完成安装，其主要安装选项含义为：

(1) Version：版本号，根据需要选择，建议选择最新版本。

(2) Architecture：系统架构，其中，i686 表示 32 位，x86_64 表示 64 位，建议使用 x86_64。

[1] MinGW-w64 能编译 64 位程序，也能编译 32 位程序，还可进行交叉编译，即在 32 位主机上编译 64 位程序，在 64 位主机上编译 32 位程序。

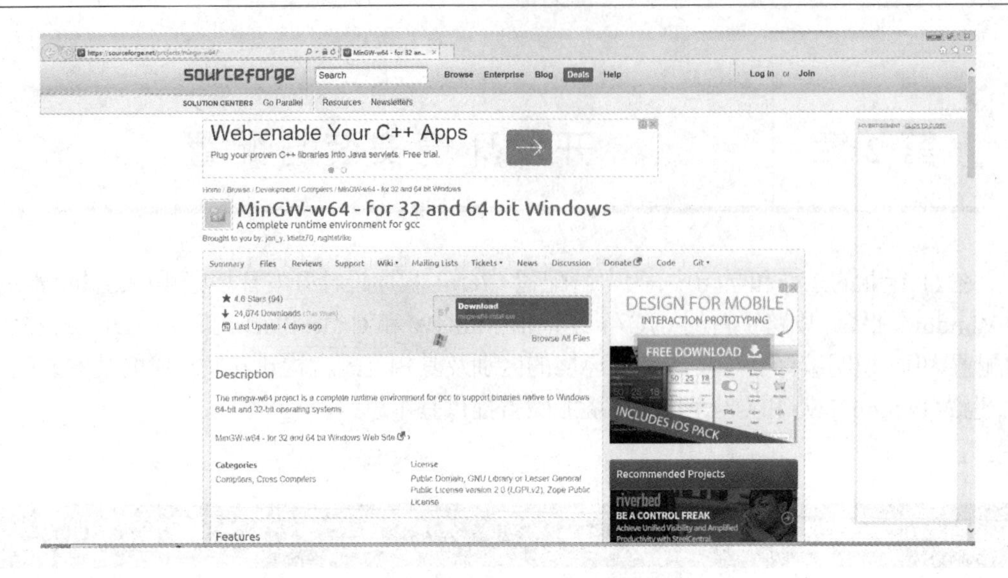

图 2.1　下载 MinGW-w64 安装文件

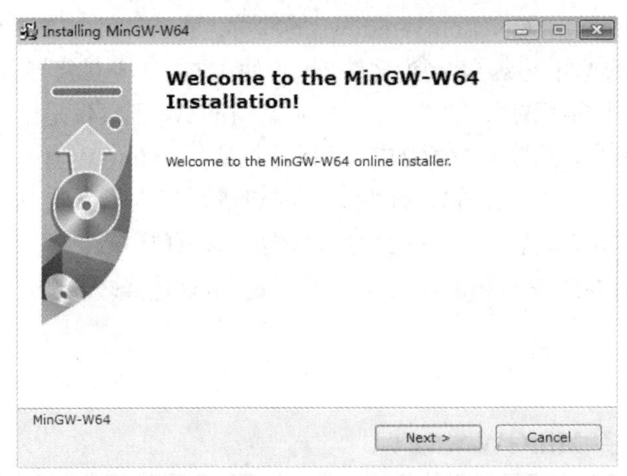

图 2.2　启动“mingw-w64-install.exe”安装程序

(3) Threads：线程处理方式，其中，posix 用于兼容 Linux、UNIX 和 Mac OS 等操作系统，win32 用于 Windows 操作系统，可以根据需要进行选择 [1]。

(4) Exception：异常处理模型。若“Architecture”选择 x86_64，则有 seh 和 sjlj 两种模型。seh 较新，性能好 (不支持 32 位)；sjlj 较旧，稳定性好。若选择 i686，则有 dwarf 和 sjlj 两种模式。dwarf 较新，性能好 (不支持 64 位)；sjlj 较旧，稳定性好。建议使用与 x86_64 对应的 seh 模式。

各选项如图 2.3 (a) 和图 2.3 (b) 所示。

和其它应用程序一样，在 MinGW-w64 的安装过程中既可以采用默认安装路径，也可以指定安装路径，建议指定安装路径，如图 2.4 (a) 和 图 2.4 (b) 所示。

完成各项设置后，安装 MinGW-w64 的过程就是耐心等待，等待安装程序从网上下载选定的安装组件，直至结束，下载所需时间取决于网速，如图 2.5 (a) 所示。安装结束点 Finish 完成安装，如图 2.5 (b) 所示。

[1] 两种线程处理方式均为 Windows 开发程序，若代码无跨平台编译需求，选 win32，否则选 posix。

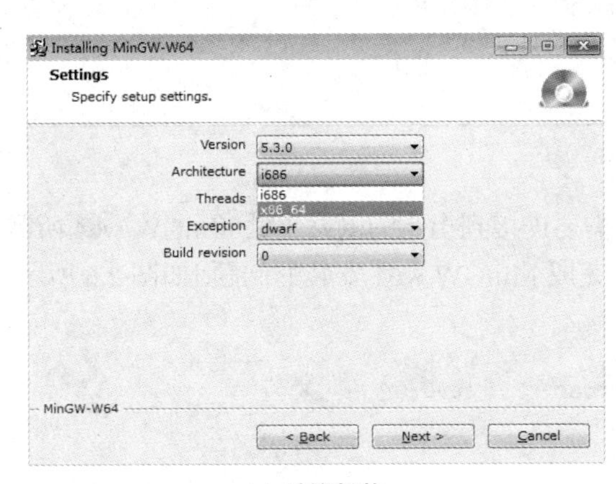

(a) 系统架构

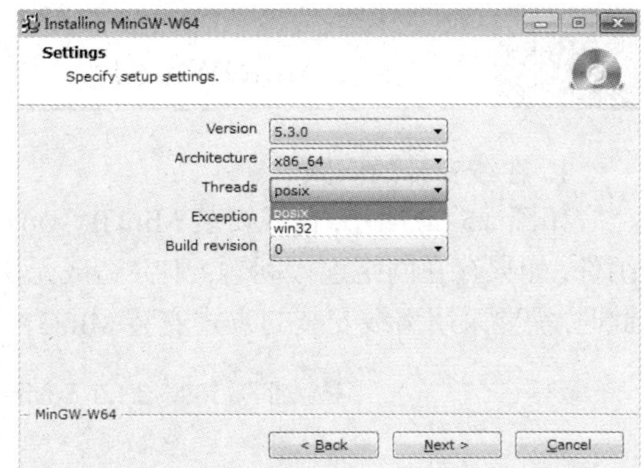

(b) 线程处理方式

图 2.3　MinGW-w64 安装选项

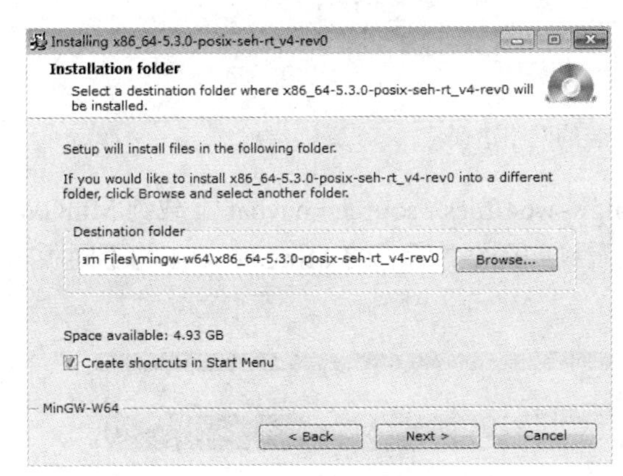

(a) 默认安装路径

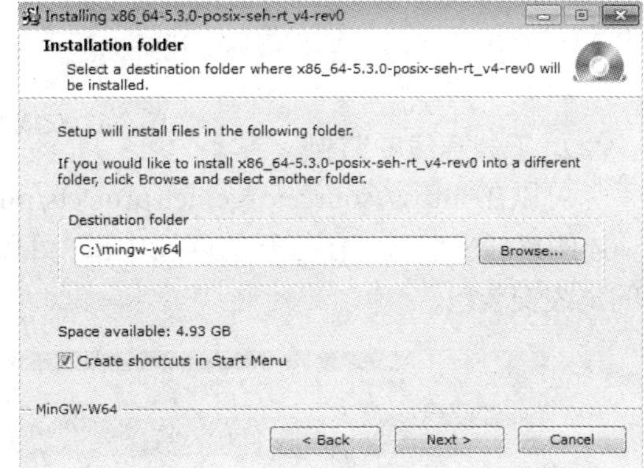

(b) 更改安装路径

图 2.4　MinGW-w64 安装路径

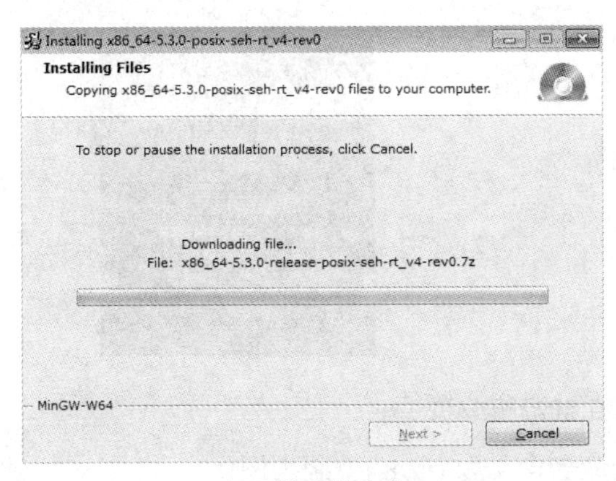

(a) 下载安装内容

(b) 结束安装

图 2.5　MinGW-w64 安装过程

2.1.2 离线安装 MinGW-w64

1. 在线安装的问题

如图 2.5 (a) 所示，在线安装 MinGW-w64 需要连接到指定的网站下载 MinGW-w64 所需组件，如果存在网络连接问题，则会造成无法完成 MinGW-w64 安装的问题，如图 2.6 所示。此时，需要采用离线安装的方式安装 MinGW-w64。

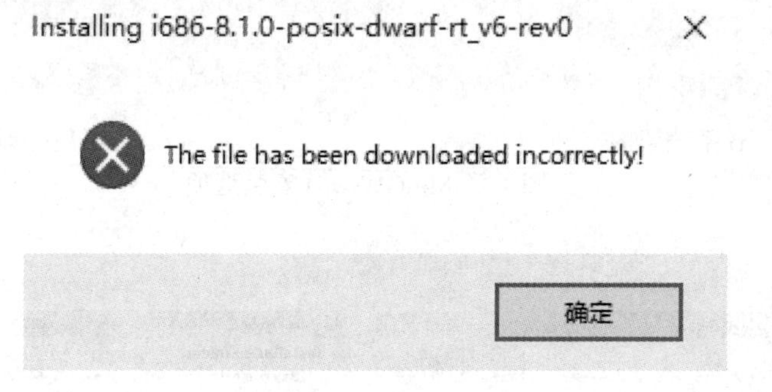

图 2.6　在线安装的网络错误

2. 下载离线安装包

可以在 https://sourceforge.net/projects/mingw-w64/files/?source=navbar 下载到 MinGW-w64 的离线安装包。在打开的网页中部，可以看到如图 2.7 所示的 MinGW-w64 的不同版本的离线安装包。

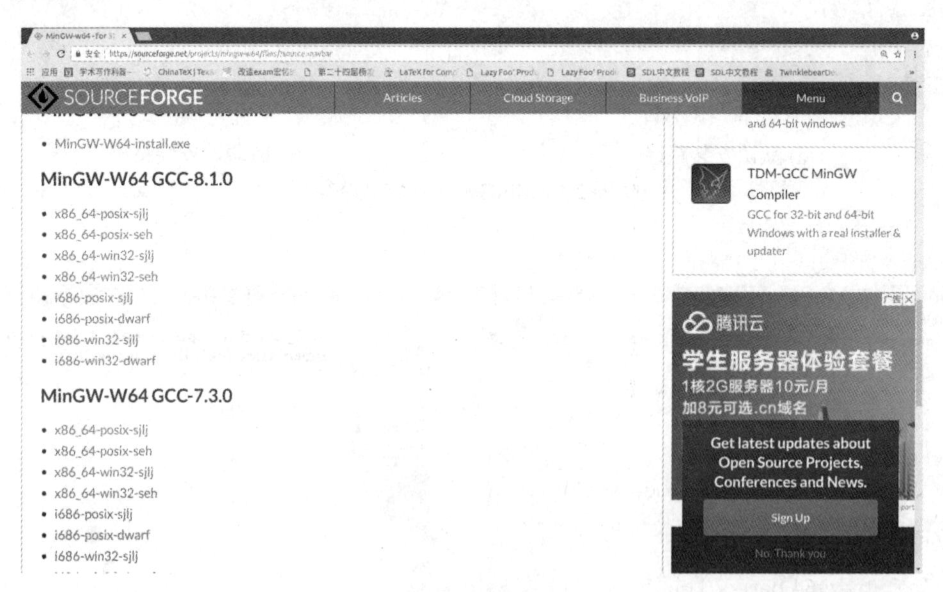

图 2.7　离线安装包的下载网页

对于不同版本，其离线安装包下载链接的命名含义为 (以 8.1.0 版为例)：

(1) x86_64-posix-sjlj：64 位，兼容 Linux、UNIX 和 Mac OS 等操作系统，采用 sjlj 异常模型。

(2) x86_64-posix-seh：64 位，兼容 Linux、UNIX 和 Mac OS 等操作系统，采用 seh 异常模型（不支持 32 位）。

(3) x86_64-win32-sjlj：64 位，Windows 操作系统，采用 sjlj 异常模型。

(4) x86_64-win32-seh：64 位，Windows 操作系统，采用 seh 异常模型（不支持 32 位）。

(5) i686-posix-sjlj：32 位，兼容 Linux、UNIX 和 Mac OS 等操作系统，采用 sjlj 异常模型。

(6) i686-posix-dwarf：32 位，兼容 Linux、UNIX 和 Mac OS 等操作系统，采用 dwarf 异常模型（不支持 64 位）。

(7) i686-win32-sjlj：32 位，Windows 操作系统，采用 sjlj 异常模型。

(8) i686-win32-dwarf：32 位，Windows 操作系统，采用 dwarf 异常模型（不支持 64 位）。

可根据实际工作需要下载相应的离线安装包，例如，如需要开发面向 Windows 的 64 位和 32 位应用程序，采用 seh 异常处理模型，则单击"x86_64-win32-seh"超链接，下载名为"x86_64-8.1.0-release-win32-seh-rt_v6-rev0.7z"的 7z 格式压缩包即可。

3. 离线安装

离线安装 MinGW-w64，仅需要把下载的 7z 格式的 MinGW-w64 离线压缩包解压到指定的路径（例如：C:\mingw-w64）即可[1]，如图 2.8 (a) 和 图 2.8 (b) 所示。

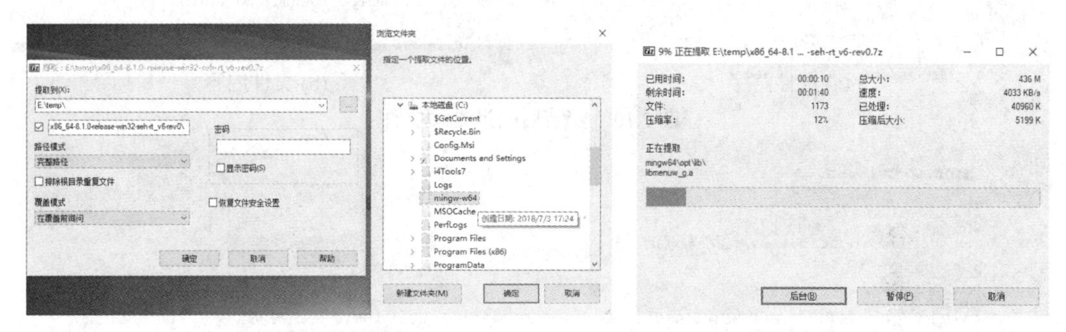

(a) 选择解压路径　　　　(b) 解压安装 MinGW-w64

图 2.8　离线安装 MinGW-w64

2.1.3 测试 MinGW-w64

完成 MinGW-w64 安装后，可以在安装路径的"bin"文件夹中找到编译器所需要的各种应用程序可执行文件，如图 2.9 (a) 和图 2.9 (b) 所示。

仔细查看 MinGW-w64 的安装路径，可以发现一个名为"mingw-w64.bat"的文件，这是一个批处理文件[2]，如图 2.10 (a) 所示。该批处理文件是一个纯文本文件，由一系列命令构成，可以用记事本打开进行查看，如图 2.10 (b) 所示。

"mingw-w64.bat"文件的作用是设置 Path 环境变量并启动命令行窗口，双击执行该批处理文件，在启动后的命令行窗口可执行 gcc 命令，例如执行"gcc -v"命令可以查看 MinGW-w64 的版本信息，如图 2.11 所示，若看到该版本信息，则表明 MinGW-w64 安装成功。

[1] 由于网络限制，在线安装时，常常会出现断网现象，因此，建议采用离线方式安装 MinGW-w64。

[2] 离线安装无该文件，可以手动创建一个。

(a) MinGW-w64 安装路径　　(b) MinGW-w64 的 bin 文件夹

图 2.9　MinGW-w64 的安装结果

mingw-w64.bat - 记事本

```
echo off
set PATH=C:\mingw-w64\mingw64\bin;%PATH%
rem echo %PATH%
rem cd "C:\mingw-w64\mingw64\bin"
cd "C:\"
"C:\Windows\system32\cmd.exe"
```

(a) 文件路径　　(b) 文件内容

图 2.10　安装后的批处理文件

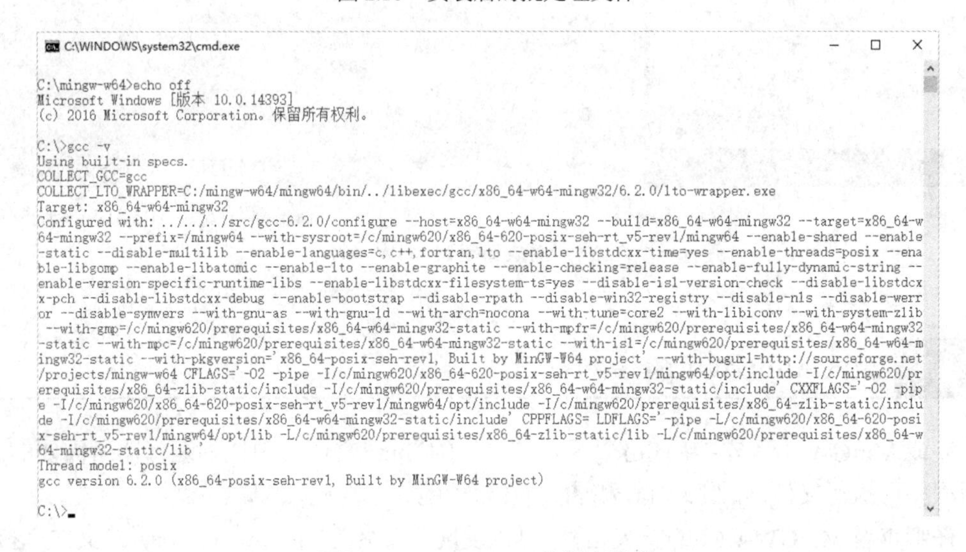

图 2.11　MinGW-w64 的版本信息

2.1.4 配置 Windows 的 Path 环境变量

若不使用“mingw-w64.bat”启动命令行窗口，而是直接启动命令行窗口 (在 Win7 中可以从开始菜单中启动，或者按 ⊞ + R 后输入“cmd”命令启动，如图 2.12 (a) 所示；在 Win10 中，可以在小娜窗格中输入“cmd”命令启动，如图 2.12 (b) 所示)，此时，输入“gcc -v”命令，一般会出现如图 2.13 所示的"'gcc' 不是内部或外部命令，也不是可运行的程序或批处理文件"的错误提示。

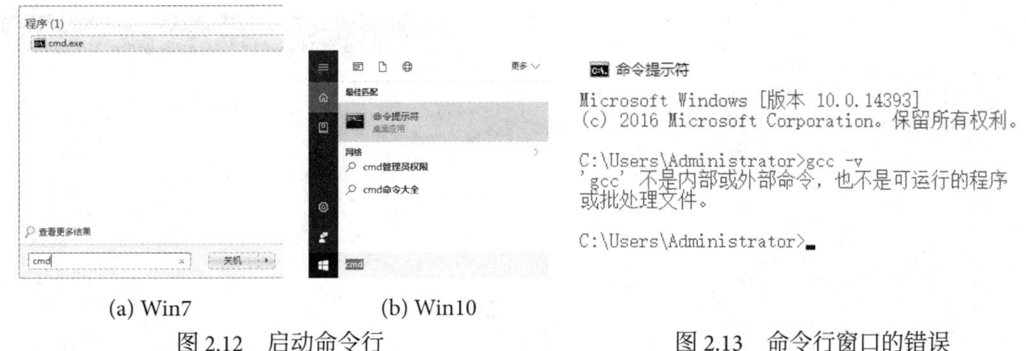

(a) Win7　　(b) Win10

图 2.12　启动命令行

图 2.13　命令行窗口的错误

图 2.11 说明可以执行"gcc -v"命令，但图 2.13 的错误又表示无法执行"gcc -v"命令，这显然是自相矛盾的。需要注意的是：正常运行的"gcc -v"命令行窗口是由 mingw-w64.bat 启动的，它对 Path 进行了设置，这个 Path 称作 Windows 的路径环境变量，用于说明"gcc"应用程序在磁盘中的存储路径。

为了在任何路径下都能执行 MinGW-w64 的各种命令，可以将其"bin"路径添加到 Windows 路径环境变量中，具体操作如下：

用鼠标右击桌面上"我的电脑"图标 (Win10 是"ThePC")，选择：属性 → 高级系统设置 → 高级 → 环境变量 → 系统变量，找到 Path 变量并双击，在变量值的最后输入";C:\mingw-w64\mingw64\bin"(请使用自己的安装路径进行替换)。需要注意开始的分号，若 Path 变量中无内容，则无需开始的分号。

在 Win7 下，环境变量的设置过程如图 2.14 (a) 和 图 2.14 (b) 所示，编辑完成后，一直按 确定 关闭所有打开的窗口便可完成 Path 环境变量的设置。在图 2.14 (a) 中，系统环境变量对所有用户起作用，而用户环境变量仅对当前用户起作用。

(a) 选择环境变量　　(b) 编辑环境变量

图 2.14　在 Win7 下设置环境变量

在Win10下,环境变量设置过程与Win7类似,如图2.15所示,编辑完成后,一直按确定关闭所有打开的窗口,便可完成环境变量的设置。

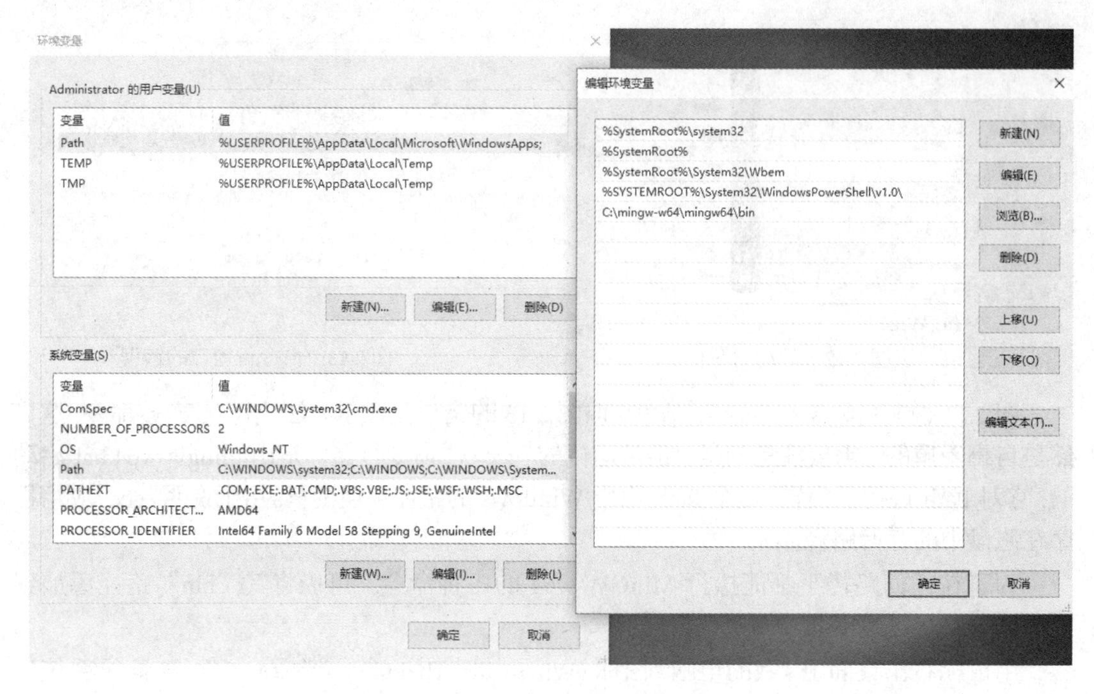

图2.15　在Win10下设置环境变量

完成环境变量设置后,用"cmd"启动命令行窗口,输入"gcc -v"命令。若能查看MinGW-w64的版本信息,如图2.16 (a)所示,则表示环境变量配置成功;若仍然出现"'gcc'不是内部或外部命令,也不是可运行的程序或批处理文件"的错误,则表明环境变量配置失败,请按上述步骤再次配置,直至成功。

同时,检查gdb调试器是否能够正常工作,gdb调试器是程序设计中不可或缺的调试工具,输入"gdb -v"命令,若能得到如图2.16 (b)所示的版本信息,则表示gdb调试器工作正常;若出现"'gdb'不是内部或外部命令,也不是可运行的程序或批处理文件"的错误,则表明Path环境变量配置失败,请按上述步骤再次配置Path环境变量,直至成功。

2.1.5　命令行开发C语言程序

在完成了MinGW-w64的安装与测试后,便可以进行C语言代码的"编辑/编译/链接/运行/调试"工作,实现程序设计与开发。在此,使用命令行(俗称"黑窗口")的方式进行操作。

1. 录入代码

需要注意的是:任何C语言源代码文件都是一个纯文本文件,可使用任何文本文件编辑器编辑C语言源代码。在此,以Windows平台下的记事本程序(notepad.exe)为例,录入代码。

打开命令行窗口,使用DOS的"CD"命令(不区分大小写)进入工作目录,本例中是"E:\testc",然后用"notepad helloworld.c"启动记事本程序,结果如图2.17 (a)所示。对于新建文件,会出现图2.17 (b)所示的确认窗口,按是(Y)即可。

```
命令提示符
Microsoft Windows [版本 10.0.14393]
(c) 2016 Microsoft Corporation。保留所有权利。

C:\Users\Administrator>gcc -v
Using built-in specs.
COLLECT_GCC=gcc
COLLECT_LTO_WRAPPER=C:/mingw-w64/mingw64/bin/../libexec/gcc/x86_64-w64-mingw32/6.2.0/lto-wrapper.exe
Target: x86_64-w64-mingw32
Configured with: ../../../src/gcc-6.2.0/configure --host=x86_64-w64-mingw32 --build=x86_64-w64-mingw32 --target=x86_64-w
64-mingw32 --prefix=/mingw64 --with-sysroot=/c/mingw620/x86_64-620-posix-seh-rt_v5-rev1/mingw64 --enable-shared --enable
-static --disable-multilib --enable-languages=c,c++,fortran,lto --enable-libstdcxx-time=yes --enable-threads=posix --ena
ble-libgomp --enable-libatomic --enable-lto --enable-graphite --enable-checking=release --enable-fully-dynamic-string --
enable-version-specific-runtime-libs --enable-libstdcxx-filesystem-ts=yes --disable-isl-version-check --disable-libstdcx
x-pch --disable-libstdcxx-debug --enable-bootstrap --disable-rpath --disable-win32-registry --disable-nls --disable-werr
or --disable-symvers --with-gnu-as --with-gnu-ld --with-arch=nocona --with-tune=core2 --with-libiconv --with-system-zlib
 --with-gmp=/c/mingw620/prerequisites/x86_64-w64-mingw32-static --with-mpfr=/c/mingw620/prerequisites/x86_64-w64-mingw32
-static --with-mpc=/c/mingw620/prerequisites/x86_64-w64-mingw32-static --with-isl=/c/mingw620/prerequisites/x86_64-w64-m
ingw32-static --with-pkgversion='x86_64-posix-seh-rev1, Built by MinGW-W64 project' --with-bugurl=http://sourceforge.net
/projects/mingw-w64 CFLAGS='-O2 -pipe -I/c/mingw620/x86_64-620-posix-seh-rt_v5-rev1/mingw64/opt/include -I/c/mingw620/pr
erequisites/x86_64-zlib-static/include -I/c/mingw620/prerequisites/x86_64-w64-mingw32-static/include' CXXFLAGS='-O2 -pip
e -I/c/mingw620/x86_64-620-posix-seh-rt_v5-rev1/mingw64/opt/include -I/c/mingw620/prerequisites/x86_64-zlib-static/inclu
de -I/c/mingw620/prerequisites/x86_64-w64-mingw32-static/include' CPPFLAGS= LDFLAGS='-pipe -L/c/mingw620/x86_64-620-posi
x-seh-rt_v5-rev1/mingw64/opt/lib -L/c/mingw620/prerequisites/x86_64-zlib-static/lib -L/c/mingw620/prerequisites/x86_64-w
64-mingw32-static/lib '
Thread model: posix
gcc version 6.2.0 (x86_64-posix-seh-rev1, Built by MinGW-W64 project)

C:\Users\Administrator>
```

(a) 检查环境变量

```
命令提示符
or --disable-symvers --with-gnu-as --with-gnu-ld --with-arch=nocona --with-tune=core2 --with-libiconv --with-system-zlib
 --with-gmp=/c/mingw620/prerequisites/x86_64-w64-mingw32-static --with-mpfr=/c/mingw620/prerequisites/x86_64-w64-mingw32
-static --with-mpc=/c/mingw620/prerequisites/x86_64-w64-mingw32-static --with-isl=/c/mingw620/prerequisites/x86_64-w64-m
ingw32-static --with-pkgversion='x86_64-posix-seh-rev1, Built by MinGW-W64 project' --with-bugurl=http://sourceforge.net
/projects/mingw-w64 CFLAGS='-O2 -pipe -I/c/mingw620/x86_64-620-posix-seh-rt_v5-rev1/mingw64/opt/include -I/c/mingw620/pr
erequisites/x86_64-zlib-static/include -I/c/mingw620/prerequisites/x86_64-w64-mingw32-static/include' CXXFLAGS='-O2 -pip
e -I/c/mingw620/x86_64-620-posix-seh-rt_v5-rev1/mingw64/opt/include -I/c/mingw620/prerequisites/x86_64-zlib-static/inclu
de -I/c/mingw620/prerequisites/x86_64-w64-mingw32-static/include' CPPFLAGS= LDFLAGS='-pipe -L/c/mingw620/x86_64-620-posi
x-seh-rt_v5-rev1/mingw64/opt/lib -L/c/mingw620/prerequisites/x86_64-zlib-static/lib -L/c/mingw620/prerequisites/x86_64-w
64-mingw32-static/lib '
Thread model: posix
gcc version 6.2.0 (x86_64-posix-seh-rev1, Built by MinGW-W64 project)

C:\Users\Administrator>gdb -v
GNU gdb (GDB) 7.10.1
Copyright (C) 2015 Free Software Foundation, Inc.
License GPLv3+: GNU GPL version 3 or later <http://gnu.org/licenses/gpl.html>
This is free software: you are free to change and redistribute it.
There is NO WARRANTY, to the extent permitted by law.  Type "show copying"
and "show warranty" for details.
This GDB was configured as "x86_64-w64-mingw32".
Type "show configuration" for configuration details.
For bug reporting instructions, please see:
<http://www.gnu.org/software/gdb/bugs/>.
Find the GDB manual and other documentation resources online at:
<http://www.gnu.org/software/gdb/documentation/>.
For help, type "help".
Type "apropos word" to search for commands related to "word".

C:\Users\Administrator>
```

(b) 检查 gdb 调试器

图 2.16　测试 MinGW-w64 的安装状态

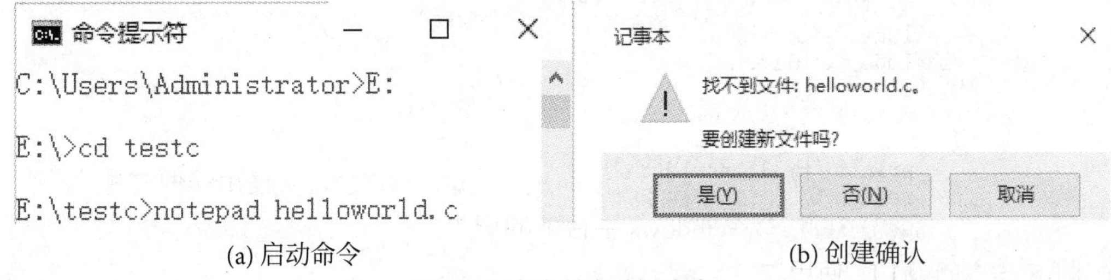

(a) 启动命令　　(b) 创建确认

图 2.17　命令行启动记事本

启动记事本后，便可录入源代码，如图 2.18 所示。需要注意缩进、空行等代码编写规范。

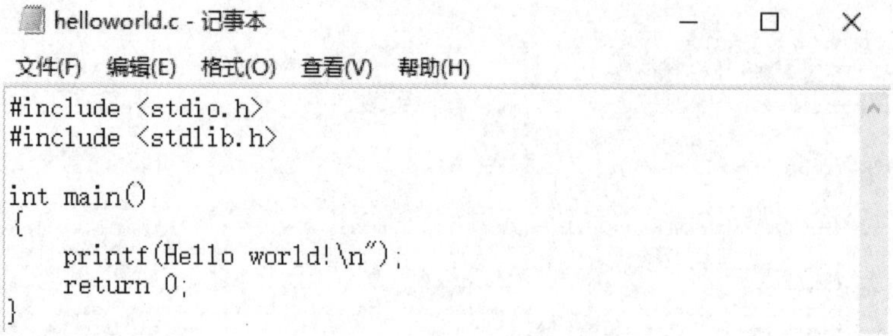

```
helloworld.c - 记事本
文件(F) 编辑(E) 格式(O) 查看(V) 帮助(H)

#include <stdio.h>
#include <stdlib.h>

int main()
{
    printf(Hello world!\n");
    return 0;
}
```

图 2.18　录入源代码

2. 编译与运行程序

在命令行输入“gcc helloworld.c”启动 GCC 编译器，编译程序源代码，结果如图 2.19 所示。关于 GCC 使用的细节，可查阅 GNU 相关手册。

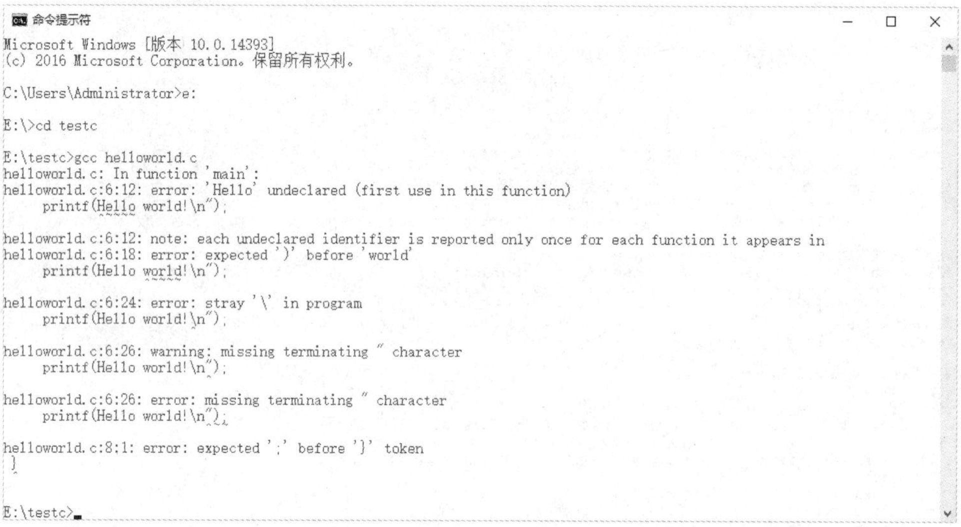

```
命令提示符
Microsoft Windows [版本 10.0.14393]
(c) 2016 Microsoft Corporation。保留所有权利。

C:\Users\Administrator>e:

E:\>cd testc

E:\testc>gcc helloworld.c
helloworld.c: In function 'main':
helloworld.c:6:12: error: 'Hello' undeclared (first use in this function)
     printf(Hello world!\n");
            ^~~~~
helloworld.c:6:12: note: each undeclared identifier is reported only once for each function it appears in
helloworld.c:6:18: error: expected ')' before 'world'
     printf(Hello world!\n");
                  ^~~~~
helloworld.c:6:24: error: stray '\' in program
     printf(Hello world!\n");
                        ^
helloworld.c:6:26: warning: missing terminating " character
     printf(Hello world!\n");
                          ^
helloworld.c:6:26: error: missing terminating " character
     printf(Hello world!\n");
                          ^~~
helloworld.c:8:1: error: expected ';' before '}' token
 }
 ^

E:\testc>_
```

图 2.19　用 GCC 命令行编译源代码

从图 2.19 可以看出，该代码有错误（“Hello”前少了双引号“"”），并给出了错误的详细说明，再次用“notepad helloworld.c”启动记事本程序打开源代码文件进行修改，如图 2.20 所示。

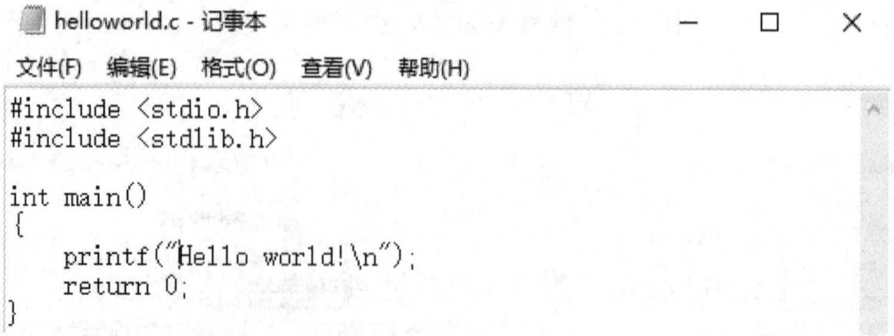

```
helloworld.c - 记事本
文件(F) 编辑(E) 格式(O) 查看(V) 帮助(H)

#include <stdio.h>
#include <stdlib.h>

int main()
{
    printf("Hello world!\n");
    return 0;
}
```

图 2.20　修改源代码

代码修改后，在命令行继续输入“gcc helloworld.c”再次启动 GCC 编译器，编译程序源代码，如图 2.21 所示（没有消息就是好消息）。结果正确，使用“dir”命令可以显示编译后的结果，生成了"a.exe"可执行文件，在命令行继续输入"a.exe"或"a"，便可运行编译后的程序，在命令行窗口输出了"Hello World!"，如图 2.22 所示，结果正确。

```
命令提示符
                        ^~~~~
helloworld.c:6:24: error: stray '\' in program
     printf(Hello world!\n");
                        ^
helloworld.c:6:26: warning: missing terminating " character
     printf(Hello world!\n");
                          ^
helloworld.c:6:26: error: missing terminating " character
     printf(Hello world!\n");
                          ^~~
helloworld.c:8:1: error: expected ';' before '}' token
 }
 ^
E:\testc>gcc helloworld.c

E:\testc>
```

图 2.21　再次编译

```
命令提示符
E:\testc>gcc helloworld.c

E:\testc>dir
 驱动器 E 中的卷是 VBOX_Win10
 卷的序列号是 0000-0802

 E:\testc 的目录

2016/09/28  09:38               105 helloworld.c
2016/09/28  09:38            57,275 a.exe
               2 个文件         57,380 字节
               0 个目录 109,862,301,696 可用字节

E:\testc>a
Hello world!

E:\testc>
```

图 2.22　运程程序

至此，便完成了 MinGW-w64 的安装、配置和测试等工作，构建了 Windows 平台下基于 MinGW-w64 的 C/C++ 开发环境。值得注意的是，编写程序不一定要有具备图形用户界面的 IDE，只要能执行命令行程序，也可以通过命令行操作完成程序的编写、编译、执行和调试工作。经验表明，熟练掌握命令行的操作是提高程序设计效率和理解程序执行的有效方式。

"gcc"命令也可使用各类编译链接参数。若需要全面了解和使用这些参数，一种方法是参阅 GNU 手册，另一种方法是在"gcc"命令后使用"–help"查看其参数，如图 2.23 所示。

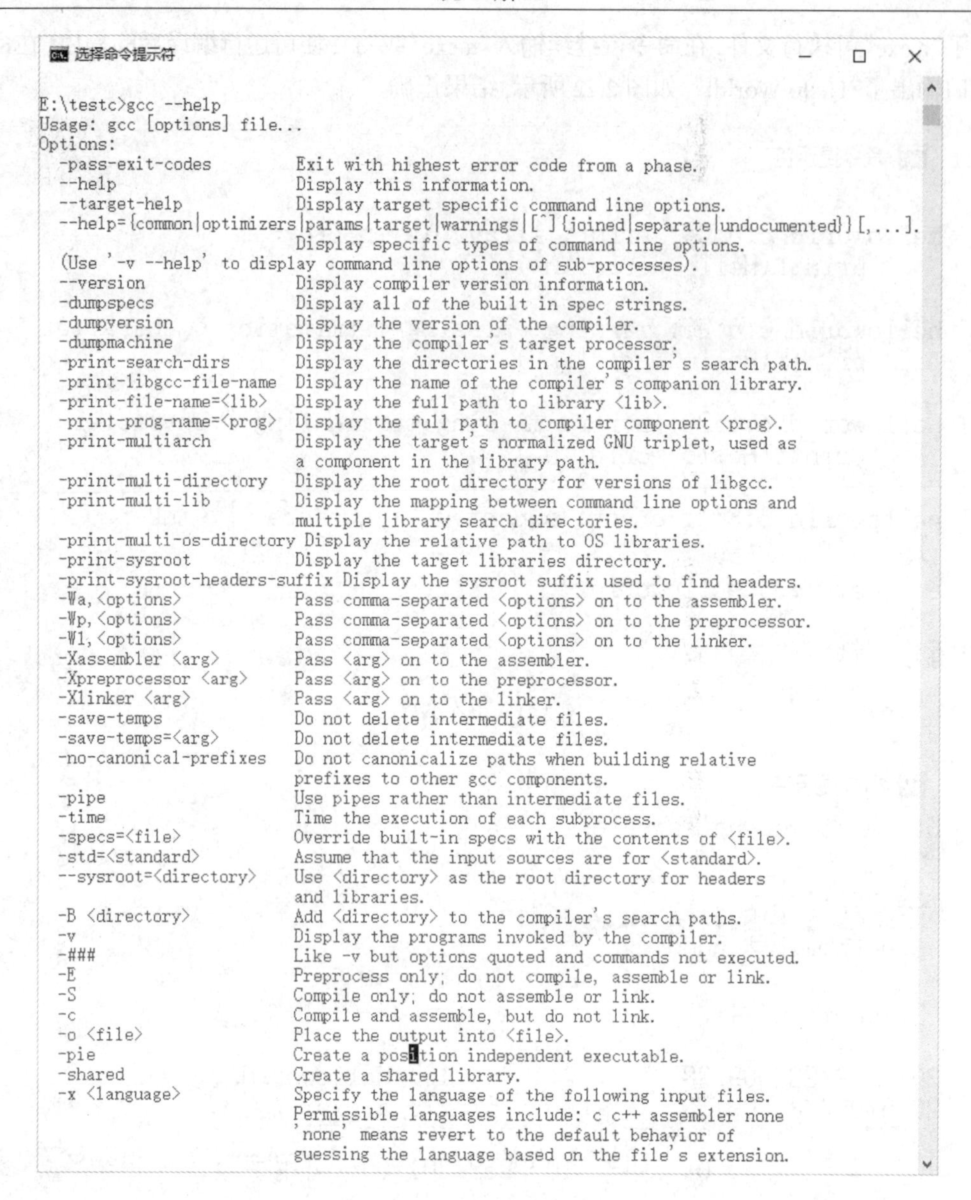

图 2.23 “gcc”命令的 help 参数

2.1.6 “Makefile”编译/链接 C 语言程序

通过命令行编译/链接 C 语言程序，需要不断输入 GCC 和 G++(用于编译 C++ 程序) 的各种命令及其参数，这是枯燥乏味的工作，也容易出现错误。为了便于维护和构建大型程序，UNIX 系统发明了“Makefile”的概念。

由于 Windows 的图形化 IDE 往往会在后台完成这些编译器的配置和调用工作。因此，很多使用 Windows 的程序员 (不局限于 C 语言程序员) 往往不熟悉“Makefile”，也不能熟练使用

"Makefile"。但对于一个优秀、专业的程序员,必须要清楚"Makefile",特别是在 UNIX/Linux 下进行工作时, 往往必须要写"Makefile", 会不会写"Makefile"一定程度上说明了是否具备完成大型工程开发的能力。

"Makefile"文件包含了构建一个程序工程的必要信息, 它不仅指明了构成工程需要的所有文件,还描述了这些文件之间的依赖性。"Makefile"设定了整个工程的编译/链接规则。一个工程的源文件可能不计其数,按类型、功能、模块可分别存储在不同目录,"Makefile"定义了一系列规则来指定如何使用这些文件, 哪些文件需要先编译、哪些文件需要后编译、哪些文件需要重新编译甚至进行更复杂的操作, 因为"Makefile"就像一个脚本 (例如: UNIX/Linux 下的 Shell 和 Windows 下的 bat), 可以执行操作系统的命令。

"Makefile" 的好处是 "自动化" 编译/链接工程, 一旦编写好 "Makefile", 只需使用 "make" 命令即可实现工程的完全自动编译/链接, 极大地提高了软件开发效率。"make" 是一个命令行工具, 用于解释 "Makefile" 中的指令。大多数的编译器一般都有该命令, 例如: MinGW 的 mingw32-make、Visual C++ 的 nmake、Linux 下 GNU 的 make 和 Delphi 的 make。

"Makefile"由规则构成, 每条规则的基本结构如下:

Makefile 基本结构

```
target...: prerequisites...
           command
  ...
```

其中, target 用于指定一个目标, 可以是目标文件, 也可以是执行文件, 还可以是一个标签 (Label) 表示的"伪目标"。prerequisites 是一个用空格分割的列表, 表示要生成该 target 目标所需要的文件或依赖目标, 亦即 target 的依赖性说明。command 是 make 需要执行的命令 (Windows 下命令行可以执行的命令), 要注意每个命令前必须有一个制表符 (按 Tab), 并且不能用空格替代。

"Makefile" 的规则说明了文件的依赖关系, 即这一个或多个 target 目标依赖于 prerequisites 中的文件, 其生成规则在 command 中。如果 prerequisites 中有一个或一个以上的文件比 target 文件新, command 所定义的命令就会被执行。这就是 "Makefile" 的规则, 也是 "Makefile"的核心内容。实质上,"Makefile"的核心内容仅此而已, 但这只是"Makefile"的主线和核心, 要写好"Makefile"仅掌握这些还远远不够。"Makefile"的复杂性足以需要一整本书来介绍, 本章只对其进行简要说明。

下面是一个用于编译链接 helloworld.c 程序的"Makefile"的实例:

Makefile 实例

```
helloworld: helloworld.o
        gcc -o helloworld helloworld.o
helloworld.o: helloworld.c
        gcc -c helloworld.c
clean:
        del *.o && del *.exe
```

该“Makefile”文件由 3 个目标，亦即由 3 个规则构成。第 1 个目标是“helloworld”，它依赖于“helloworld.o”，当“helloworld.o”比“helloworld”新时，执行“gcc -o helloworld helloworld.o”命令，也就是使用 GCC 链接命令程序 (当然要能够在命令行执行 GCC 命令)。第 2 个目标是“helloworld.o”，它依赖于“helloworld.c”，当“helloworld.c”比“helloworld.o”新时，执行“gcc -c helloworld.c”命令，亦即用 GCC 编译源代码文件 (同样，要能够在命令行执行 GCC 命令)。第 3 个目标是“clean”，它无依赖关系，执行的是“del *.o && del *.exe”命令，“del”命令用于删除文件 (请查阅相关 DOS/Linux 命令)。

将编辑完成的“Makefile”文件 (不区分大小写，无后缀名) 与“helloworld.c”文件放在同一文件夹内，执行“mingw32-make”命令即可完成编译链接过程，生成可执行文件“helloworld.exe”程序，如图 2.24 所示。

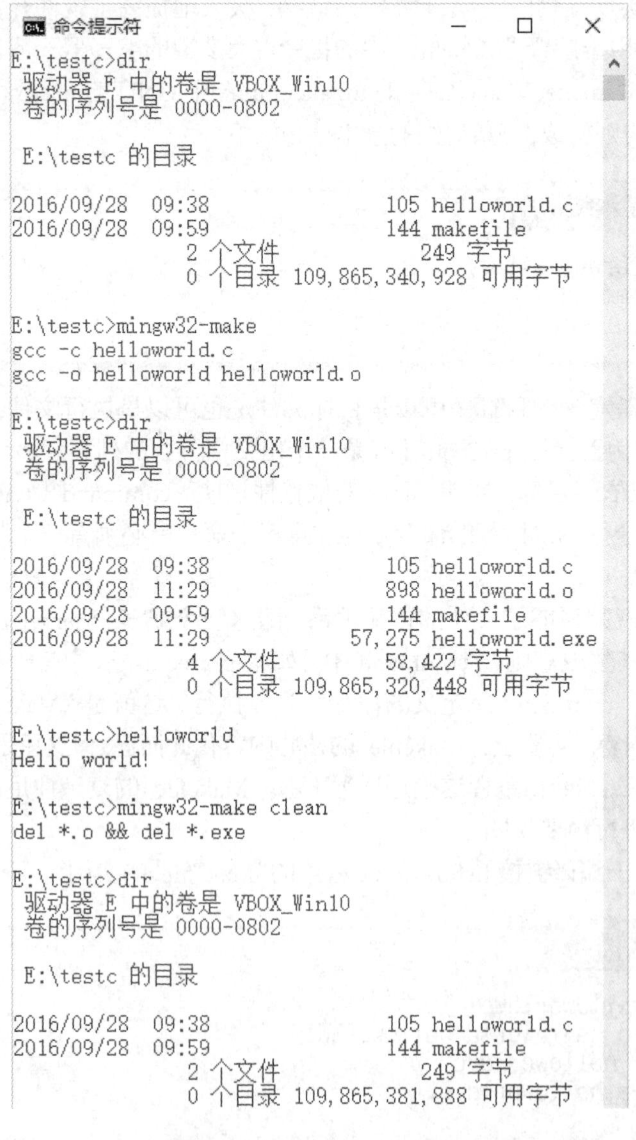

图 2.24 “mingw32-make”操作

在图 2.24 中,“dir”命令用于列出当前路径中的文件,“mingw32-make clean”命令用于执行第 3 条规则,删除不需要的文件。

在使用“Makefile”时,要注意以下细节:

(1)“Makefile”中的每个命令前必须有一个制表符(按Tab键),而不是一串空格。

(2)“Makefile”存储在一个名为“Makefile”或“makefile”的文本文件中,使用“mingw32-make”命令时,会在当前目录中自动搜索具有这个名字的文件(无后缀名)。

(3)使用如下命令调用“mingw32-make”:

```
mingw32-make 目标
```

其中,“目标”是“Makefile”中的目标之一,如“mingw32-make clean”执行了“clean”目标。

(4)如果在调用“mingw32-make”时没有指定目标,将构建第 1 条规则中的目标,例如:

```
mingw32-make
```

将构建“helloworld.exe”可执行文件,因为这是第 1 个目标。除了第 1 个规则有这个特殊性之外,其它规则的顺序是任意的。

当然,使用“Makefile”文件来管理工程不是必须的,用 Code::Blocks 等 IDE 工具进行工程管理也是非常流行的,且其工程文件的内涵与“Makefile”文件大体是一致的。

2.2　开发 IDE——Code::Blocks

虽然在 MinGW 中用记事本等文本编辑工具加命令行可实现 C 语言程序开发,但记事本等工具却没有语法高亮、自动排版等功能。因此,采用合适的图形化界面 IDE 将这些操作集成在一起是有必要的。

Code::Blocks 是一款免费开源、功能强大的 C/C++ 开发 IDE,该工具小巧灵活,可跨平台,支持 SVN,能够代码高亮、格式化、国际化(软件界面语言可定制为中文),是一个强大的调试环境,它支持 Windows XP/Vista/7/8.x/10、Linux 32/64-bit 和 Mac OS X 等平台。

2.2.1　下载 Code::Blocks

可以在 Code::Blocks 的官网(http://www.codeblocks.org)下载最新版的 Code::Blocks(在编写本书时,最新版本是 20.03),如图 2.25 所示。

由图 2.25 可以看出,对于 Windows XP/Vista/7/8.x/10 平台,使用 Code::Blocks 有 6 种方式:

- codeblocks-20.03-setup.exe
- codeblocks-20.03-setup-nonadmin.exe
- codeblocks-20.03-nosetup.zip
- codeblocks-20.03mingw-setup.exe
- codeblocks-20.03mingw-nosetup.zip

- codeblocks-20.03mingw_fortran-setup.exe

其中：codeblocks-20.03-setup.exe 和 codeblocks-20.03-setup-nonadmin.exe 这两个安装包包含了 Code::Blocks 所有的插件，codeblocks-20.03-setup-nonadmin.exe 安装包支持无 administrator 管理员权限用户使用，codeblocks-20.03mingw-setup.exe 安装包附带 TDM-GCC MinGW 编译器和调试器 (8.1.0, 32/64 位, SEH)，codeblocks-20.03mingw_fortran-setup.exe 安装包附带了 GFortran 编译器 (TDM-GCC)，codeblocks-20.03mingw-nosetup.zip 是便携版本 (不用安装，绿色版)，然而，便携版不允许选择安装的插件 (包括所有插件)，并且不创建开始菜单中的快捷方式。如不能确定使用哪一个版本，可选择 codeblocks-20.03mingw-setup.exe 安装包。

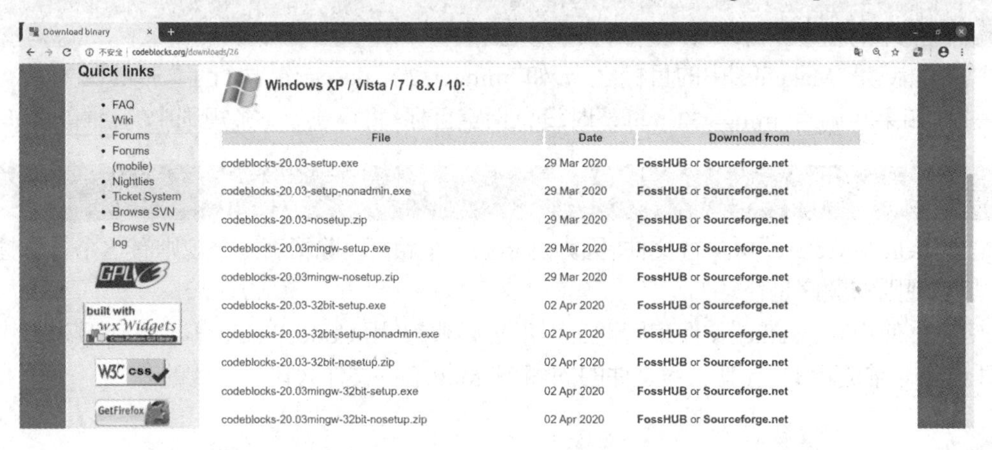

图 2.25 Code::Blocks 下载列表

Code::Blocks 本身不提供编译功能，需要通过调用其它编译器的相应命令实现程序代码的编译，官网提供了集成有 MinGW32 编译器的版本——codeblocks-20.03mingw-setup.exe，该版本简化了安装过程，但自主选择编译器的灵活度不足。

Code::Blocks 只是一个 IDE，其版本对编译过程没有影响，而编译器的版本对程序的编译会有较大的影响。因此，在开发过程中要使用版本相对固定的编译器，以减少不必要的错误。

2.2.2 安装 Code::Blocks

为了灵活控制编译器与 Code::Blocks 的配置，在此使用不带 MinGW32 的“codeblocks-20.03-setup.exe”文件进行说明 (若 Windows 的当前用户不具备管理员权限，请使用其它版本)。

从官网下载“codeblocks-20.03-setup.exe”文件后，Code::Blocks 的安装与其它 Windows 应用程序的安装没有区别，本章中将其安装路径设置为“C:\CodeBlocks”，如图 2.26 所示。

注意，若以前安装过不同版本的 Code::Blocks，在通过 Windows 卸载工具进行删除时，可能会留下以前 Code::Blocks 的配置数据文件，若之前采用默认安装，则这些文件一般位于“C:\Program Files (x86)\CodeBlocks”和“C:\Users\username\AppData\Roaming \CodeBlocks”(“username”为计算机的用户名)。这两个路径与操作系统的版本也有关系，需要自行查证。当安装新版本的 Code::Blocks 时，若这些配置不再需要 (或这些配置有问题)，需要删除这两个文件夹，如图 2.27 和图 2.28 所示。

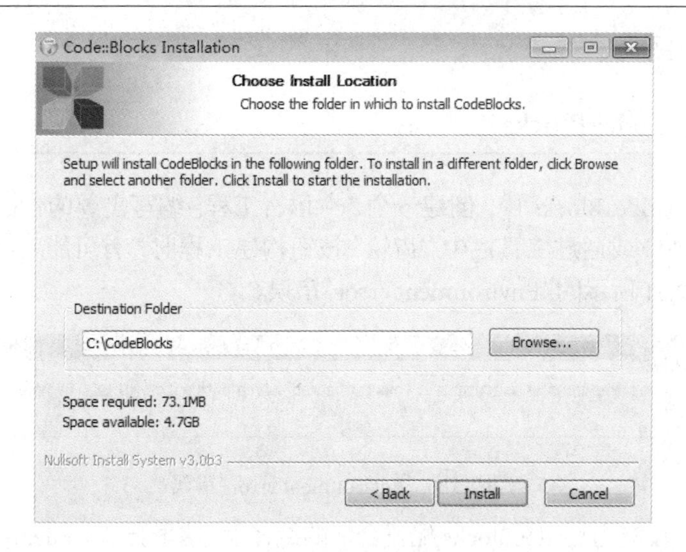

图 2.26　更改 Code::Blocks 的安装路径

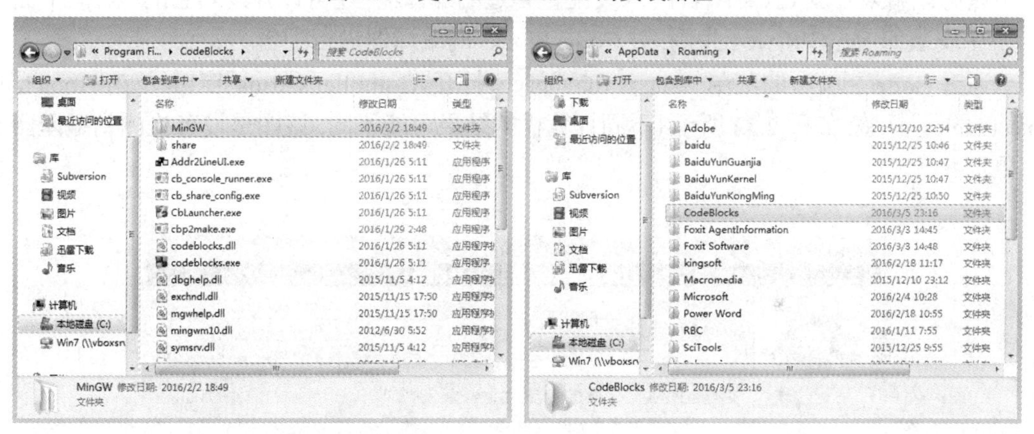

图 2.27　旧版 Code::Blocks 的安装路径　　　　图 2.28　旧版 Code::Blocks 的配置文件路径

安装结束后，在启动 Code::Blocks 时，Code::Blocks 会对系统中已安装的编译器进行自动检测，如图 2.29 所示，可选择合适的编译器进行确认。同时也会将后缀名为“.c”和“.h”等的文件与 Code::Blocks 关联，以便在双击这些文件时能打开 Code::Blocks，如图 2.30 所示。

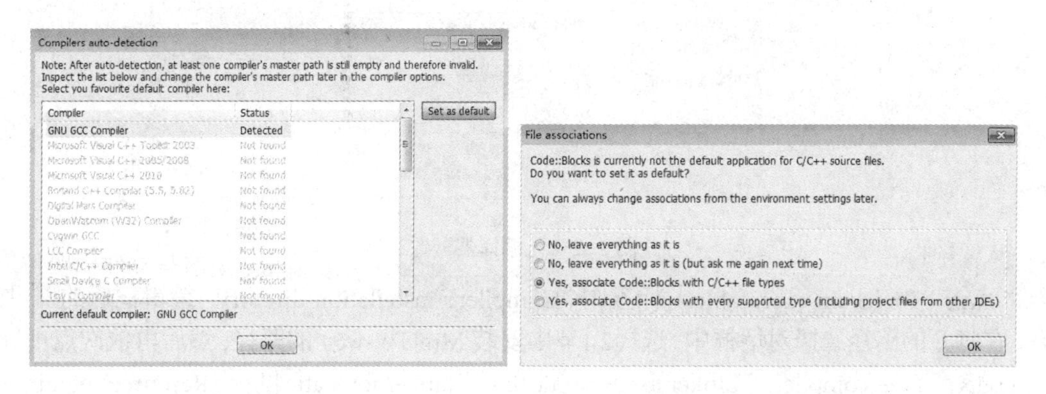

图 2.29　选择编译器　　　　图 2.30　设置文件关联

2.2.3 配置 Code::Blocks

在安装好的 Code::Blocks 中，创建一个 “c” 语言工程，编写需要的代码，然后在执行菜单 build 》build Ctrl-F9 或通过工具栏中 “齿轮” 按钮构建工程时，有可能 (当编译器配置错误时) 会出现如图 2.31 所示的“Environment error”错误。

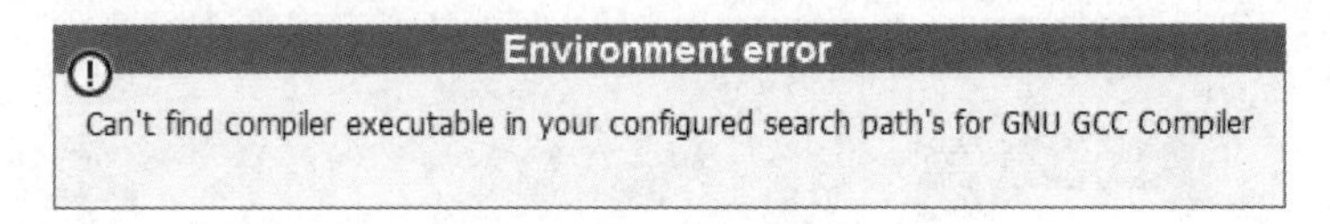

图 2.31 “Environment error”错误

该错误表明,没有为 Code::Blocks 配置合适的编译器。这里强调 Code::Blocks 是一个 IDE,它不只可以用来开发 C/C++ 程序,只要配置合适的编译器,还可以开发其它的程序。下面以 2.1节中安装的 MinGW-w64 为例,对 Code::Blocks 的编译器进行配置。

通过 Code::Blocks 的菜单 Settings 》Compiler... 打开“Compiler settins”窗口,单击“Toolchain executables”标签,如图 2.32 所示 (不同计算机的结果可能不同,该图是没有检测到编译器的结果)。

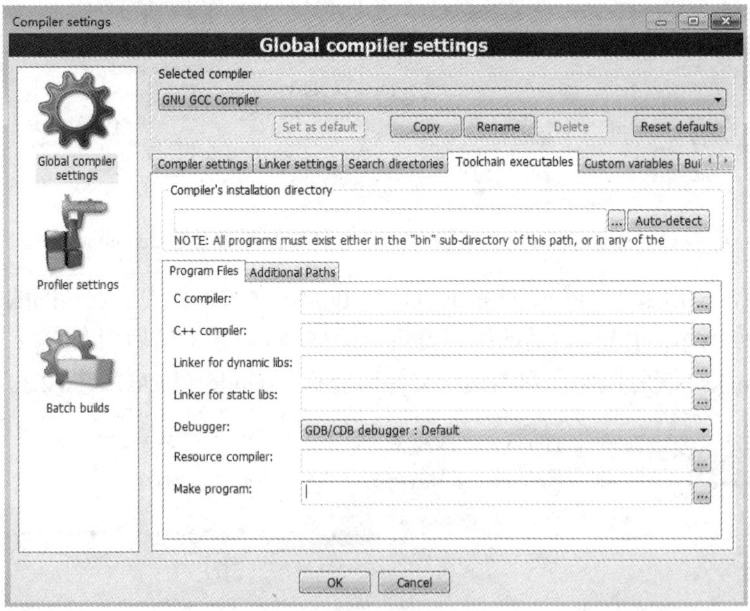

图 2.32 无编译器配置

点击 “Toolchain executables” 标签中 “Compiler's installation dirctory” 编辑框后的 ... 按钮，在打开的路径选择对话框中，选择2.1节中安装 MinGW-w64 的路径，然后再依次点击“C compiler:”“C++ compiler:”“Linker for dynamic libs:”“Linker for static libs:”“Resource compiler:”和“Make program:”后的 ... 按钮，在 MinGW-w64 安装路径的 bin 文件夹中选择对应的应用

程序，如图 2.33 (a) 所示。

在“Compiler settins”窗口的“Compiler settings”标签中，可以对编译器的编译参数进行配置，如图 2.33 (b) 中采用 C99 标准进行编译。

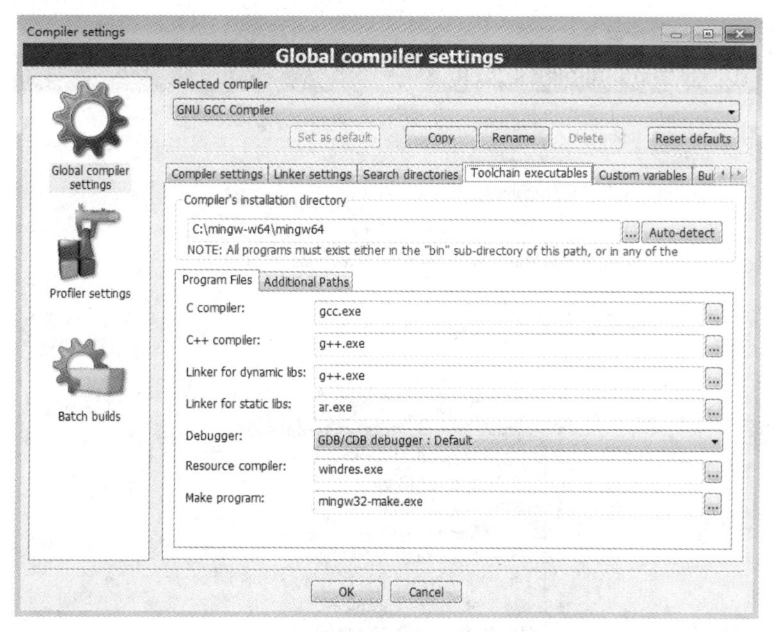

(a) 编译器命令

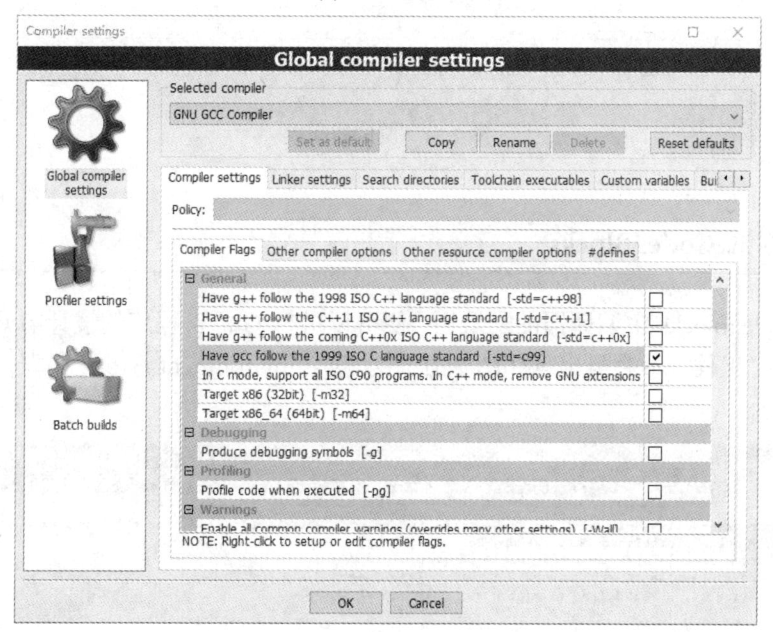

(b) 编译器选项

图 2.33　编译器配置

为了能够在 Code::Blocks 中顺利执行 DEBUG 工具调试程序，还需注意其调试器的配置，在图 2.33 (a) 中，“Debugger:”的设置为：“GDB/CDB debugger:Default”，为能够正确使用这一设置，需要为其进行正确的配置。

通过 Code::Blocks 的菜单 Settings 》Debugger... 打开如图 2.34 所示的“Debugger settings”对话框进行配置，需注意其中的“Executable path”和“Debugger Type”等信息与编译器配置的路径及版本一致。

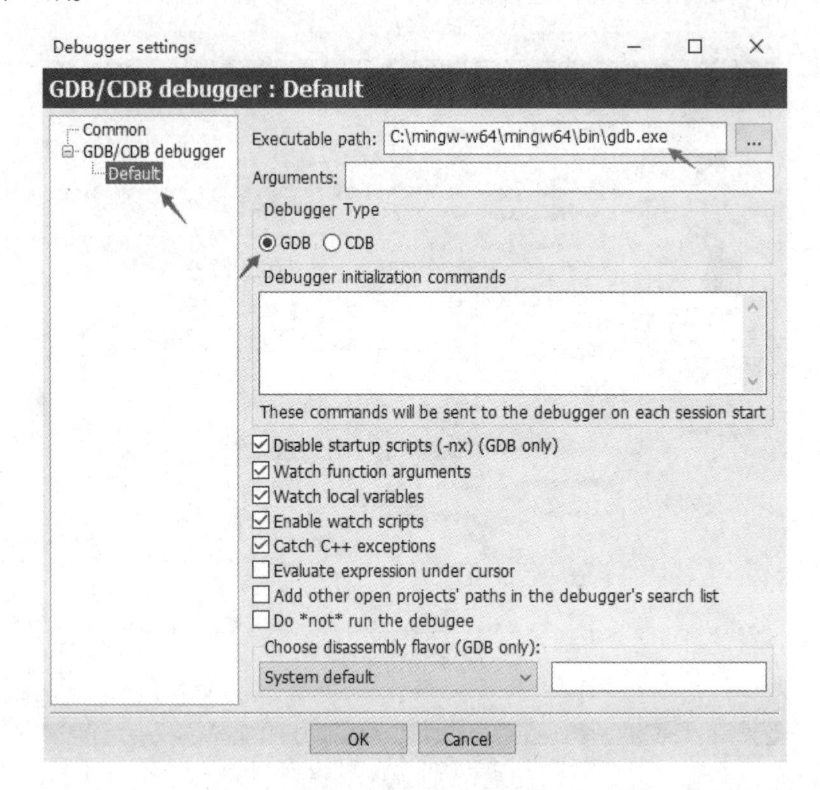

图 2.34　调试器配置

2.2.4　测试 Code::Blocks

完成 Code::Blocks 中编译器的配置后，便可以进行 C 语言程序的设计与开发。再次编译创建的“c”工程，不会再出现如图 2.31 所示的“Environment error”错误，其编译结果如图 2.35 所示。

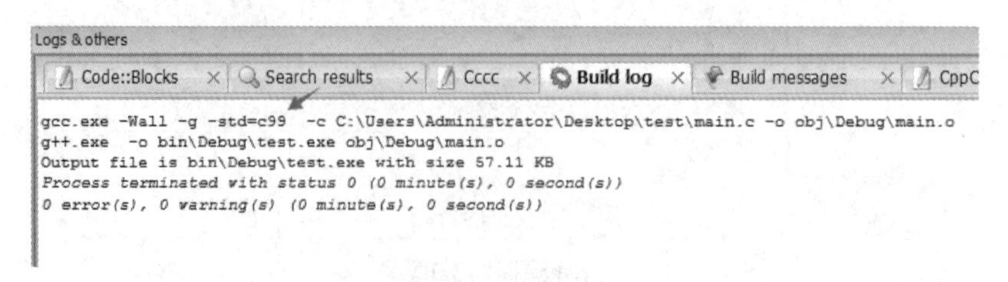

图 2.35　Code::Blocks 的编译结果 (Log&others)

由图 2.35 可知，Code::Blocks 实际执行了“gcc.exe -Wall -g -std=c99 -c C:\...\test\main.c -o obj\Debug\main.o”的编译命令和“g++.exe -o bin\Debug\test.exe obj\Debug\main.o”的链接命令。也可在命令行窗口执行该命令实现编译和链接，关于这些参数的含义，请查阅相关资料。

至此，完成了 Windows 平台下基于 MinGW 的 C/C++ 开发环境构建及其 Code::Blocks IDE 的配置。使用 Code::Blocks 或命令行，都可以实现 C/C++ 语言的设计与开发工作。

另外，可从官网下载带有编译器的“codeblocks-20.03mingw-setup.exe”安装包，一直点击 next 进行安装。软件会默认安装在“C:\Program Files\CodeBlocks”中，“MinGW”编译器也会安装在该目录的“MinGW”文件夹中，需要注意这些细节。

学会进行各种配置，将一切掌握在自己手中才是王道。应该了解真相，真相会使人自由。

2.3　小结

工欲善其事，必先利其器！程序设计无极限，需要大家不断去训练，直至人与程序合一，达到“程序是我，我就是程序”的至高境界！

在此，借用金庸先生的剑理，以期大家能领悟程序设计之真谛，达到以无招胜有招的化境。

> 青锋宝剑，凌厉刚猛，无坚不摧，与河朔群雄争锋。
> 紫薇软剑，误伤义士，不祥，悔恨无已，乃弃之深谷。
> 玄铁重剑，重剑无锋，大巧不工。
> 木剑，不滞于物，草木竹石均可为剑。自此精修，渐进于无剑胜有剑之境。

第 3 章 Code::Blocks 的工程及其应用

在 Code::Blocks 中，最终所生成的结果 (可执行文件、动态链接库或静态库) 一般由一个或多个文件构成的“工程”生成，所有这些文件以“工程”的模式进行管理。本章旨在说明 Code::Blocks 中工程的概念及其基本的使用方法，并为以后 Python、Java 和 C# 等其它 IDE 开发工具的使用提供基本思路。

3.1 Code::Blocks 中的工程

“工程”是为了便于维护和构建大型程序而提出的概念，一个工程包含了构建一个程序需要的所有源文件 (不只是 C 语言源代码文件，还有可能是其它的图标、数据和文本说明等文件)，这些源文件可能不计其数，一般会按类型、功能和模块分别放在若干个目录中。当然，这些文件之间必然是相互依赖的，一个工程需要按一系列的规则来使用这些文件，例如，哪些文件需要先编译、哪些文件需要后编译、哪些文件需要重新编译，甚至于进行更为复杂的工作。

在 Code::Blocks 中，一个“工程文件”包含了构建一个程序工程的必要信息。它不仅指明了作为构成程序工程的所有文件，而且还描述了这些文件之间的依赖性。Code::Blocks 的“工程文件”设定了整个工程的编译规则。

3.1.1 创建工程

启动 Code::Blocks 后，选择如图 3.1 所示的菜单 File › New › Project... 或是在如图 3.2 所示的欢迎界面中单击 Create a new project，便可以打开如图 3.3 所示的创建工程向导对话框。

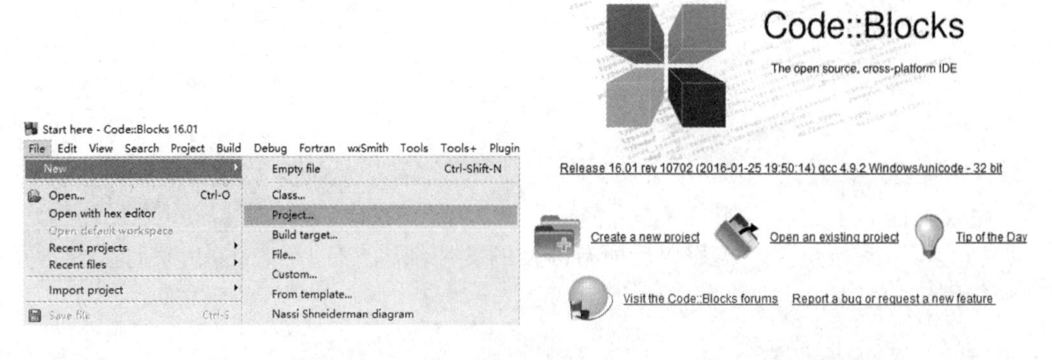

图 3.1 菜单　　　　图 3.2 欢迎界面

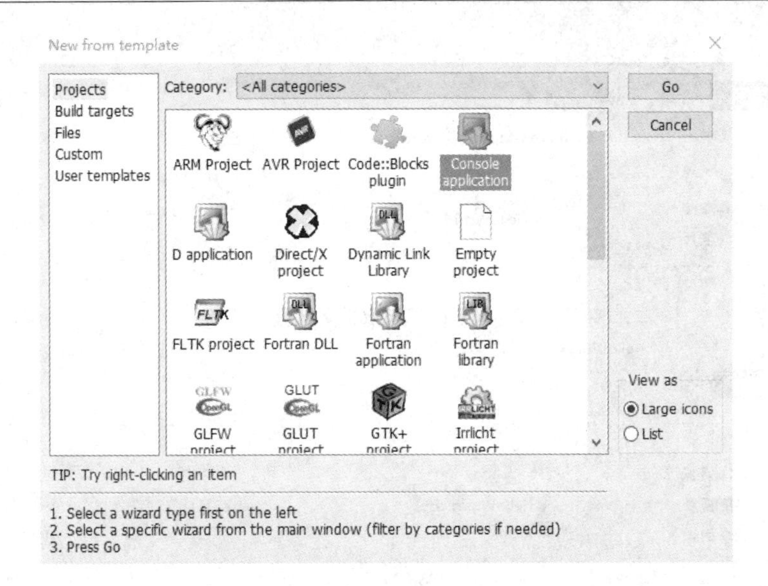

图 3.3　创建工程向导对话框

在图 3.3 所示的创建工程向导对话框中，选择“Console application”工程类型，然后选择“C”语言工程，一直点击next便可以完成工程的创建，如图 3.4 和图 3.5 所示。

在图 3.4 所示的工程命名对话框中，工程名称应该具备自明性，以见名知义为命名原则，如“E:\testC\HelloWorld\HelloWorld.cbp”，同时在工程的存储路径应避免出现中文等非英文字符和空格，以免在后续 DEBUG 中引起不必要的麻烦。

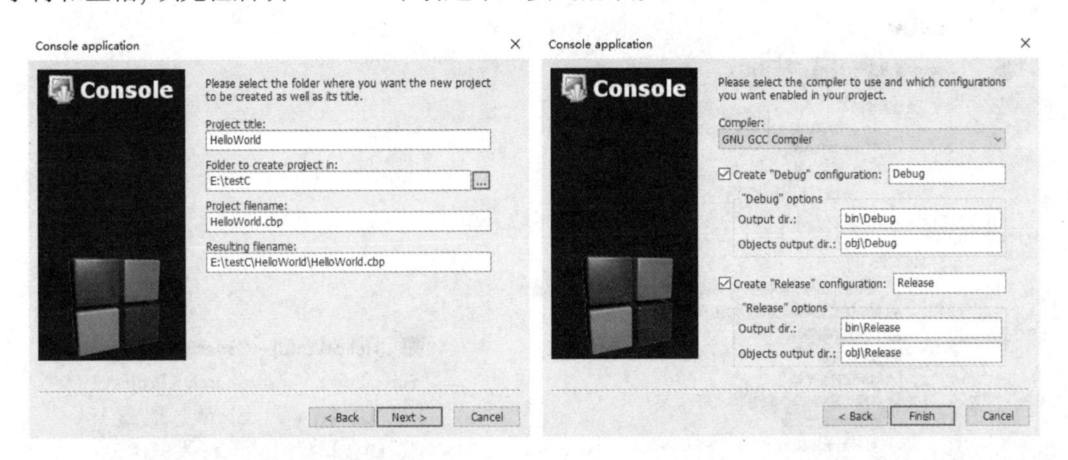

图 3.4　工程命名对话框　　　　图 3.5　工程属性对话框

在图 3.5 中，需注意工程的“Compiler”编译器的配置和选择、“Debug”[1]和“Release”[2]版本编译结果的可执行文件的输出路径和目标文件的输出路径。

完成工程的创建后，如图 3.6 所示，查看“testC”文件夹，可发现向导自动创建了“HelloWorld”文件夹，该工程以后所有涉及的文件都将存储在“HelloWorld”文件夹中，如图 3.7 所示，该文件夹中有“HelloWorld.cbp”工程文件和“main.c”源代码文件。

[1]“Debug”称为调试版本，构建结果中包含调试信息，不做任何优化，便于程序员调试程序。

[2]“Release”称为发行版本，已对其进行了优化，在大小和速度方面达到最优，以便用户更好地使用程序。

图 3.6　“testC”文件夹

图 3.7　“HelloWorld”文件夹

在此，为了查看文件的后缀名，需在文件夹选项中取消“隐藏已知文件类型的扩展名”复选框中的已选中标记 (取消对勾)，如图 3.8 所示。

同时在 Code::Blocks 的“Management”窗格中的“Projects”标签中可以看到已创建的工程，如图 3.9 所示。“Management”窗格可以使用 View 》Manager Shift-F2 菜单或 Shift⇧ + F2 快捷键打开或关闭。

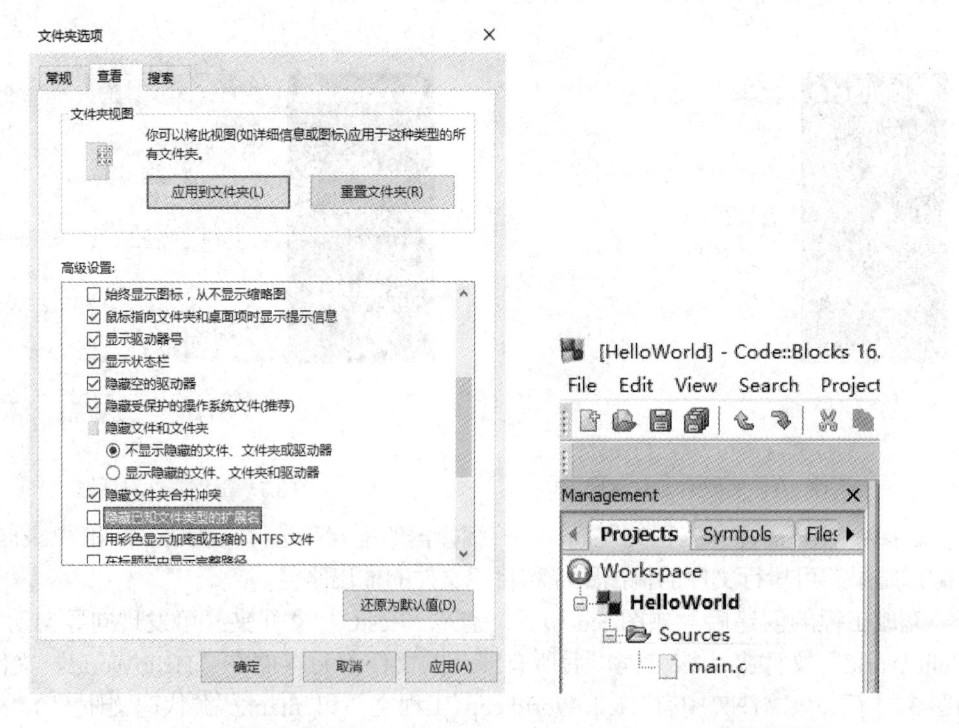

图 3.8　文件夹选项

图 3.9　工程管理窗格

在图 3.9 中，“main.c” 属于 “Sources” 文件夹，“Sources” 文件夹属于 “HelloWorld” 工程。

在此,“Sources” 文件夹只是一个形式上的虚拟文件夹，目的只是为了在 “Management” 窗格中对工程中的各类文件进行分门别类的管理，实际中并无该文件夹存在，这一点可以通过图 3.6 和图 3.7 得到验证。

3.1.2　“cbp”工程文件

创建 Code::Blocks 工程后, 在如图 3.7 所示的工程文件夹中会创建一个“HelloWorld.cbp”工程文件和“main.c”源代码文件。

“HelloWorld.cbp”工程文件用于记录 Code::Blocks 工程的各种配置信息，它实际上是一个 XML 可扩展标记语言文件, 是一个纯文本文件。可以用写字板、记事本等文件编辑器软件打开工程文件进行查看和编辑, 在此, 右键单击该文件, 如图 3.10 所示, 选择用写字板打开这种类型的文件 (注意 Windows 的记事本存在换行问题)[1]。用写字板打开“HelloWorld.cbp”工程文件后, 其结果如图 3.11 所示, 可以看出, 该工程文件记录了在 Code::Blocks 中对工程所做的各种设置信息。

“cbp”工程文件是 Code::Blocks 中的一个极其重要的文件, 在此, 用写字板打开和编辑该文件, 只是为了说明其文件结构和内容, 虽然理论上可以通过任何文本编辑器对其进行修改, 但在不熟悉的情况下, 强烈建议用 Code::Blocks 打开这一文件进行各类操作。

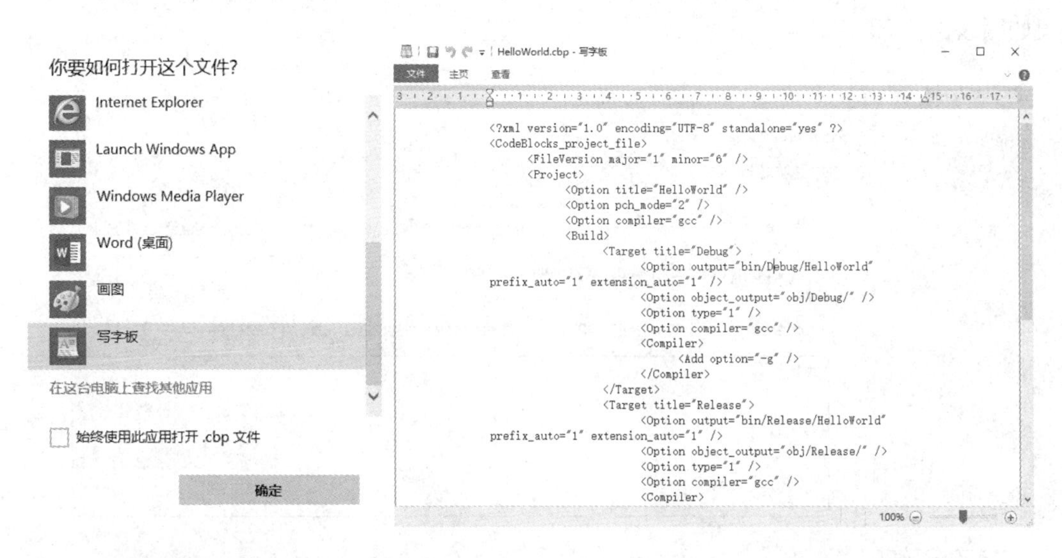

图 3.10　选择写字板　　　　图 3.11　用写字板打开“cbp”文件

3.1.3　工程设置的变更

在用 Code::Blocks 进行程序设计时，往往需要对一个工程进行必要的配置以实现特殊的功能。例如，当需要采用 “C11” 标准对程序进行编译时，如图 3.12 所示，可以右键单击

[1] 建议使用NotePad++替换 Windows 的记事本, NotePad++ 的功能更为强大。

"Management"窗格下的"Projects"标签中的工程文件名称，打开如图 3.13 所示的工程选项对话框进行设置 [1]。

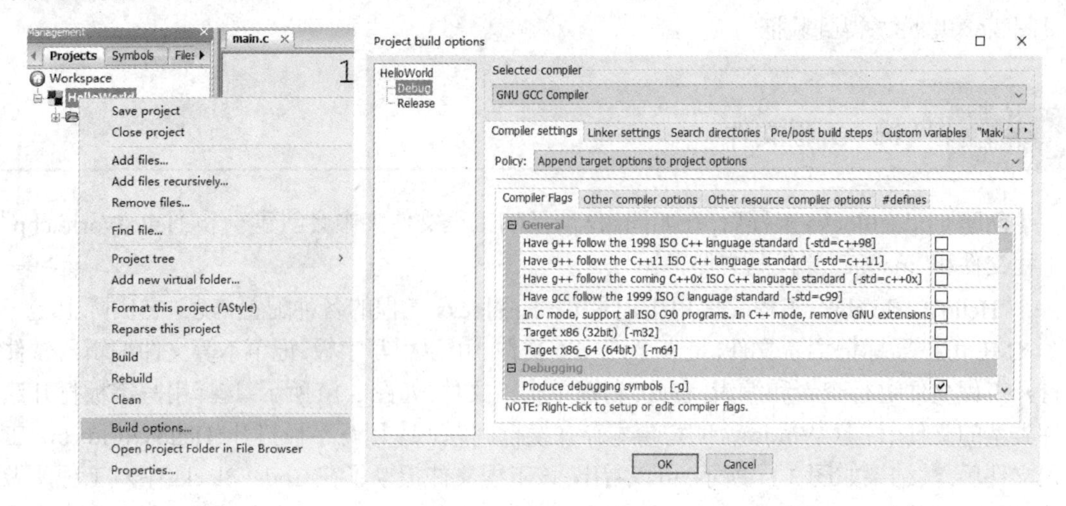

图 3.12　快捷菜单　　　　图 3.13　工程选项对话框

在图 3.13 的左侧窗格中，可以分别实现"Debug"和"Release"设置。在此，以"Debug"为例，打开"Compiler settings"标签下的"Other compiler options"标签，在输入框中输入"-std=c11"，表示为 gcc 的编译过程添加"-std=c11"参数，以实现使用"C11"标准进行编译，结果如图 3.14 所示。

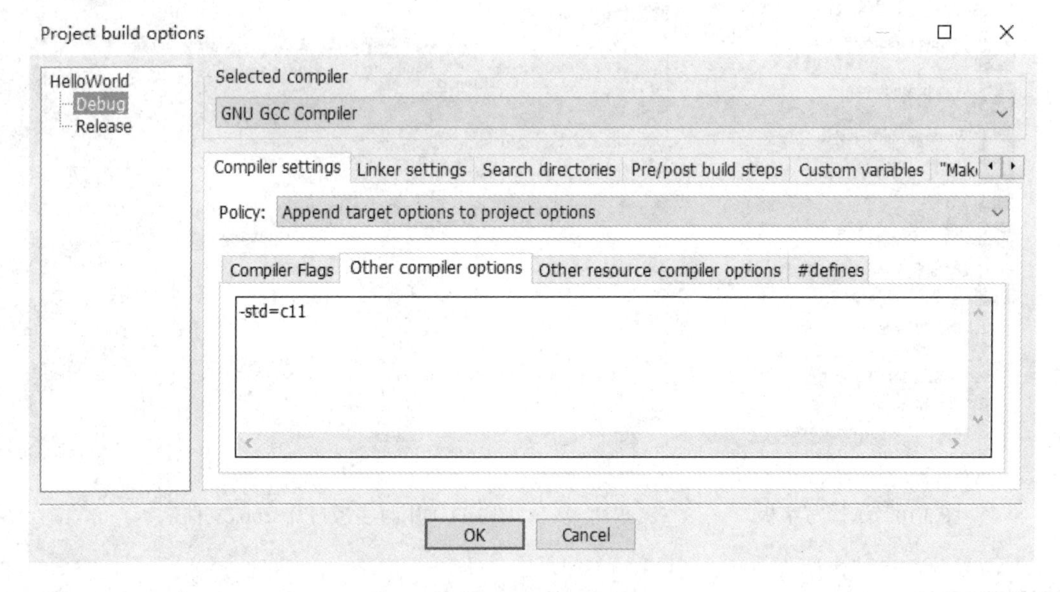

图 3.14　添加"c11"标准编译参数

保存工程，再次用写字板打开"cbp"文件，如图 3.15 所示，可以看到，该文件记录了对工程设置的"-std=c11"编译参数 (在"Debug"目标的"<Compiler>"中增加了"<Add option="-std=c11" />")。

[1] 也可以通过 Project 》Build options... 菜单实现相同的操作，下同。

HelloWorld.cbp - 写字板

文件　主页　查看

```xml
<?xml version="1.0" encoding="UTF-8" standalone="yes" ?>
<CodeBlocks_project_file>
	<FileVersion major="1" minor="6" />
	<Project>
		<Option title="HelloWorld" />
		<Option pch_mode="2" />
		<Option compiler="gcc" />
		<Build>
			<Target title="Debug">
				<Option output="bin/Debug/HelloWorld"
prefix_auto="1" extension_auto="1" />
				<Option object_output="obj/Debug/" />
				<Option type="1" />
				<Option compiler="gcc" />
				<Compiler>
					<Add option="-g" />
					<Add option="-std=c11" />
				</Compiler>
			</Target>
			<Target title="Release">
				<Option output="bin/Release/HelloWorld"
prefix_auto="1" extension_auto="1" />
				<Option object_output="obj/Release/" />
				<Option type="1" />
				<Option compiler="gcc" />
```

100%

图 3.15　添加“c11”标准编译参数后的 cbp 文件

3.1.4 构建工程

可以通过 Build 》Build Ctrl-F9 菜单，按 Ctrl + F9 快捷键或工具栏里的“齿轮”按钮构建工程，即用设置的参数进行编译和链接，如图 3.16 所示，注意编译命令“mingw32-gcc.exe”后的“-std=c11”参数。

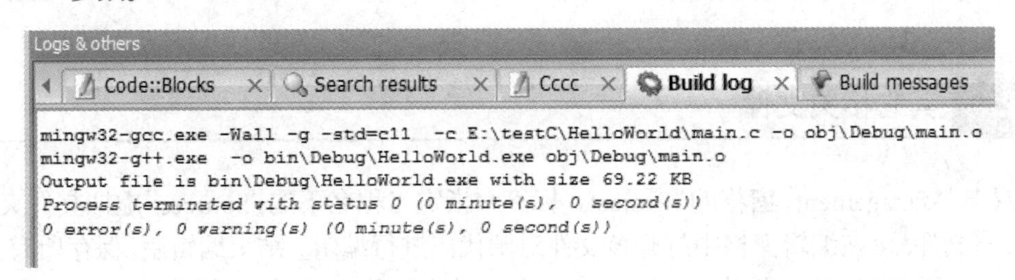

图 3.16　构建工程

再次查看构建以后的工程文件夹，可以看到构建工程生成了“bin”和“obj”两个文件夹，如图 3.17 所示。注意，“cbp”工程文件默认在所在的工作路径下生成“bin”和“obj”文件夹，当然，也可能通过对 Code::Blocks 进行设置将“bin”和“obj”两个文件夹定位在磁盘上甚至是网络上的任何位置，但在不熟悉各类操作之前，建议先采用默认设置，这样比较方便。

图 3.17 “bin”和“obj”文件夹

在 “bin” 和 “obj” 两个文件夹中的 “Debug” 文件夹中，分别保存了结果文件“HelloWorld.exe”和目标文件“main.o”，分别如图 3.18 和图 3.19 所示。

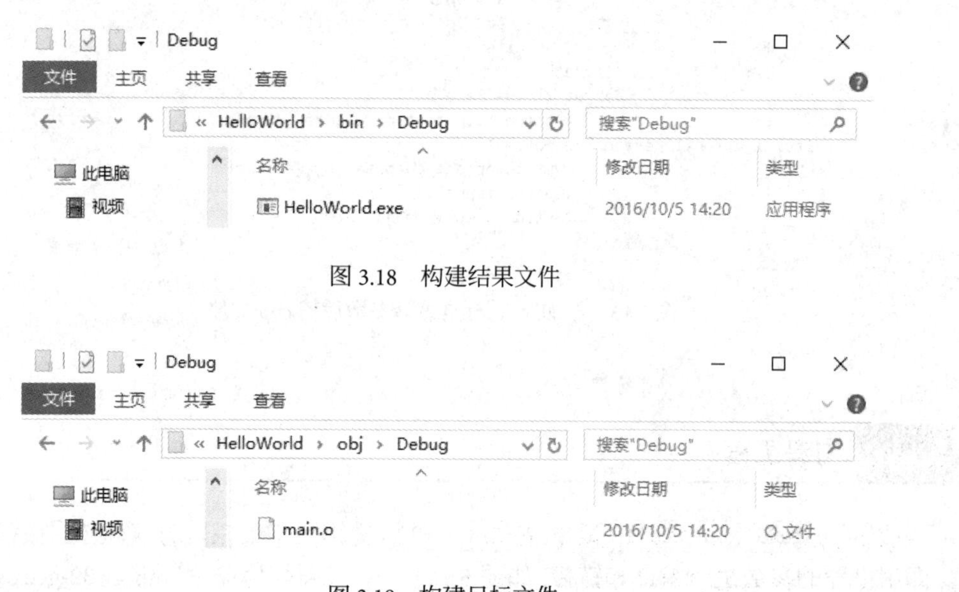

图 3.18 构建结果文件

图 3.19 构建目标文件

3.1.5 其它相关文件

双击“Management”窗格的“Projects”标签中指定工程名下的“Sources”虚拟文件夹里的“main.c”文件，可在编辑窗格中打开该文件对源代码进行编辑。结束编辑后，保存所有文件。此时，在工程文件夹中会生成“HelloWorld.depend”文件依赖关系文件和“HelloWorld.layout”编辑区状态记录文件，如图 3.20 所示。

“.depend”文件和“.layout”文件也是 XML 文件，是纯文本文件，也可以用 NotePad++ 等软件打开进行查看和编辑（尽量避免使用 Windows 的记事本，以免无法实现正常换行），分别如图 3.21 和图 3.22 所示。

图 3.20　构建工程

图 3.21　“.depend”文件

图 3.22　“.layout”文件

3.2　在工程中添加/删除文件

一个工程可以包含不限数量和类型的任意文件，这些文件可以通过多种方式添加到一个工程中，也可以从一个工程中删除任何不需要的文件。在 Code::Blocks 中，可以通过 File > New > File... 菜单、Project > Add files... 菜单、Project > Add files recursively... 菜单、Project > Remove files... 菜单和工程名右键快捷菜单中的相应操作实现在工程中添加/删除任意文件。

3.2.1　为工程新建文件

File > New > File... 菜单可以创建 Code::Blocks 支持的任何文件，在创建这些文件时可以将其添加到当前工程中。例如，如图 3.23 所示，可以创建一个 C 代码头文件，接下来在如图 3.24 所示的对话框中，设定要创建文件的文件名 (后缀名为“.h”)，并选择将其添加到当前工程中。

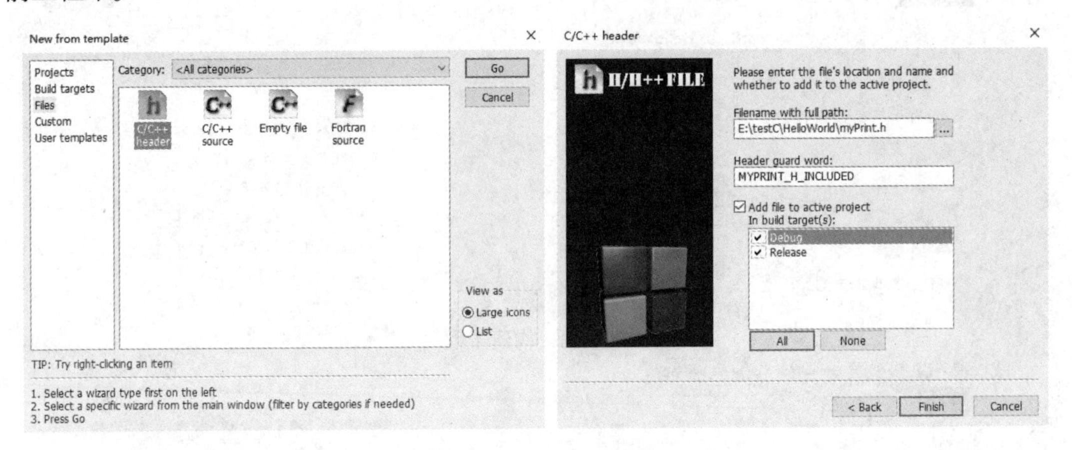

图 3.23　创建头文件　　　　图 3.24　头文件文件名及添加选择

同时，如图 3.25 所示，也可创建一个 C 代码源文件 (后缀名为“.c”)，在如图 3.26 所示的对话框中，设定文件名，并选择将其添加到当前工程中。

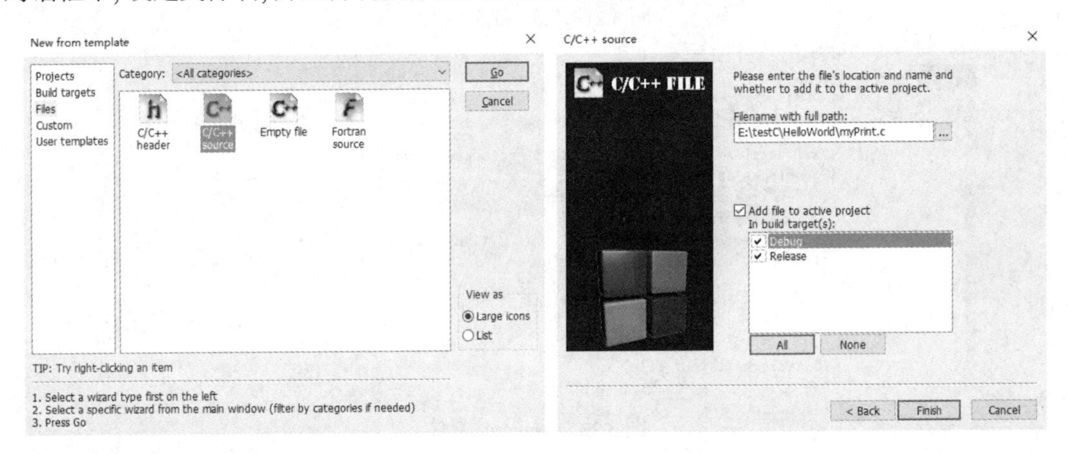

图 3.25　创建源文件　　　　图 3.26　源文件文件名及添加选择

3.2.2　为工程添加文件

在 Project 菜单或工程名右键快捷菜单中找到 Add File... 子菜单，可将指定的文件插入到当前工程中。例如，在当前工作文件夹中有一个如图 3.27 所示的文本文件 (后缀名为“.txt”)。

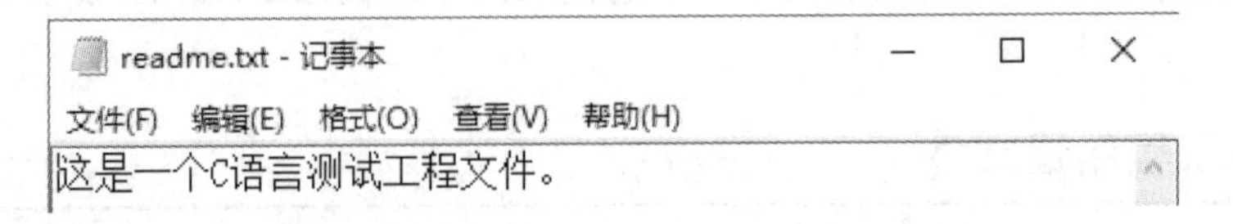

图 3.27　“readme”文本文件

在工程名右键快捷菜单中找到 Add File... 子菜单，打开如图 3.28 所示的文件选择对话框，然后选择添加到当前工程的目标类型，如图 3.29 所示。

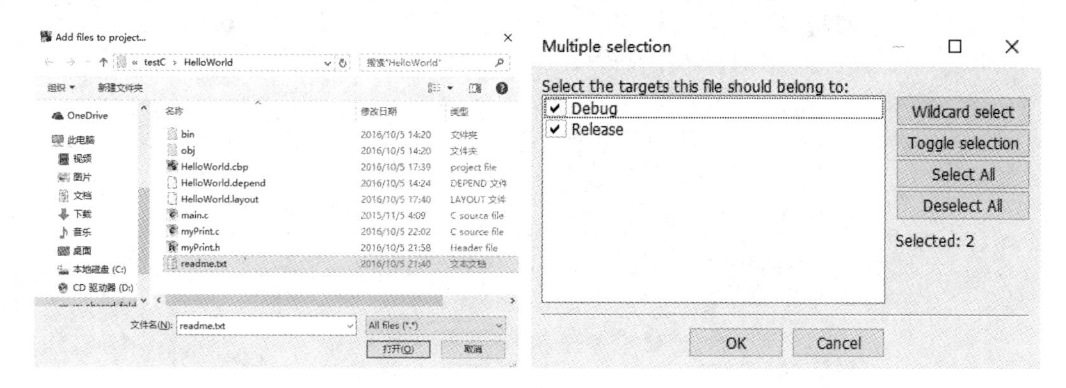

图 3.28　选择要添加的文件　　　　图 3.29　选择添加类型

在图 3.24、图 3.26 和图 3.29 中，可选择文件添加版本类型（“Debug”和“Release”），通常两者都要选中。如图 3.30 所示，添加完文件后，在“Management”窗格中用虚拟文件夹（“Sources”文件夹、“Headers”文件夹和“Others”文件夹等）进行管理，当然，也可以通过工程名的右键快捷菜单 Add new virtual folder... 子菜单添加新的虚拟文件夹，如图 3.31 所示。

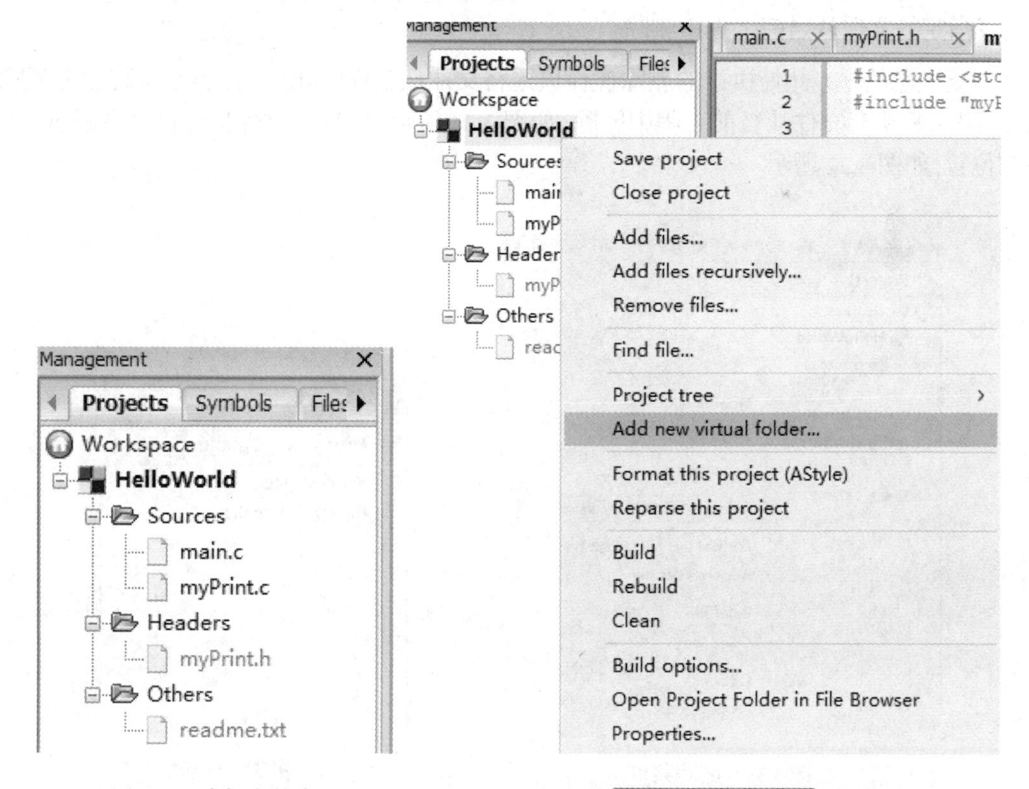

图 3.30　虚拟文件夹　　　　图 3.31　Add new virtual folder... 子菜单

需要注意的是：虚拟文件夹只显示在“Management”窗格中，为了便于分类管理文件而存在，在实际文件夹中并不存在这些虚拟文件夹。例如，完成前述操作后，当前工作路径下的文件如图 3.32 所示。

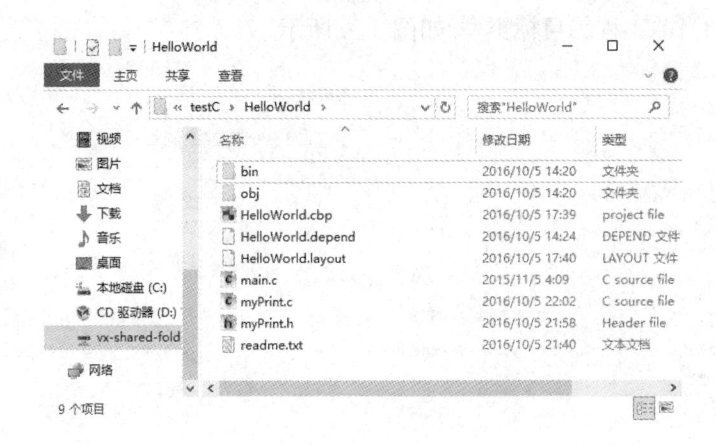

图 3.32　当前工作文件夹中的文件

3.2.3 为工程删除文件

可以使用Delete或文件名右键快捷菜单中的Remove file from project子菜单 (如图 3.33 所示), 将指定的文件从当前工程中删除。

需要注意的是: 此处执行的删除操作只是将文件从工程中删除, 而不是从磁盘上删除。例如, 可以将所有文件从当前工程中删除, 如图 3.34 所示, 但这些文件仍然保存在磁盘上原来的位置, 如图 3.32 所示。

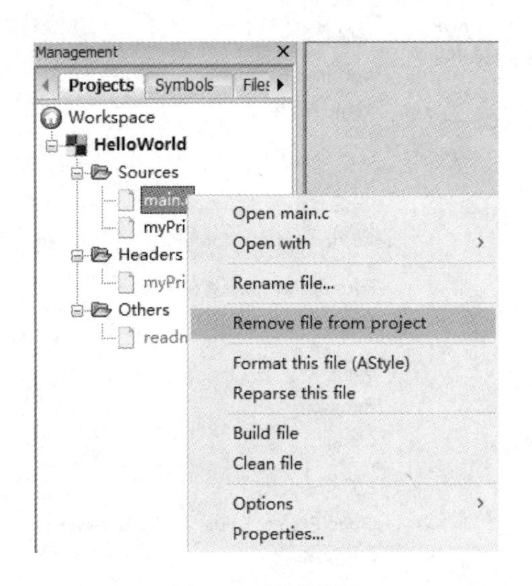

图 3.33　删除菜单

图 3.34　删除文件后的工程

此外, 还需要注意: 一个工程中可以有多个和多类文件, 但在这些文件中有且只能有一个 “main()” 函数。另外, “main()” 函数可以存在于任何一个文件中 (通常在 “*.c” 源文件中), “main.c”源文件却不是一个工程必需的文件。关于这些内容, 读者可自行实践和理解。

3.3　工作区

为了管理更为复杂的项目，在 Code::Blocks 中可使用工作区 (Workspace) 组织和管理由多个工程构成的一个解决方案。

在工作区中，可以建立若干个工程，靠前的工程先编译。在设计好各个工程间的依赖关系后，通过建立各工程间的顺序实现工作区的构建。

各个工程间的顺序可用其右键菜单实现调整，如图 3.35 所示。

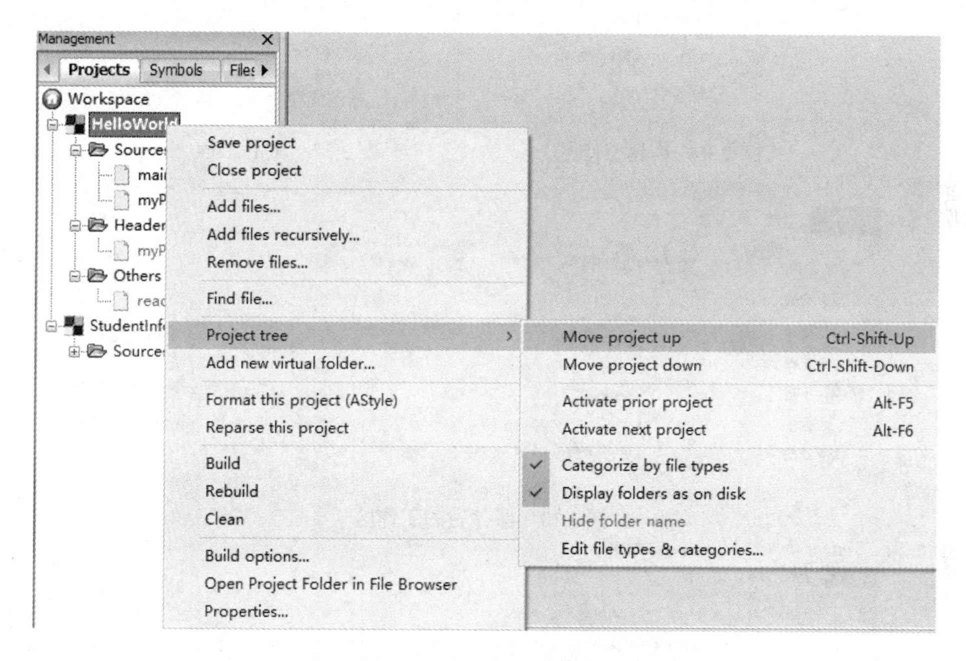

图 3.35　调整工程顺序

如果需要编译整个工作区，可以右击“Management”窗格中所有工程上的“Workspace”，在出现的快捷菜单中，选择 Build workspace 、 Rebuild workspace 或者 Clean workspace 等子菜单进行操作，如图 3.36 所示。

如果要对工作区中的某个工程 (例如图 3.36 中的“HelloWorld”工程) 进行操作，需要先激活该工程。激活一个工程的具体方法是右击该工程名，如果该工程未被激活，快捷菜单中就会出现 Activate project 子菜单，如图 3.37 所示，选择此子菜单激活该工程即可。操作完成可以发现，该工程名会加粗显示。

可以通过 File ≫ Save workspace 、 File ≫ Save workspace as... 菜单保存创建好的工作区，也可以在当前工作区的右键快捷菜单中选择 Save workspace 或 Save workspace as... 子菜单实现相同的功能，保存后的当前工作文件夹如图 3.38 所示。

工作区文件 (后缀名为“.workspace”) 仍然是一个 XML 文件，用 Notepad++、写字板等文本编辑软件可以查看并修改该文件，如图 3.39 所示 (注意不要随意修改这些文件)。

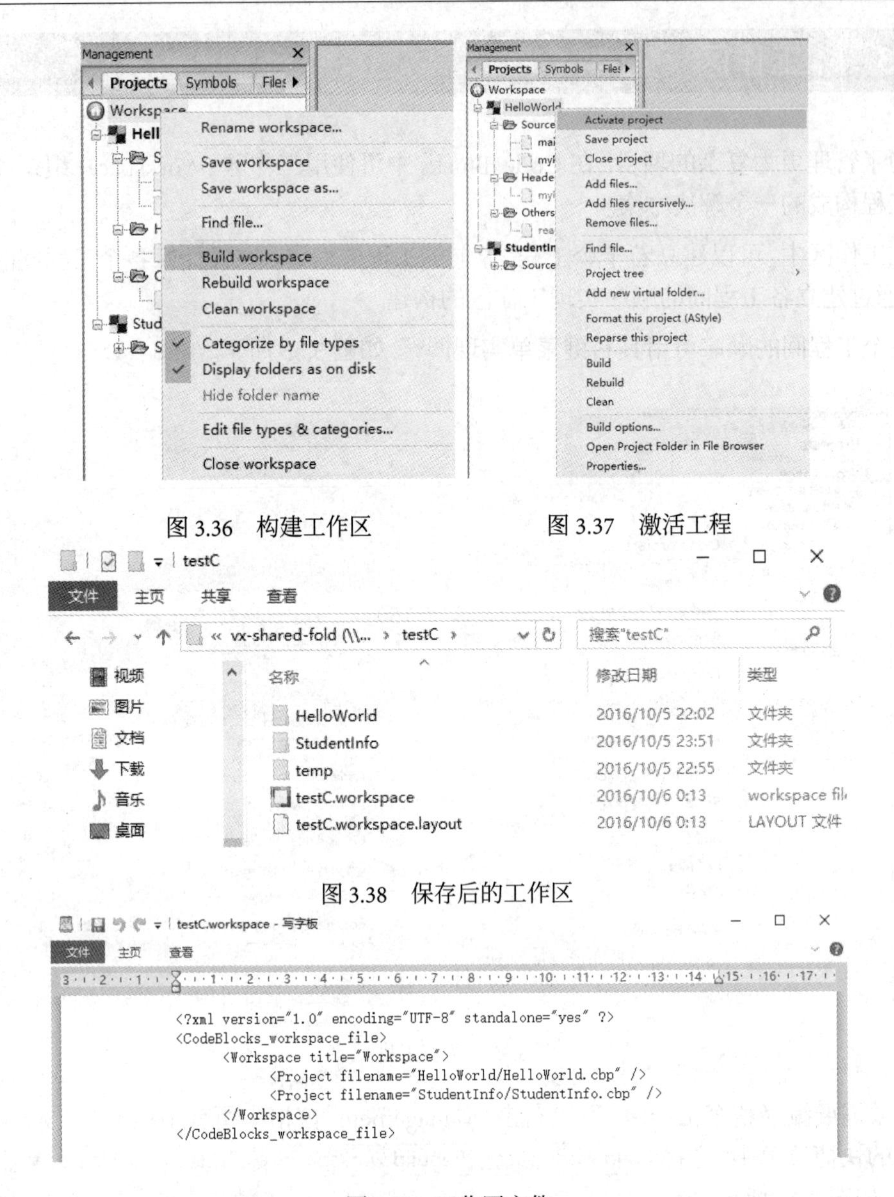

图 3.36 构建工作区　　图 3.37 激活工程

图 3.38 保存后的工作区

图 3.39 工作区文件

3.4 小结

Code::Blocks 使用工作区和工程的方式管理所需要的各类文件。在使用 Code::Blocks 进行程序设计时，不要只保留"*.c"和"*.h"等源代码文件，需要按设定的目录结构保留除构建结果外的所有文件。

以工作区和工程的方式组织和管理程序设计中的各类文件，从而构成一个整体，生成最后的结果，这种概念和方法不仅仅可以在 Code::Blocks 中使用，在 Java、C# 等其它开发工具及 IDE 的管理和运行中，也可以采用类似的方式。因此，熟悉"工程"的概念和方法是非常有必要的。

第 4 章　DEBUG 的概念及其使用

DEBUG 是一个用于调试程序的计算机软件工具，在程序设计与开发中，可用于分析程序、检查错误、分析错误和解决错误。本章说明了 C 语言程序设计中 DEBUG 的基本概念以及在 Code::Blocks 中和使用命令行进行 DEBUG 的基本方法。另外，DEBUG 不只是 C 语言程序设计中需要的技术和技能，在汇编语言、Java、C# 等其它程序的开发过程中也是必不可少的技术和技能。本章内容可为后续的学习和工作提供必要支持。

4.1　DEBUG 的概念

1937 年，美国青年霍华德·艾肯为 IBM 公司投资了 200 万美元研制计算机，并将第一台成品取名为马克 1 号 (Harvard Mark I)。为马克 1 号编制程序的葛丽丝·霍波是一名美国海军准将，也是一名计算机科学家，同时也是世界上最早的一批程序设计师之一。有一天，她在调试设备时出现故障，拆开继电器后，发现有只飞蛾被夹扁在触点中间，从而“卡”住了机器的运行。于是，霍波诙谐地把程序故障统称为“臭虫”(BUG)，把排除程序故障的过程叫 DEBUG。这奇怪的“称呼”，后来成为计算机领域的专业行话。一般来讲，通过 DEBUG 可以：

(1) 监视“DEBUG 对象”[1]的状态；

(2) 修改和控制“DEBUG 对象”的状态；

(3) 以字节为单位查看和修改内存中的任何内容；

(4) 逐指令执行“DEBUG 对象”；

(5) 追踪“DEBUG 对象”的执行过程；

(6) 查看 CPU 工作状态。

这些工作可以为“发现 DEBUG 对象中存在的问题”以及“提出解决问题的方案”提供有用的信息。

实现 DEBUG 的工具通常称为 Debugger(调试器)，按英文字面意思来讲是有这样一种“装置 (er)”，这种装置可以“消除 (De)”系统中的“缺陷 (bug)”。不同的编译器会提供不同的 Debugger，例如，GNU 提供了 gdb 调试器，Visual Studio 提供了 cdb 调试器。不同调试器的主要功能是一致的，但在细节上会有所差别，其具体功能和操作需要查阅相关资料。无论是哪种 Debugger，其执行 DEBUG 的过程基本是一致的：

(1) 启动 Debugger 并载入“DEBUG 对象”；

(2) 设置断点；

(3) 执行 Debugger 各个命令；

(4) 查看和修改变量 (内存) 状态；

[1] 被调试的对象，也就是被调试的程序。

(5) 分析数据；

(6) 定位出错位置；

(7) 修改错误；

(8) 重复调试，直至正确。

不同的程序开发 IDE(集成开发环境) 也为 Debugger 提供了不同的操作方法，为用户实现 DEBUG 操作提供了更为便捷的方式。但无论是哪种 IDE，其本质仍然是对 Debugger 各种命令的封装。本章通过在 Code::Blocks 中和使用命令行进行 DEBUG，说明了 C 语言程序设计中实现 DEBUG 的基本方法。

4.2 在 Code::Blocks 中进行 DEBUG

Code::Blocks 集成了 DEBUG 操作，以方便程序的调试过程。

4.2.1 配置 Debugger

在使用 Code::Blocks 中集成的 DEBUG 时，必须确保 Code::Blocks 配置了 Debugger，因此，需要对 Code::Blocks 进行配置。

首先，通过如图 4.1 所示的 settings 》Compiler... 菜单打开“Compiler settings”全局设置对话框，如图 4.2 所示。

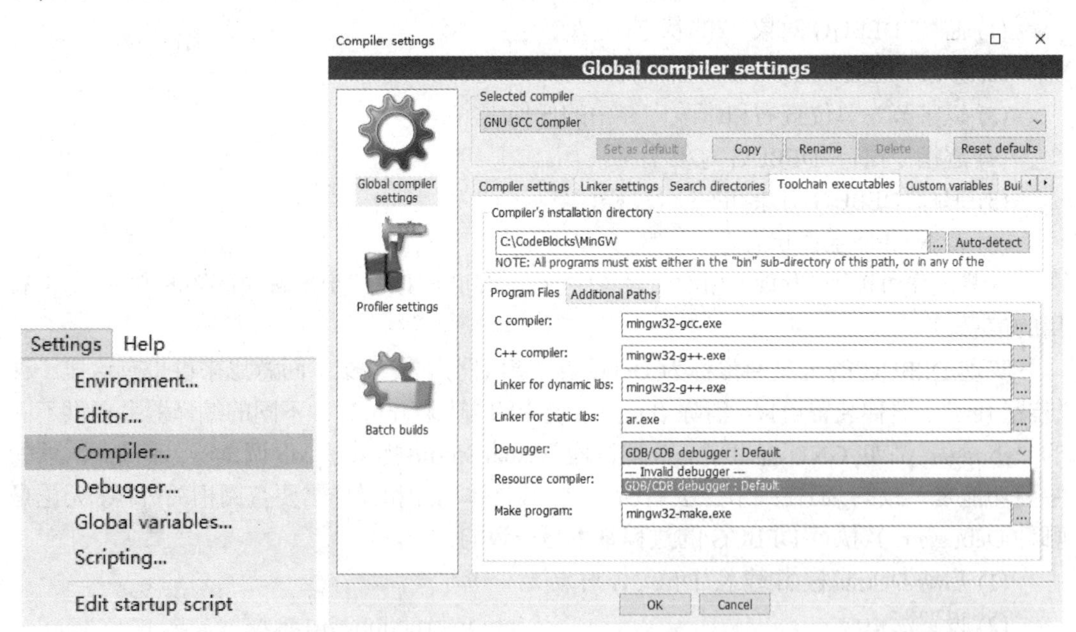

图 4.1　设置编译器菜单　　　　图 4.2　设置编译器参数

将图 4.2 里 Toolchain executables 标签中的 Debugger 设为：“GDB/CDB debugger:Default”。然后，通过如图 4.3 所示的 settings 》Debugger... 菜单打开“Debugger settings”编译器的全局设

置对话框，如图 4.4 所示。

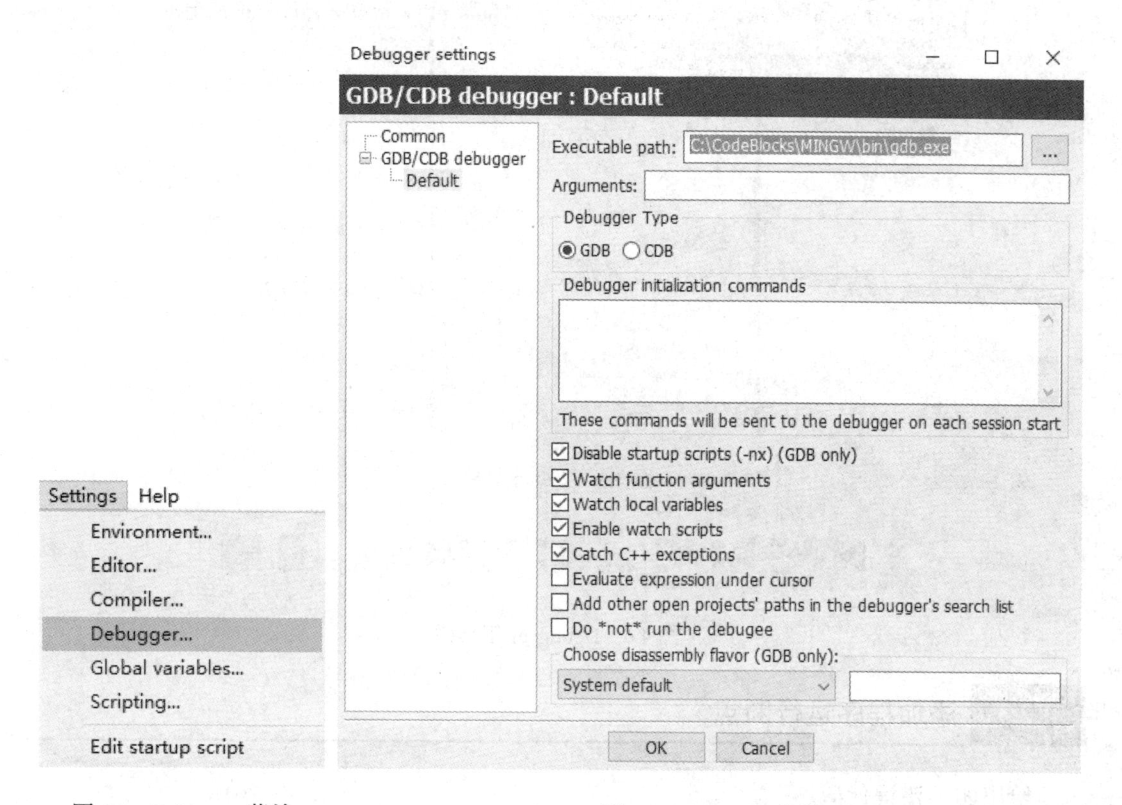

图 4.3　Debugger 菜单　　　　图 4.4　Debugger 参数

选择图 4.4 左侧的“GDB/CDB debugger:Default”进行设置，通过“Executable path:”中的 ... 按钮选择 Debugger 所在的正确路径 (例如 MinGW 的“bin”路径)，“Debugger type”与“Executable path:”选择的 Debugger 正确匹配 [1]。

至此，便可完成 Code::Blocks 的 Debugger 设置，为后续的程序 DEBUG 提供正确的 Debugger 配置。

4.2.2　DEBUG 菜单与工具栏

在 Code::Blocks 中，与其它软件的基本操作类似，可以通过 Debug 菜单、Debugger 工具栏、右键快捷菜单或快捷键等方式执行相关操作。

Debug 菜单如图 4.5 所示，其中各菜单项的具体含义可参阅 Code::Blocks 的操作手册。

Debugger 工具栏如图 4.6 所示，从左到右分别是：Debug/Continue、Run to cursor、Next line、Step into、Step out、Next instruction、Step into instruction、Break debugger、Stop debugger、Debugging windows 和 Various info 按钮，具体可参阅 Code::Blocks 手册。

[1] MinGW 选择 GDB，微软编译器选择 CDB。

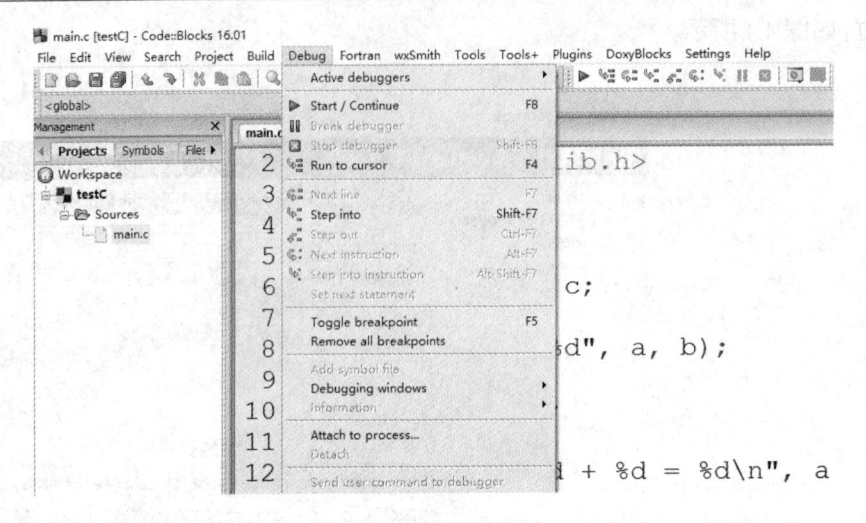

图 4.5 Debug 菜单

图 4.6 Debugger 工具栏

4.2.3 添加程序运行断点

给出如下错误代码。

错误代码

```
1  #include <stdio.h>
2  #include <stdlib.h>
3
4  int main()
5  {
6      int a, b, c;
7
8      scanf("%d%d", a, b);
9
10     c = a + b;
11
12     printf("%d + %d = %d\n", a, b, c);
13     return 0;
14 }
```

上述代码虽有警告，但无语法错误，可以运行。在程序运行时，当输入数据后，继续执行程序，会出现如图 4.7 所示的程序崩溃错误。因此，一定要根据警告信息修正程序。

类似这种编译中无错误，运行出错的现象称为“逻辑错误”，解决逻辑错误常用 DEBUG。

在 DEBUG 时，首先要在程序的合适位置插入断点，使程序执行到此断点时，可以暂停在断点处，以便查看程序执行的状态。

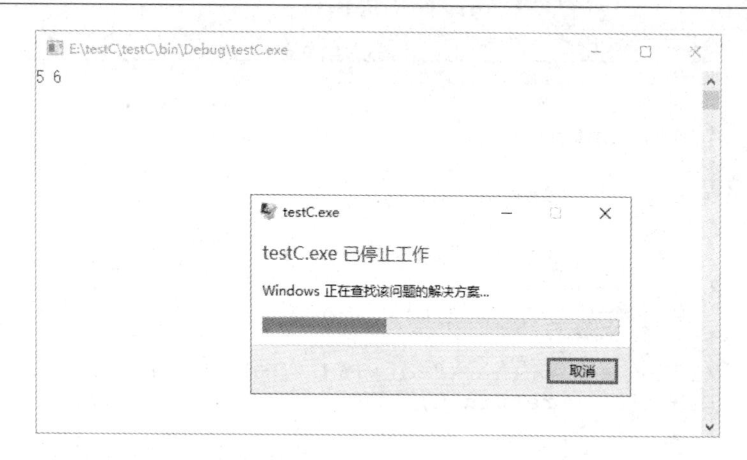

图 4.7　程序运行崩溃

在图 4.7 中，由于读入数据时发生了崩溃，因此可能是在执行第 8 句的 scanf() 时出错，为此，可以在第 8 句插入断点。

在编辑区，定位到程序第 8 句中，可以通过以下任何方式插入断点：

(1) 使用 Debug 》Toggle breakpoint 菜单，如图 4.5 所示；

(2) 按 F5 快捷键；

(3) 使用当前行的右击快捷菜单的 Toggle breakpoint 选项，如图 4.8 所示；

(4) 在行号右侧的浅灰色区域 (方框标出的区域) 单击鼠标左键，如图 4.9 所示。

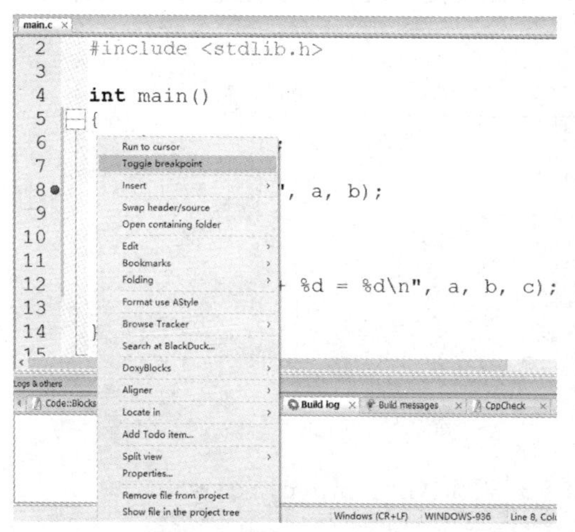

图 4.8　鼠标右击插入断点

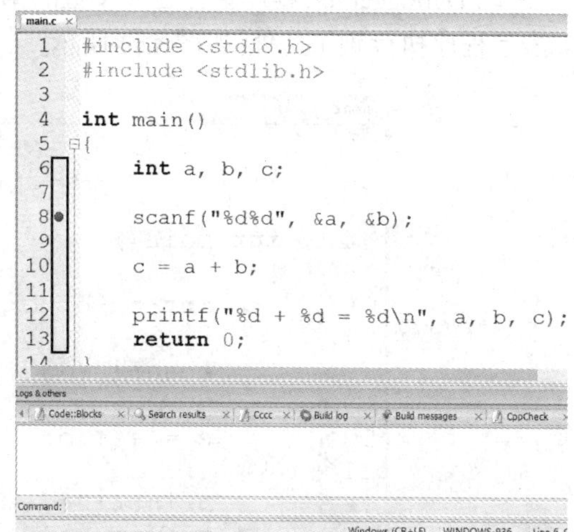

图 4.9　鼠标左击插入断点

注意："Toggle breakpoint"是一个开关操作。如果已经有断点，执行"Toggle breakpoint"操作会删除该断点；如果此处没有断点，执行"Toggle breakpoint"操作会添加断点。

插入一个断点后，在编辑区行号右侧的浅灰色区域与当前行对应的位置会有一个红色的圆点标志，在该圆点标志上右击，会出现如图 4.10 所示的断点编辑快捷菜单，可以对该断点进行编辑，详情可参阅 Code::Blocks 的操作手册。

在加入断点后，便可以执行程序的 DEBUG 过程。

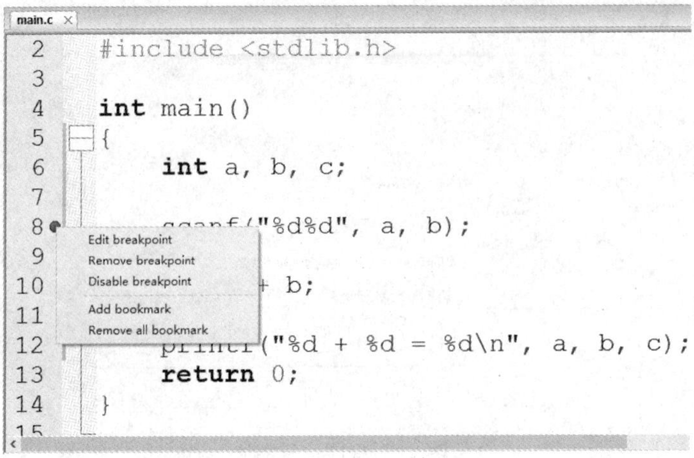

```
main.c ×
 2   #include <stdlib.h>
 3
 4   int main()
 5   {
 6       int a, b, c;
 7
 8 ●     scanf("%d%d", a, b);
 9        Edit breakpoint
10        Remove breakpoint     + b;
          Disable breakpoint
11        Add bookmark
12        Remove all bookmark  ("%d + %d = %d\n", a, b, c);
13       return 0;
14   }
15
```

图 4.10 断点编辑菜单

4.2.4 DEBUG 窗口

选择图 4.5 中的Debug》Start/Continue F8菜单，或单击图 4.6 工具栏中的右箭头按钮▶(Debug/Continue)，便可以启动 Debugger 调试程序。

启动 Debugger 后，程序暂停在所设置的第 1 个断点处，并会在断点上叠加一个右箭头标志，表示程序执行到了此处，如图 4.11 所示。

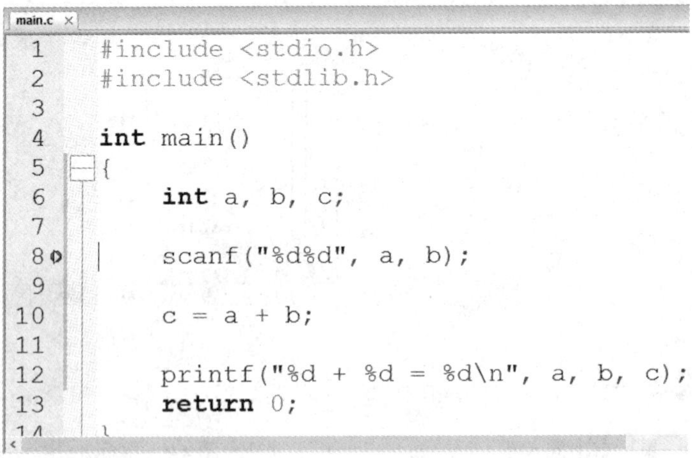

```
main.c ×
 1   #include <stdio.h>
 2   #include <stdlib.h>
 3
 4   int main()
 5   {
 6       int a, b, c;
 7
 8 ●     scanf("%d%d", a, b);
 9
10       c = a + b;
11
12       printf("%d + %d = %d\n", a, b, c);
13       return 0;
14   }
```

图 4.11 启动调试程序

程序暂停后，便可以查看“DEBUG 对象”(被调试程序)的当前运行状态，为此，需要打开相应的“Debugging windows”。可执行如图 4.12 所示的菜单命令或单击图 4.13 所示的工具栏按钮打开“Watchs”窗口查看变量值，也可以打开“Memory dump”窗口查看内存数据。这些窗口可以如图 4.14 所示以浮动的方式布置在屏幕上任何位置，也可以如图 4.15 所示，停靠在 Code::Blocks 的边栏中。

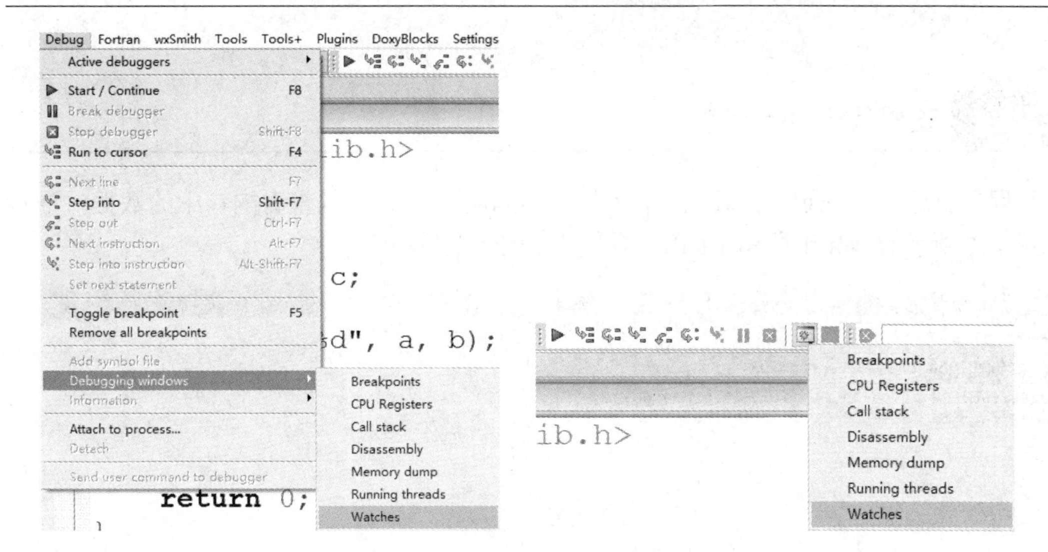

图 4.12　菜单操作　　　　图 4.13　工具栏操作

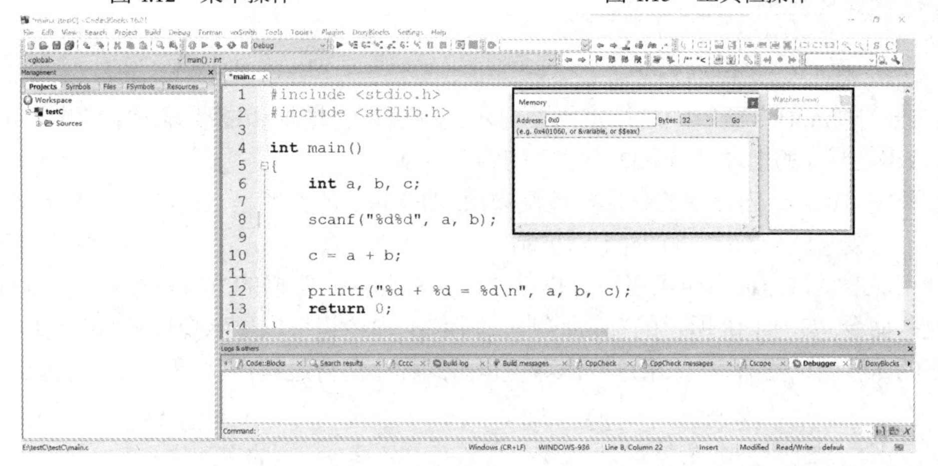

图 4.14　浮动窗口

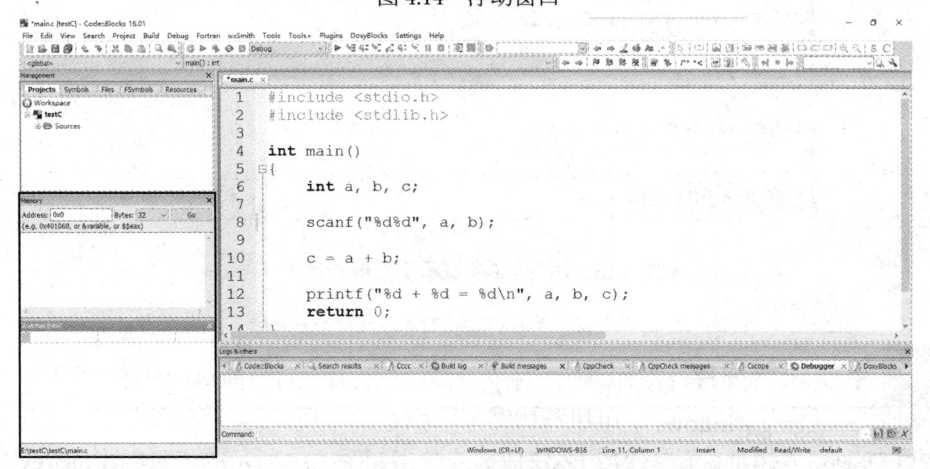

图 4.15　停靠窗口

4.2.5 查看程序运行状态

程序暂停后，通过如图 4.16 所示的“Memory”窗口可以查看内存中的数据，通过如图 4.17 所示的“Watches”窗口可以查看程序中的各变量的值。

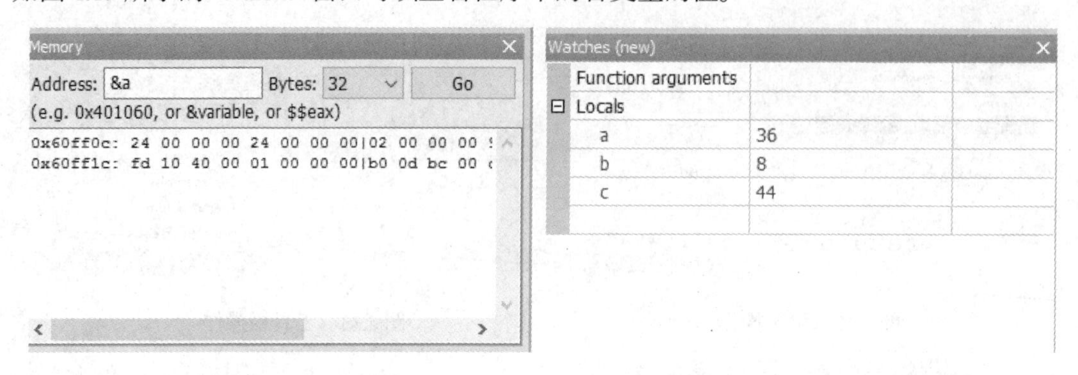

图 4.16 “Memory”窗口　　　　图 4.17 “Watches”窗口

在此，“Memory”窗口中应指定需要显示内存区域首地址和需要显示字节数。本例中用 &a 取得变量 a 的地址，显示 32 个字节的内存数据。

需要注意的是：内存中的数据应该反向读，如变量 a 的类型是 int 类型，占 4 个字节，则内存中 a 的数据是 0X00 00 00 24(十六进制)。

使用 gdb 调试器命令也可以进行操作，“Logs & others”窗口的“Command:”命令行用于执行这些命令，如图 4.18 所示的“p”命令[1]，使用“p”命令也可以显示变量 a 的值和地址。还有更多的 gdb 调试器命令，使用这些命令可以跟踪程序运行过程，剖析程序运行机制。

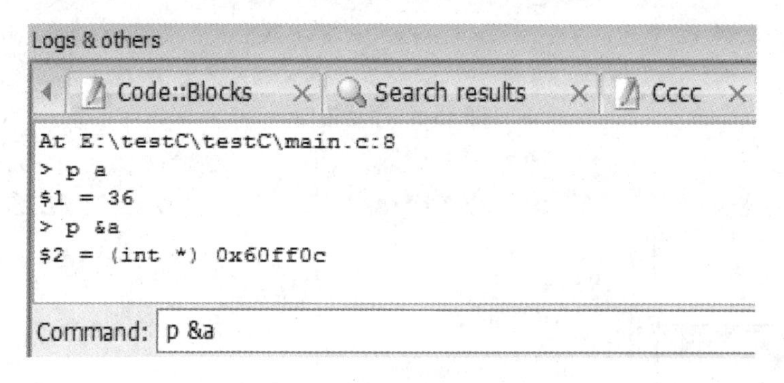

图 4.18 用“p”命令显示变量值和地址

4.2.6 单步执行程序

执行 Debug》Next line 菜单或按 F7 快捷键或单击如图 4.19 所示的工具栏中的 Next line 按钮，便可以执行当前行程序代码。

[1] 也可以是“print”命令，“p”是其首字母缩写。

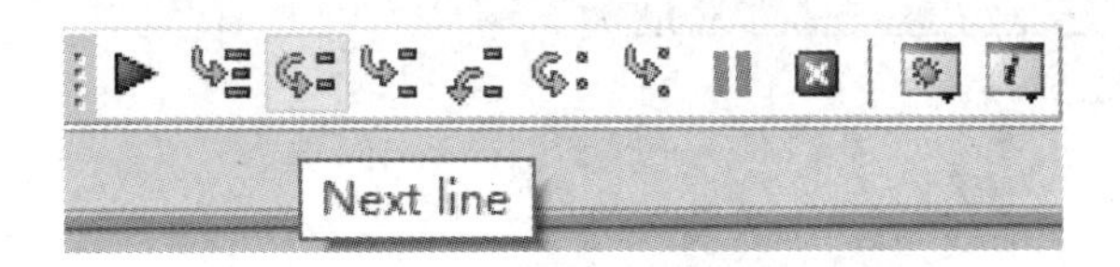

图 4.19　Next line 按钮

观察此时代码的状态，如图 4.20 所示，可以看到，当前第 8 行前的圆形断点标志上的右箭头已消失，调试工具栏中除了暂停和停止按钮外，全为灰色不可用状态。

此时，程序执行了“scanf("%d%d", a, b);”，这是一个输入操作，需要完成输入操作后程序才可以执行后续代码。打开如图 4.21 所示的命令行窗口，输入需要的数据。

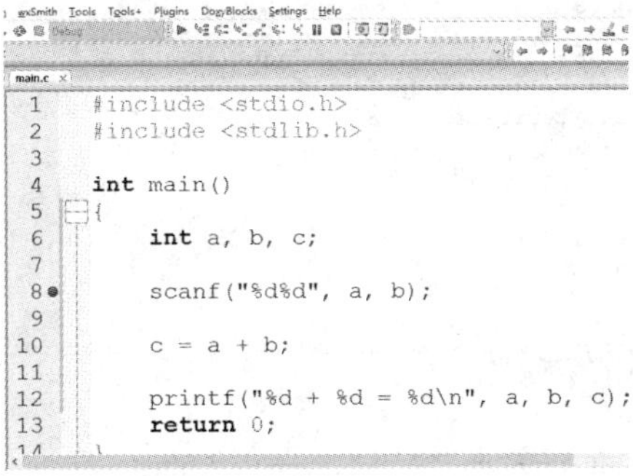

```
1   #include <stdio.h>
2   #include <stdlib.h>
3
4   int main()
5   {
6       int a, b, c;
7
8       scanf("%d%d", a, b);
9
10      c = a + b;
11
12      printf("%d + %d = %d\n", a, b, c);
13      return 0;
```

图 4.20　执行下一行代码

```
E:\testC\testC\bin\Debug\testC.exe
5 6
```

图 4.21　输入数据命令行窗口

在图 4.21 命令行窗口中输入数据后，点击回车键，此时会出现如图 4.22 和图 4.23 所示的错误结果。因此，显然可以得出结论：程序在执行到“scanf(...);”时，出现了错误。

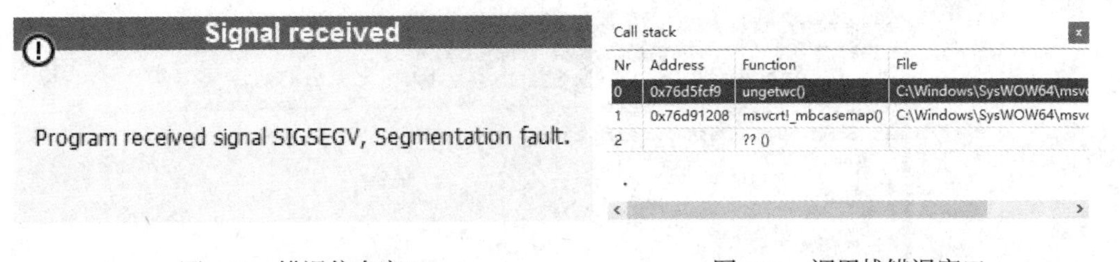

图 4.22　错误信息窗口　　　　图 4.23　调用栈错误窗口

4.2.7　修改并继续调试程序

仔细分析第 8 行的代码，可知出现错误是由于“scanf("%d%d", a, b);”中的变量 a 和 b 前少了“&”(scanf() 函数的变量列表是地址列表)。修改代码后，继续调试程序，如图 4.24 所示。

此时程序暂停，通过如图 4.25 所示的“Memory”窗口可查看内存数据，通过如图 4.26 所示的“Watchs”窗口可查看程序中各变量的值。注意：图 4.17 与图 4.26 中的值都是变量初值，但值不同。

同样，可使用 gdb 调试器命令进行调试，如图 4.27 所示。gdb 调试器的“p”命令不仅可以显示变量的值和地址，还可显示表达式的值，如可使用“p a + b”显示表达式“a + b”的值。

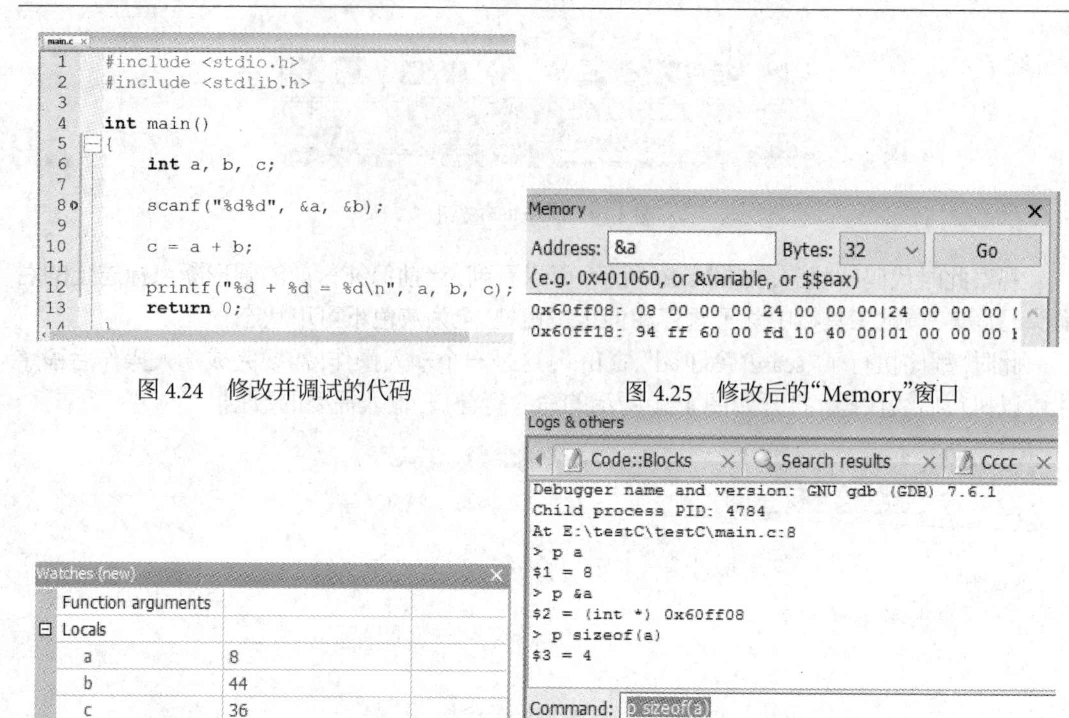

图 4.24　修改并调试的代码

图 4.25　修改后的“Memory”窗口

图 4.26　修改后的“Watches”窗口

图 4.27　“p”命令显示表达式的值

在 gdb 调试器的命令行不仅可以用“p”命令显示程序运行中的各种状态，还可以使用其它命令实现对程序运行状态的控制，例如，可以使用“set var”命令改变变量当前的值，如图 4.28 所示。在程序后续代码中，将使用“set var”命令修改后的变量值，如图 4.29 所示。

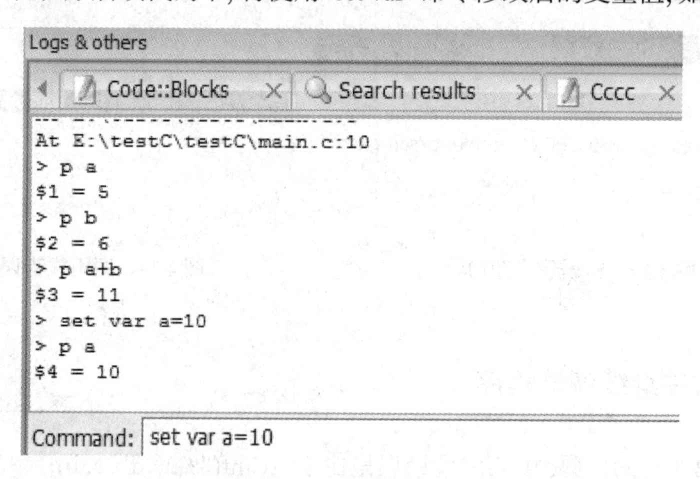

图 4.28　“set var”命令

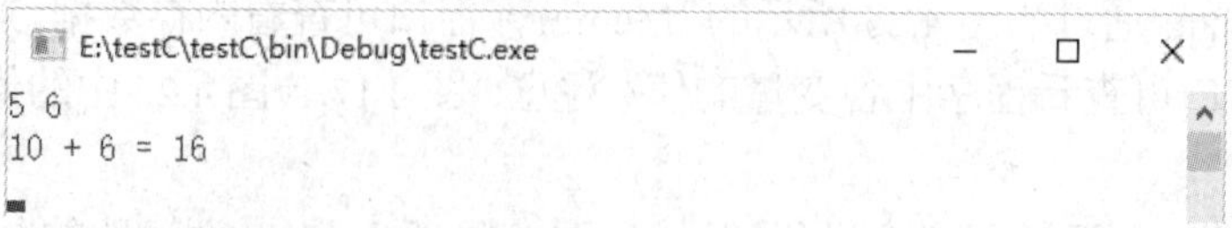

E:\testC\testC\bin\Debug\testC.exe
5 6
10 + 6 = 16

图 4.29　“set var”的执行结果

4.2.8 结束程序调试

继续点击 Next line 按钮，可跟踪和控制程序的运行状态，从而剖析“DEBUG 对象”，为发现 DEBUG 对象中存在的问题以及为提出解决问题方案提供有用的信息。本例后续的调试结果如图 4.30 和图 4.31 所示。

```
main.c [testC] - Code::Blocks 16.01
File Edit View Search Project Build Debug Fortran wxSmith Tools Tools+ Plugins DoxyBlocks Settings Help
<global>    main() : int
Management
Projects Symbols Files FSymbols Resources
Workspace
testC
Sources
main.c

main.c
1  #include <stdio.h>
2  #include <stdlib.h>
3
4  int main()
5  {
6      int a, b, c;
7
8      scanf("%d%d", &a, &b);
9
10     c = a + b;
11
12     printf("%d + %d = %d\n", a, b, c);
13     return 0;
14 }

E:\testC\testC\bin\Debug\testC.exe
5 6
5 + 6 = 11

Memory
Address: &a    Bytes: 32    Go
(e.g. 0x401060, or &variable, or $$eax)
0x60ff08: 05 00 00 00 0b 00 00 00|24 00 00 00
0x60ff18: 94 ff 60 00 fd 10 40 00|01 00 00 00

Function arguments
Locals
a    5
b    6
c    11

Logs & others
Code::Blocks  Search results  Cccc  Build log  Build messages  CppCheck  CppCheck messages  Cscope  Debugger  DoxyBlocks
At E:\testC\testC\main.c:10
At E:\testC\testC\main.c:12
At E:\testC\testC\main.c:13
At E:\testC\testC\main.c:14
Command: p sizeof(a)
E:\testC\testC\main.c    Windows (CR+LF)  WINDOWS-936  Line 14, Column 1  Insert  Read/Write  default
```

图 4.30　调试运行结果

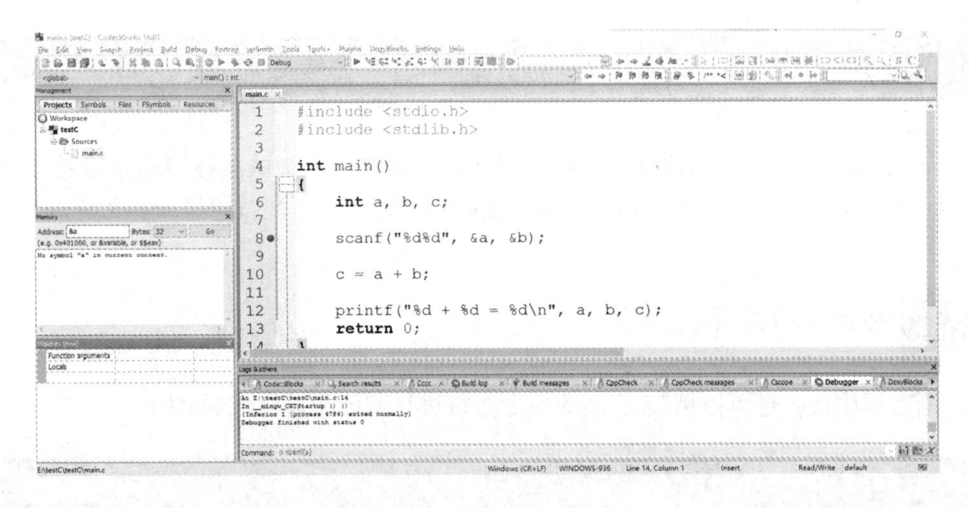

图 4.31　结束调试

4.2.9 调试操作失效的处理

程序设计过程中，难免会出现各式各样的错误，在严重的情况下，运行中的程序甚至不能够正常结束，此时，会出现如图 4.32 所示的全为灰色的 DEBUG 工具栏，无法进行调试操作。

图 4.32　被禁用的 DEBUG 工具栏

当无法正常结束时，可以打开“进程管理器”[1]，找到当前程序的进程，强行结束该程序进程，便可执行后续调试工作，如图 4.33 所示的“test.exe”进程。

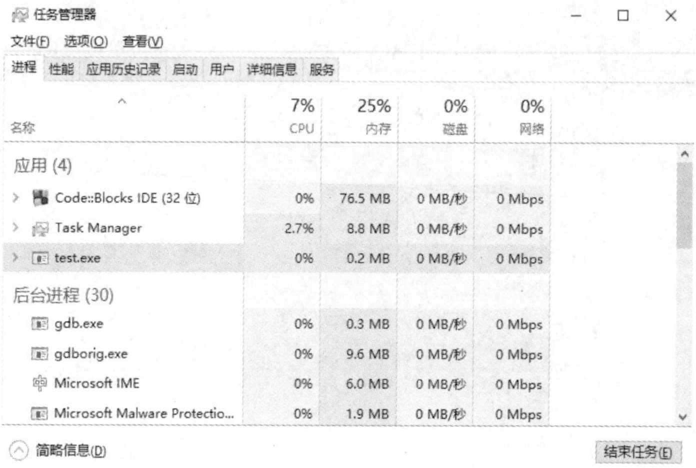

图 4.33　结束进程

4.3 在命令行 DEBUG 程序

Code::Blocks 中各种可视化 DEBUG 工具实际上是对 gdb 调试器各种命令的封装，不使用 Code::Blocks，直接在命令行使用 gdb 调试器的调试命令进行调试也是一种常见的操作。

4.3.1 在命令行编译链接程序

C 语言程序代码也可以用“gcc”命令在命令行进行编译和链接，例如执行：

```
gcc -Wall -g -c addition.c -o addition.o
gcc -o addition.exe addition.o
```

则可以分别执行编译和链接操作，如图 4.34 和图 4.35 所示[2]。

由图 4.34 可以看出，编译结果中有警告，但不存在语法错误，程序可以链接生成“addition.exe”。但执行“addition.exe”，输入数据后，则会出现程序崩溃，如图 4.36 所示。

[1] 本章以 Win10 操作系统为例，对于其它操作系统，需要查阅手册确定如何结束进程。
[2] 如有“‘gcc’ 不是内部或外部命令，也不是可运行的程序或批处理文件”的错误，需检查环境变量的配置。

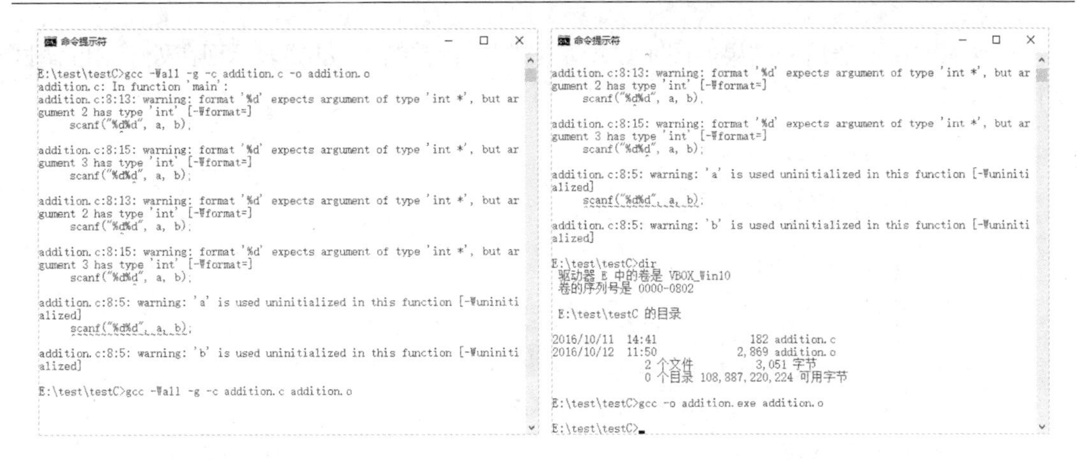

图 4.34　命令行编译程序　　　　图 4.35　命令行链接程序

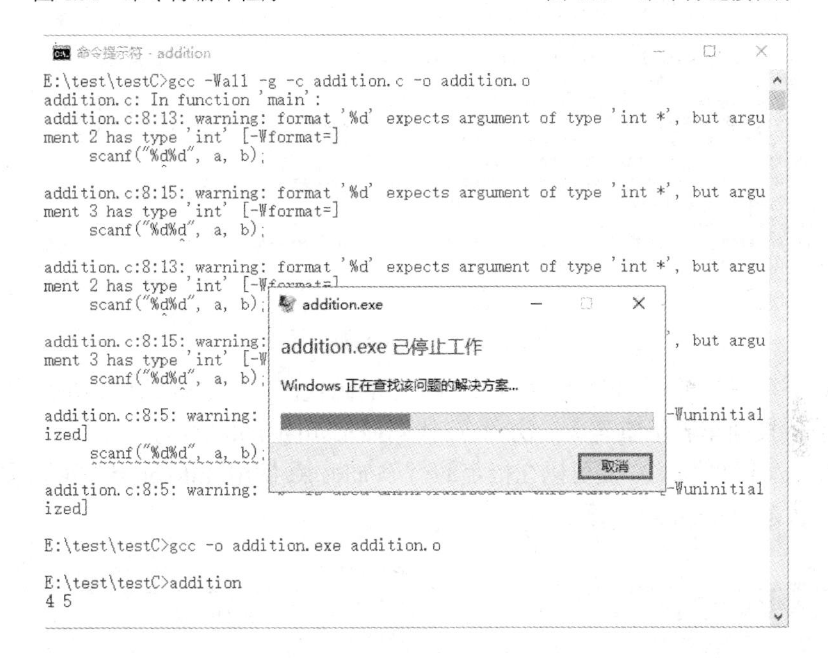

图 4.36　程序崩溃

4.3.2　在命令行启动 gdb 调试器调试程序

由于使用了-g 编译参数，因此，该可执行程序中具有调试信息，可以用 gdb 调试器进行 DEBUG 调试。

在命令行输入[1]：

```
gdb addition
```

[1] 可省略后缀名“.exe”。

启动gdb调试器后的结果如图4.37所示，其中，行首的“(gdb)”表示现在处于gdb调试器调试状态。

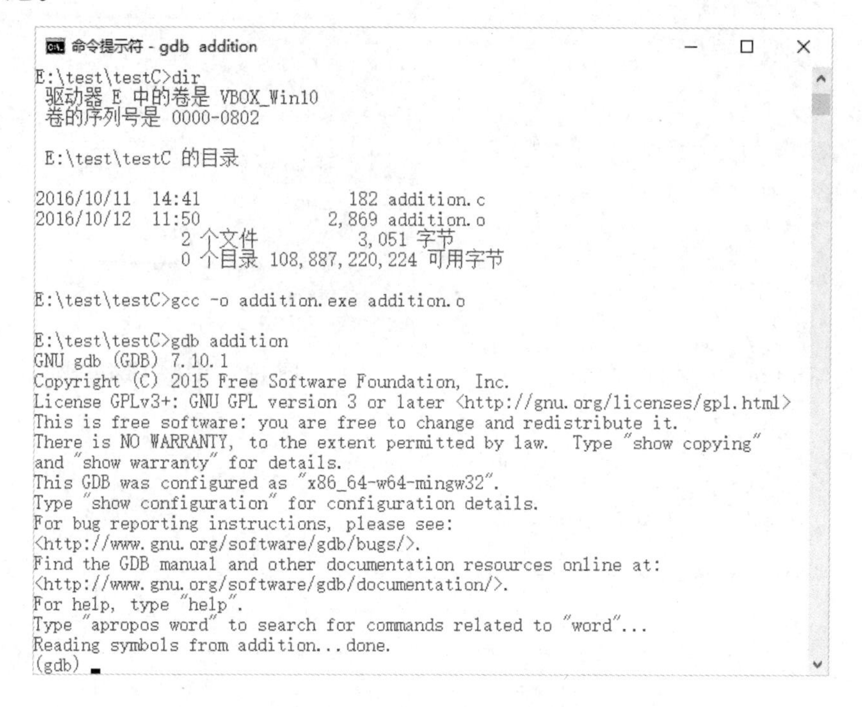

图4.37　启动gdb调试器

在“(gdb)”后输入“l”[1]命令，便可以显示对应的源代码，默认每次显示10行代码，然后直接在“(gdb)”后按回车表示重复上一次命令，代码显示如图4.38所示。

使用“break 行号”命令，便可以在指定的行添加断点，使用“info break”命令，则可以显示已有断点的状态，如图4.39所示。

```
命令提示符 - gdb addition
License GPLv3+: GNU GPL version 3 or later <http://gnu.org/licenses/gpl.html>
This is free software: you are free to change and redistribute it.
There is NO WARRANTY, to the extent permitted by law.  Type "show copying"
and "show warranty" for details.
This GDB was configured as "x86_64-w64-mingw32".
Type "show configuration" for configuration details.
For bug reporting instructions, please see:
<http://www.gnu.org/software/gdb/bugs/>.
Find the GDB manual and other documentation resources online at:
<http://www.gnu.org/software/gdb/documentation/>.
For help, type "help".
Type "apropos word" to search for commands related to "word"...
Reading symbols from addition...done.
(gdb) l
1       #include <stdio.h>
2       #include <stdlib.h>
3
4       int main()
5       {
6           int a, b, c;
7
8           scanf("%d%d", a, b);
9
10          c = a + b;
(gdb)
11
12          printf("%d + %d = %d\n", a, b, c);
13          return 0;
14      }
(gdb)
```

图4.38　显示源代码命令

```
命令提示符 - gdb addition
Type "show configuration" for configuration details.
For bug reporting instructions, please see:
<http://www.gnu.org/software/gdb/bugs/>.
Find the GDB manual and other documentation resources online at:
<http://www.gnu.org/software/gdb/documentation/>.
For help, type "help".
Type "apropos word" to search for commands related to "word"...
Reading symbols from addition...done.
(gdb) l
1       #include <stdio.h>
2       #include <stdlib.h>
3
4       int main()
5       {
6           int a, b, c;
7
8           scanf("%d%d", a, b);
9
10          c = a + b;
(gdb)
11
12          printf("%d + %d = %d\n", a, b, c);
13          return 0;
14      }
(gdb) break 8
Breakpoint 1 at 0x4015bd: file addition.c, line 8.
(gdb) info break
Num     Type           Disp Enb Address            What
1       breakpoint     keep y   0x00000000004015bd in main at addition.c:8
(gdb)
```

图4.39　“break 行号”和“info break”命令

使用“r”[2]命令，可以运行被调试程序。使用“p”命令可以显示代码中变量的值、变量的

[1] 也可以是“list”命令，“l”是其首字母缩写。

[2] 也可以是“run”命令，“r”是其首字母缩写。

地址和表达式的值。使用“x 地址”命令可以显示指定内存中的值，如图 4.40 所示 (这些命令的细节可参阅 gdb 调试器相关资料，下同)。

使用“n”[1]命令，可以执行下一行代码，如图 4.41 所示。

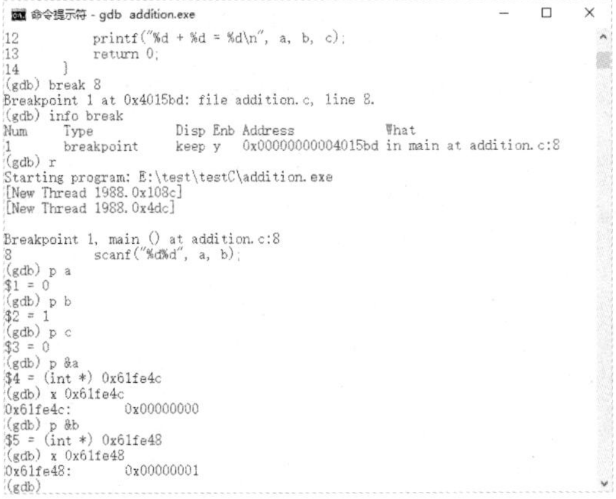

```
命令提示符 - gdb addition.exe
12          printf("%d + %d = %d\n", a, b, c);
13          return 0;
14      }
(gdb) break 8
Breakpoint 1 at 0x4015bd: file addition.c, line 8.
(gdb) info break
Num     Type           Disp Enb Address            What
1       breakpoint     keep y   0x00000000004015bd in main at addition.c:8
(gdb) r
Starting program: E:\test\testC\addition.exe
[New Thread 1988.0x108c]
[New Thread 1988.0x4dc]

Breakpoint 1, main () at addition.c:8
8           scanf("%d%d", a, b);
(gdb) p a
$1 = 0
(gdb) p b
$2 = 1
(gdb) p c
$3 = 0
(gdb) p &a
$4 = (int *) 0x61fe4c
(gdb) x 0x61fe4c
0x61fe4c:       0x00000000
(gdb) p &b
$5 = (int *) 0x61fe48
(gdb) x 0x61fe48
0x61fe48:       0x00000001
(gdb)
```

图 4.40　“r”“p”和“x”命令

```
命令提示符 - gdb addition.exe
Num     Type           Disp Enb Address            What
1       breakpoint     keep y   0x00000000004015bd in main at addition.c:8
(gdb) r
Starting program: E:\test\testC\addition.exe
[New Thread 1988.0x108c]
[New Thread 1988.0x4dc]

Breakpoint 1, main () at addition.c:8
8           scanf("%d%d", a, b);
(gdb) p a
$1 = 0
(gdb) p b
$2 = 1
(gdb) p c
$3 = 0
(gdb) p &a
$4 = (int *) 0x61fe4c
(gdb) x 0x61fe4c
0x61fe4c:       0x00000000
(gdb) p &b
$5 = (int *) 0x61fe48
(gdb) x 0x61fe48
0x61fe48:       0x00000001
(gdb) n
[New Thread 1988.0xf28]
5 6

Program received signal SIGSEGV, Segmentation fault.
0x00007ffe68374045 in ungetwc () from C:\WINDOWS\System32\msvcrt.dll
(gdb)
```

图 4.41　“n”命令

在图 4.41 中，用“n”命令执行的是“scanf(...)”这一行代码，输入“5 6”，然后按回车键，此时程序出错，因此，可以确定导致程序崩溃的是这句代码。

执行“q”[2]命令便可以退出 gdb 调试器，如图 4.42 所示。

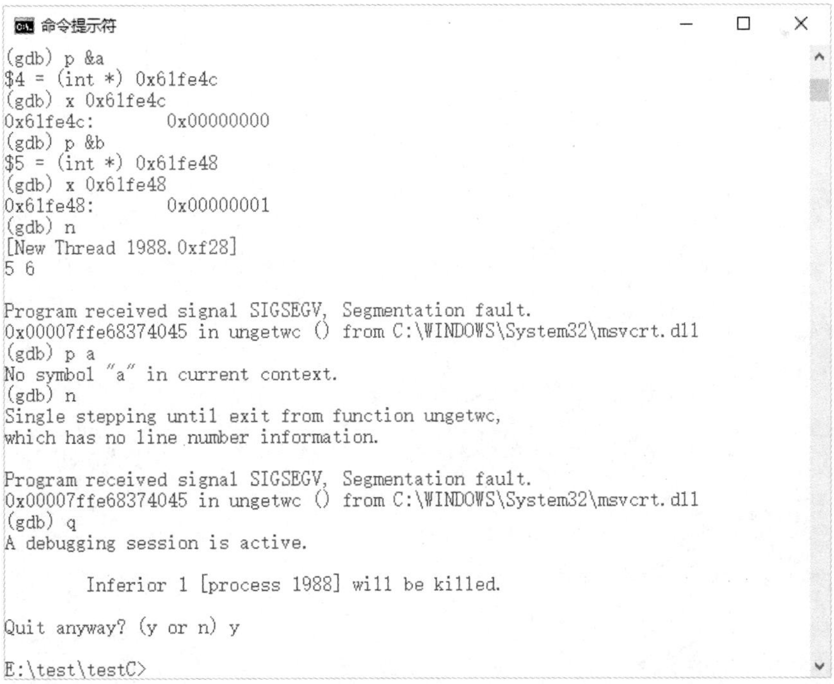

```
命令提示符
(gdb) p &a
$4 = (int *) 0x61fe4c
(gdb) x 0x61fe4c
0x61fe4c:       0x00000000
(gdb) p &b
$5 = (int *) 0x61fe48
(gdb) x 0x61fe48
0x61fe48:       0x00000001
(gdb) n
[New Thread 1988.0xf28]
5 6

Program received signal SIGSEGV, Segmentation fault.
0x00007ffe68374045 in ungetwc () from C:\WINDOWS\System32\msvcrt.dll
(gdb) p a
No symbol "a" in current context.
(gdb) n
Single stepping until exit from function ungetwc,
which has no line number information.

Program received signal SIGSEGV, Segmentation fault.
0x00007ffe68374045 in ungetwc () from C:\WINDOWS\System32\msvcrt.dll
(gdb) q
A debugging session is active.

        Inferior 1 [process 1988] will be killed.

Quit anyway? (y or n) y

E:\test\testC>
```

图 4.42　“q”命令

[1] 也可以是“next line”命令，“n”是其首字母缩写。

[2] 也可以是“quit”命令，“q”是其首字母缩写。

修改代码，将第 8 句代码改为"scanf("%d%d", &a, &b);"，继续调试。可执行"p"命令显示表达式的值，也可执行"set var"命令改变变量的值，如图 4.43 所示，调试结果如图 4.44 所示。

```
命令提示符 - gdb addition
10          c = a + b;
(gdb)
11
12          printf("%d + %d = %d\n", a, b, c);
13          return 0;
14      }
(gdb) break 8
Breakpoint 1 at 0x4015bd: file addition.c, line 8.
(gdb) info 8
Undefined info command: "8".  Try "help info".
(gdb) r
Starting program: E:\test\testC\addition.exe
[New Thread 1844.0x550]
[New Thread 1844.0x10c4]

Breakpoint 1, main () at addition.c:8
8           scanf("%d%d", &a, &b);
(gdb) n
5 6
10          c = a + b;
(gdb) p a
$1 = 5
(gdb) p b
$2 = 6
(gdb) p a + b
$3 = 11
(gdb) set var a = 10
(gdb) p a + b
$4 = 16
(gdb)
```

图 4.43 "p"和"set var"命令

```
命令提示符
8           scanf("%d%d", &a, &b);
(gdb) n
5 6
10          c = a + b;
(gdb) p a
$1 = 5
(gdb) p b
$2 = 6
(gdb) p a + b
$3 = 11
(gdb) set var a = 10
(gdb) p a + b
$4 = 16
(gdb) n
12          printf("%d + %d = %d\n", a, b, c);
(gdb) n
10 + 6 = 16
13          return 0;
(gdb) n
14      }
(gdb) n
0x00000000004013e8 in __tmainCRTStartup ()
(gdb) q
A debugging session is active.

        Inferior 1 [process 1844] will be killed.

Quit anyway? (y or n) y

E:\test\testC>
```

图 4.44 完成调试和纠错

4.4 小结

综上所述，使用 Debugger 进行程序的调试，在程序设计与开发中是一个重要的分析程序、检查错误、分析错误和解决错误的 DEBUG 过程。DEBUG 可以在 Code::Blocks 中以可视化的方式实现，也可以在命令行窗口通过 gdb 调试器的调试命令实现。DEBUG 不只是 C 语言程序设计中需要的技术和技能，在后续汇编语言、Java 和 C# 等其它程序开发过程中也是必不可少的技术和技能。

在此，仿高适的《别董大》和李清照的《如梦令》填词一阕，以期大家能领悟“大学就是不断发现 BUG、解决 BUG，无穷无尽 DEBUG 的过程”。

莫愁前路无知己，
总有 BUG 跟着你。
DEBUG，无尽头，
误入代码深处，
单步，单步，发现 BUG 无数。

第5章 scanf()函数及键盘缓冲区

在C语言中，scanf()函数是一种有效但不理想的数据读取方法，它虽然能够在读取单一数据时较好地保证不出错，但当存在不同类型数据的交叉读取或者与其它输入函数混合使用时，非常容易出错。针对这一问题，本章通过对输入缓冲区及输入流的简单分析，探讨scanf()函数的基本原理和使用scanf()函数时的注意事项以及使用DEBUG技术分析使用scanf()函数时容易出现的错误。通过本章的学习，期望能够为读者的学习提供参考。

5.1 输入流和输入缓冲区的概念

在C语言中，流(stream)表示任意输入或输出的源。小型程序都是通过键盘流获得全部输入，通过屏幕流输出全部内容。较大规模的程序可能需要额外的流，这些流常表示存储在不同介质(如DVD、硬盘和闪存等)上的文件，也易与其它设备(网络、打印机等)相关联。在<stdio.h>中，定义了大量的流处理函数，这些函数可以处理各种形式的流，而不仅仅是键盘、屏幕和存储介质。

缓冲区又称为缓存，它是内存空间的一部分，是系统预留的一定大小的存储空间，用来缓冲输入或输出数据。缓冲区用于在输入/输出设备和CPU之间缓存数据，它使得低速的输入/输出设备和高速的CPU能够协调工作，避免输入/输出设备占用过多CPU时间，使CPU能够高效工作。缓冲区可根据其对应的设备，分为输入缓冲区和输出缓冲区。

缓冲区分为全缓冲、行缓冲和不带缓冲三种情况。

(1) 全缓冲是当填满标准I/O缓存后才进行实际I/O操作，其典型代表是磁盘文件读写。

(2) 行缓冲是当输入和输出中遇到换行符时，执行真正I/O操作。这时，输入的字符先存放在缓冲区，等按下回车键换行时才进行实际I/O操作，其典型代表是通过键盘输入数据。

(3) 不带缓冲是不进行缓冲，典型代表是标准stderr，使出错信息直接尽快地显示。

在C语言中，scanf()、getchar()和gets()等输入函数通常是通过键盘输入数据，因此采用行缓冲技术。以scanf()为例，其逻辑结构如图5.1所示。键盘输入流的数据先输入行缓冲，然后scanf()函数再读取行缓冲中的数据，根据输入格式串的要求，“拼装”出需要读取的数据。

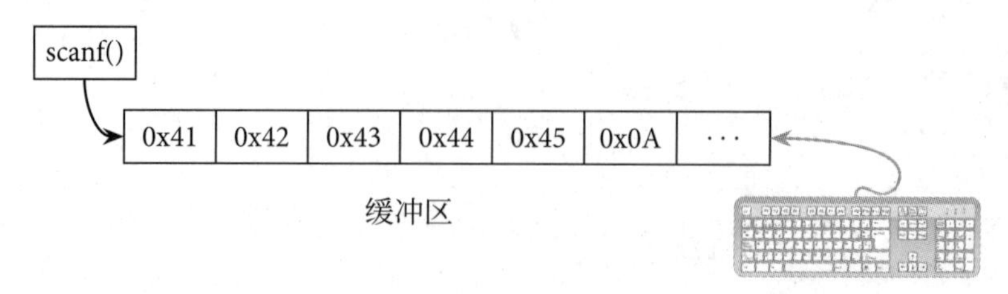

图5.1 scanf()函数的行缓冲

注意：当从键盘输入“字符串”时，需要输入回车键才能够将其推送到缓冲区[1]中，回车键（“\r”）会被转换为一个换行符“\n”，这个换行符“\n”也会被存储在缓冲区中被当成一个字符。例如，当输入“ABCDE”后，再输入回车键（“\r”），会将“\n”这个字符串推送到缓冲区，此时缓冲区中的字符个数是 6，而不是 5。

在键盘缓冲区中缓存的是“按键”的“ASCII”码值，scanf() 每次从缓冲区中读取一个字符（ASCII 码值），然后根据格式字符串进行“模式匹配”，拼装数据，直至匹配失败或键盘缓冲区为空。

5.2　数据输入实例分析

在此将通过一个具体输入实例代码，结合 DEBUG 调试工具对代码进行跟踪和分析，以期深入分析和理解有关缓冲区的基本概念和使用中的注意事项。

5.2.1　读入整型数据存入字符型变量

假设有代码5.1。

程序清单 5.1 简单输入

```c
#include <stdio.h>
#include <stdlib.h>

int main()
{
    char a;
    char b;

    scanf("%d", &a);
    scanf("%d", &b);
    printf("%d %d", a, b);

    return 0;
}
```

如果在命令行分别输入“67”按Enter和“66”按Enter，结果会是什么呢？如果草率地认为输出结果是“67␣66”[2]，则是错误的，接下来通过 DEBUG 分析对程序进行详尽剖析。

在第 8 行加入断点，如图 5.2 (a) 所示。变量 a 的地址是 0x60ff0f，b 的地址是 0x60ff0e，两个变量各占 1 个字节 (char 类型) 的内存。在“Memory”和“Watches”窗口中可以查看其变量值，此处，a 和 b 的值均为 0。

为便于对比分析，可用“set var”命令修改变量 a 和 b 的值（如图 5.2 (b) 所示），单击“Memory”窗口中的Go，在“Watches”窗口右键菜单中选Update可更新显示的数据，

[1] 为了描述简单，后文中将行缓冲区简化为缓冲区。

[2] "␣" 表示空格，下同。

如图 5.2 (c) 和图 5.2 (d) 所示。

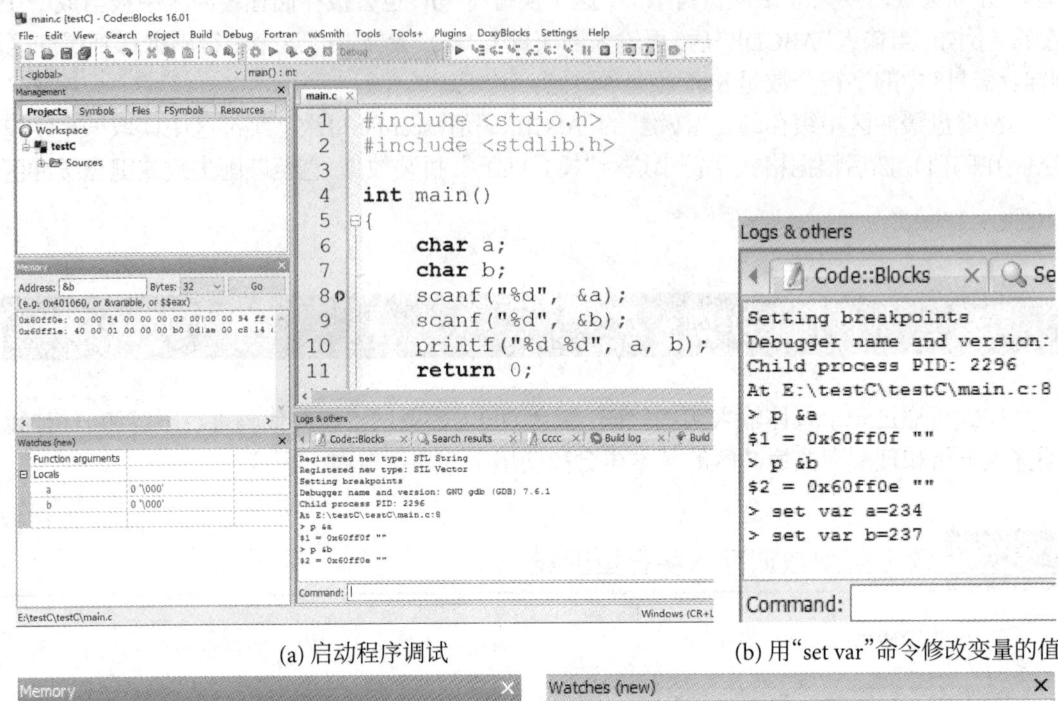

(a) 启动程序调试　　　　(b) 用“set var”命令修改变量的值

Memory

Address: &b　Bytes: 32　Go

(e.g. 0x401060, or &variable, or $$eax)

```
0x60ff0e: ed ea 24 00 00 00 02 00|00 00 94 ff
0x60ff1e: 40 00 01 00 00 00 b0 0d|ae 00 c8 14
```

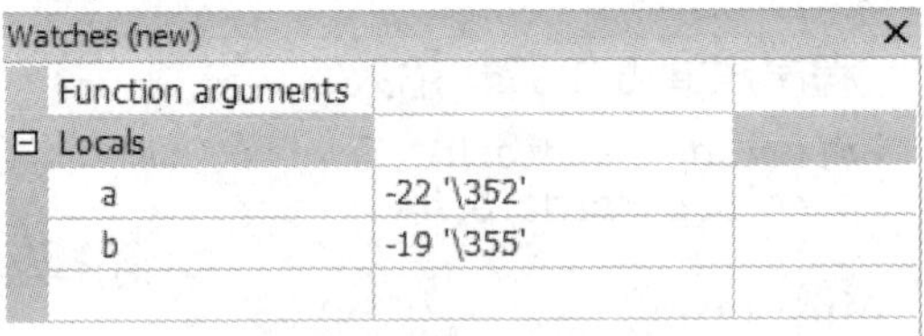

(c) “Memory”窗口　　　　(d) “Watches”窗口

图 5.2　整型数赋给字符型变量的 DEBUG 过程

当单步执行代码 “scanf("%d", &a);” 时，程序会等待用户输入，输入 “67” 按Enter，缓冲区中的数据如图 5.3 (a) 所示。注意，缓冲区中存储的是字符的 ASCII 码值，字符'6'的值为 0x36(十六进制), 字符'7'的值为 0x37, 字符'\n'的值为 0x0A。

执行 scanf() 函数时, 会读入整型数据 ("%d"), scanf() 函数首先寻找正号或负号, 再读取数字, 直到读到一个非数字字符。在此, 第 1 个字符是'6', 第 2 个字符是'7', 第 3 个字符是'\n', 是一个非数字字符。因此, 得到整数 67(0x43), 并将其赋给内存中从 &a(0x60ff0f) 开始的连续 4 个字节, 而字符'\n'会被放回原处。此时, 缓冲区的数据如图 5.3 (b) 所示。

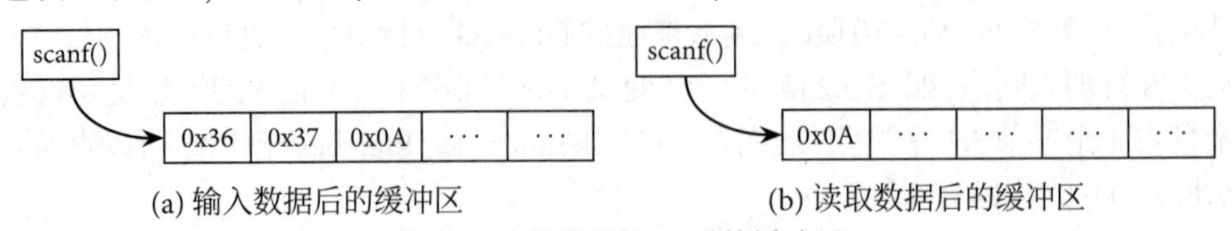

(a) 输入数据后的缓冲区　　　　(b) 读取数据后的缓冲区

图 5.3　处理整型数 67 时的缓冲区

接下来, 继续执行前行“scanf("%d", &b);”程序, 程序会等待用户的输入, 在控制台输入“66”按Enter, 此时, 缓冲区中的数据如图 5.4 (a) 所示。

scanf() 在寻找数据起始位置时, 会忽略空白字符 (包括空格符、水平与垂直制表符、换

页与换行符)。在当前缓冲区中，第 1 个非空字符是'6'，第 2 个非空字符是'6'，第 3 个非空字符是'\n'，是一个空白字符，因此，得到整数 66(0x00000042)，并将其赋给内存中从 &b(0x60ff0e) 开始的连续 4 个字节，由于字符'\n'不属于当前项%d，所以它会被放回原处。此时，缓冲区的数据如图 5.4 (b) 所示。

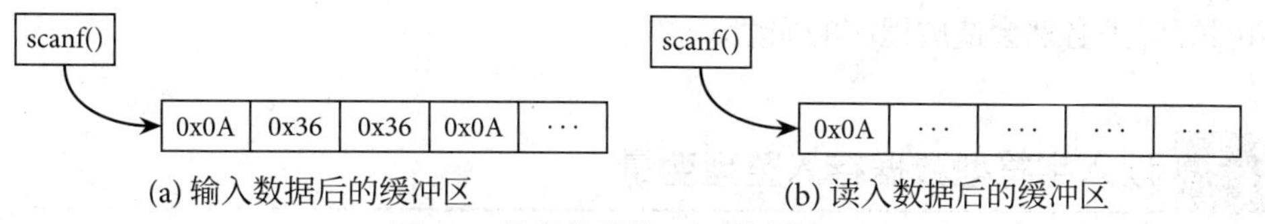

(a) 输入数据后的缓冲区　　(b) 读入数据后的缓冲区

图 5.4　处理整型数 66 时的缓冲区

由于变量 a 被声明为 char 类型，占 1 个字节，而读取的是整数，此处占 4 个字节，因此会将数据存储在内存中从 &a(0x60ff0f) 开始的连续 4 个字节 (如图 5.5 (a) 所示)，但后续 3 个字节并不属于变量 a，这 3 个字节也许可以访问，也许不可以访问。本例中，碰巧可以访问，因此能够存入数据。若不可访问，则程序会崩溃。

同样，变量 b 也被声明为 char 类型，占 1 个字节，而读取的是整数，占 4 个字节，因此会将数据存储在内存中从 &b(0x60ff0e) 开始的连续 4 个字节 (如图 5.5 (b) 所示)，此时会覆盖变量 a 的 3 个字节，但后续 3 个字节并不属于变量 b，这 3 个字节也许可以访问，也许不可以访问。若不可访问，则程序也会崩溃。

由图 5.5 (b) 可知，变量 a 的值此时为 0，变量 b 的值此时为 66(各占 1 个字节)。

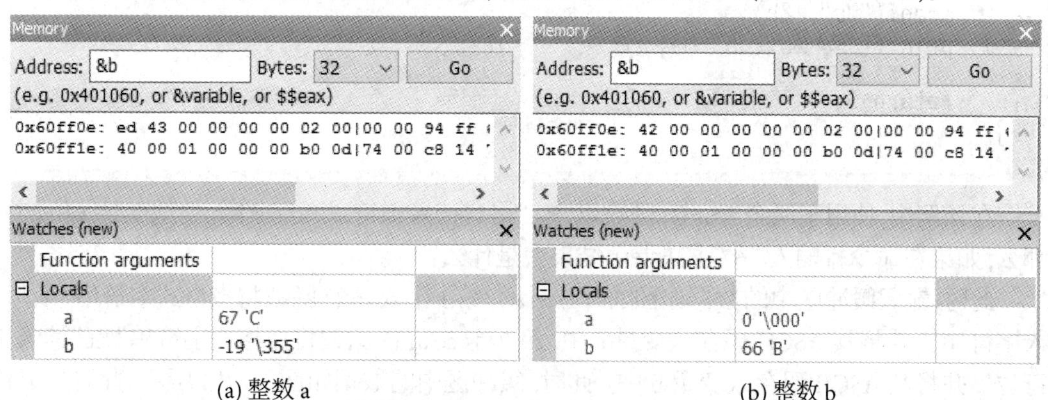

(a) 整数 a　　(b) 整数 b

图 5.5　读取整数后 DEBUG 的结果

在“printf("%d %d", a, b);”中，两个占位符都是“%d”，因此输出 a 时，会读取从 &a 开始的 1 个字节 (0x00)，隐式转换为整型数输出。在输出 b 时，会读取从 &b 开始的 1 个字节 (0x42)，隐式转换为整型数输出，结果如图 5.6 所示。

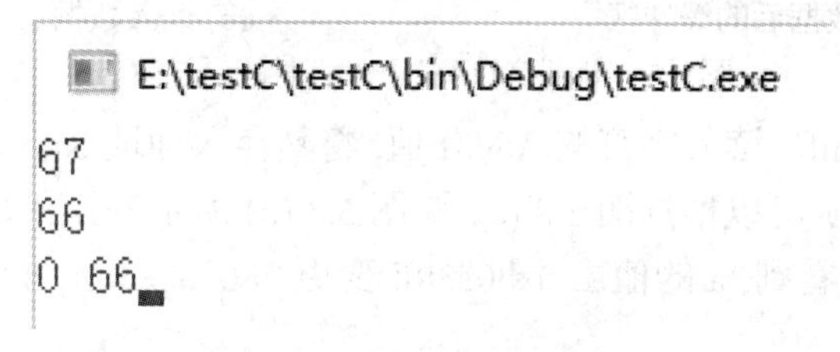

图 5.6　程序输出的结果

使用 scanf() 函数时一定要注意，在前一次读入时，虽然最后的 '\n'也是空白字符，但 scanf() 函数并没有丢弃这一字符，而是“放回原处”，作为下一次读入时缓冲区中的第 1 个字符。

显然,通过 DEBUG 剖析可知,由于数据类型与输入格式不匹配,因此在程序运行过程中必然会造成非法的内存使用,但碰巧的是,此时的内存是可访问的,程序可以运行。若这些内存不可访问,则必然会造成程序的崩溃。

5.2.2 读入字符型数据存入整型变量

假设有代码5.2。

程序清单 5.2 读入字符型数据存入整型变量

```c
#include <stdio.h>
#include <stdlib.h>

int main()
{
    int a;
    int b;

    scanf("%c", &a);
    scanf("%c", &b);
    printf("%d %d", a, b);

    return 0;
}
```

在该例中,使用了两个 scanf() 函数以"%c"格式读入字符,并分别存入整型变量 a 和 b 中。那么,如果在命令行输入“67”按Enter,结果会是什么?

此时,输入缓冲区中的数据如图 5.7 (a) 所示。第 1 个 scanf() 函数将按格式字符串"%c"读入字符'6',并将其 ASCII 码存入变量 a 中,第 2 个 scanf() 函数将按格式字符串"%c"读入字符'7',并将其 ASCII 码存入变量 b 中。此时,缓冲区中的数据如图 5.7 (b) 所示 (此时'\n'仍然在缓冲区中)。

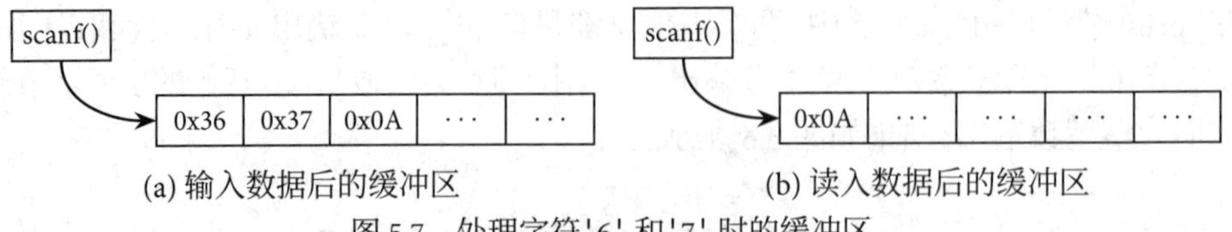

图 5.7 处理字符'6' 和'7' 时的缓冲区

需要注意的是, scanf() 读入字符的 ASCII 值, 将其存入地址 &a 和 &b 时, 仅存入了 1 个字节的数据。这一细节, 可以根据图 5.8 (a) 和 图 5.8 (b) 所示的读入数据前后的 DEBUG 状态进行分析比较。可以看到, a 的值由 0xb0e3ffff 变更为 0x36e3ffff, b 的值由 0xff7f0000 变更为 0x377f0000。

显然,通过 DEBUG 剖析可知,由于数据类型与输入格式不匹配,在程序运行过程中虽然未造成非法内存的使用,但其结果却与预期的结果完全不同,并且由于 C 语言在声明变量时

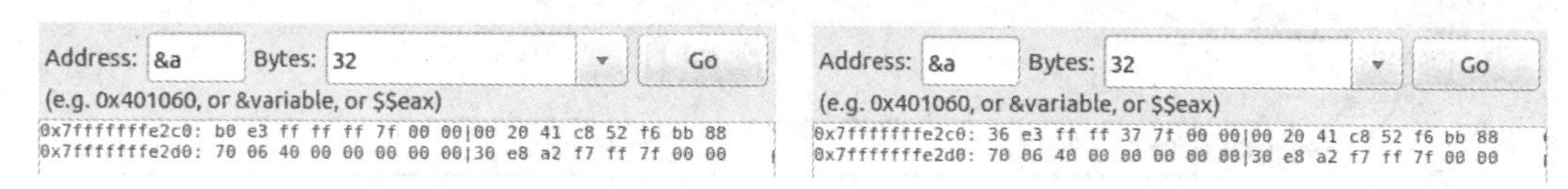

(a) 读入变量 a 和 b 前　　(b) 读入变量 a 和 b 后

图 5.8　读入字符数据后内存的状态

并不自动对变量进行初始化，因此，此程序的运行结果是不确定的。

程序的运行结果如图 5.9 所示（在不同时间、不同机器上运行结果可能不完全相同，这是由变量 a 和 b 的初始值可能不一致造成的）。

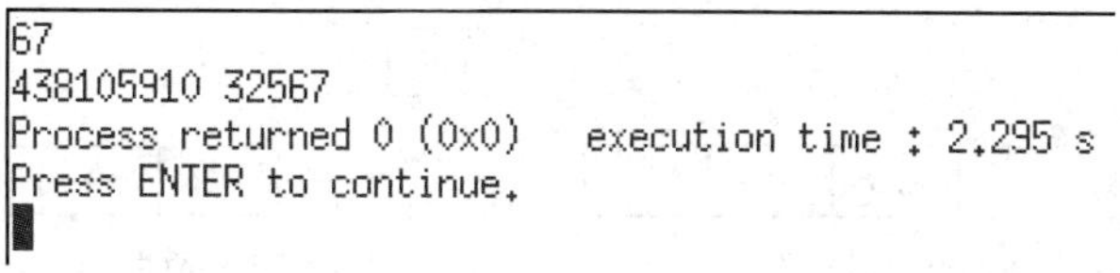

```
67
438105910 32567
Process returned 0 (0x0)   execution time : 2.295 s
Press ENTER to continue.
```

图 5.9　程序的运行结果

5.2.3 读入字符型数据存入字符型变量

假设有代码5.3。

程序清单 5.3 读入字符型数据存入字符型变量

```c
#include <stdio.h>
#include <stdlib.h>

int main()
{
    char a;
    char b;
    scanf("%c", &a);
    scanf("%c", &b);
    printf("%d %d", a, b);
    return 0;
}
```

程序运行后，如果分别输入“67”、“6␣6”和“5”并按 Enter，结果会是什么[1]？

1. 输入“67”

输入缓冲区中的数据如图 5.10 (a) 所示。变量 a 和 b 被声明为 char 类型，各占 1 个字节。第 1 个 scanf() 中用的格式是“%c”，字符 '6' 与之匹配，将其 ASCII 码值存入 a。第 2 个 scanf() 中用的格式也是“%c”，字符 '7' 与之匹配，将其 ASCII 码值存入 b。至此，缓冲区中的数据如图 5.10 (b) 所示（'\n' 仍然在缓冲区中）。

[1] 限于篇幅，后续不再给出 DEBUG 过程，请读者根据5.2.1小节和5.2.2小节的示例自行完成程序剖析。

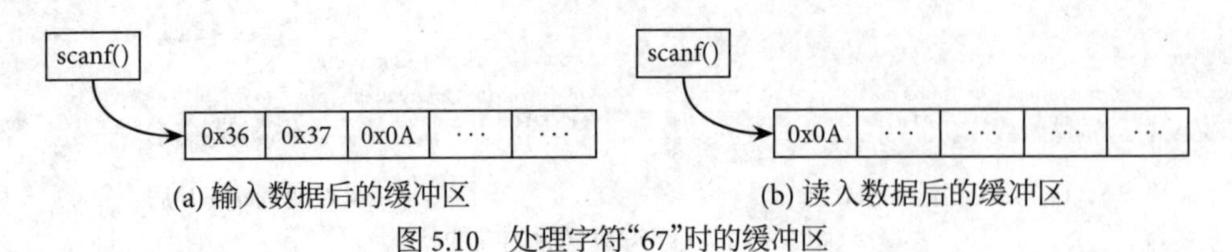

(a) 输入数据后的缓冲区　　　(b) 读入数据后的缓冲区

图 5.10　处理字符“67”时的缓冲区

2. 输入“6␣6”

输入缓冲区中的数据如图 5.11 (a) 所示。第 1 个 scanf() 读入字符'6', 将其 ASCII 码值存入 a 中。第 2 个 scanf() 读入字符'␣', 将其 ASCII 码值存入 b 中。至此, 缓冲区中的数据如图 5.11 (b) 所示 ('6'和'\n'仍然在缓冲区中)。

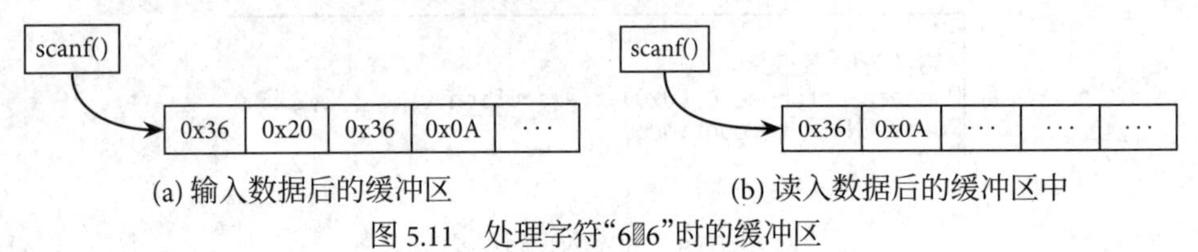

(a) 输入数据后的缓冲区　　　(b) 读入数据后的缓冲区中

图 5.11　处理字符“6␣6”时的缓冲区

3. 输入“5”

输入缓冲区中的数据如图 5.12 (a) 所示。第 1 个 scanf() 函数读入字符'5', 将其 ASCII 码值存入 a 中。第 2 个 scanf() 函数读入字符'\n', 将其 ASCII 码值存入 b 中。至此, 缓冲区中的数据如图 5.12 (b) 所示 (此时缓冲区中无数据)。

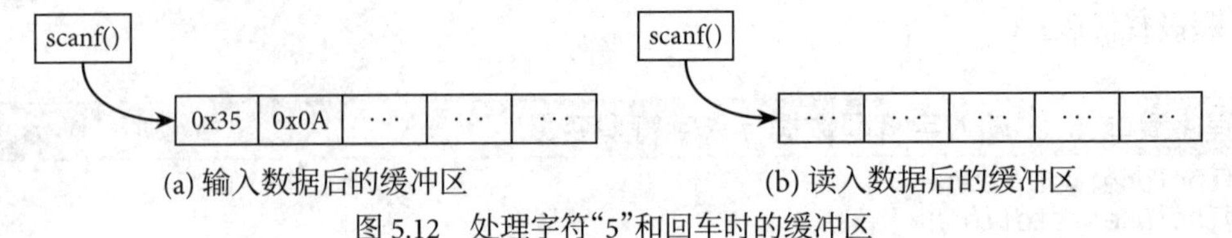

(a) 输入数据后的缓冲区　　　(b) 读入数据后的缓冲区

图 5.12　处理字符“5”和回车时的缓冲区

因此,在命令行分别输入“67”、“6␣6”和“5”并按 Enter 后,其结果分别如图 5.13 (a) ~(c)所示。

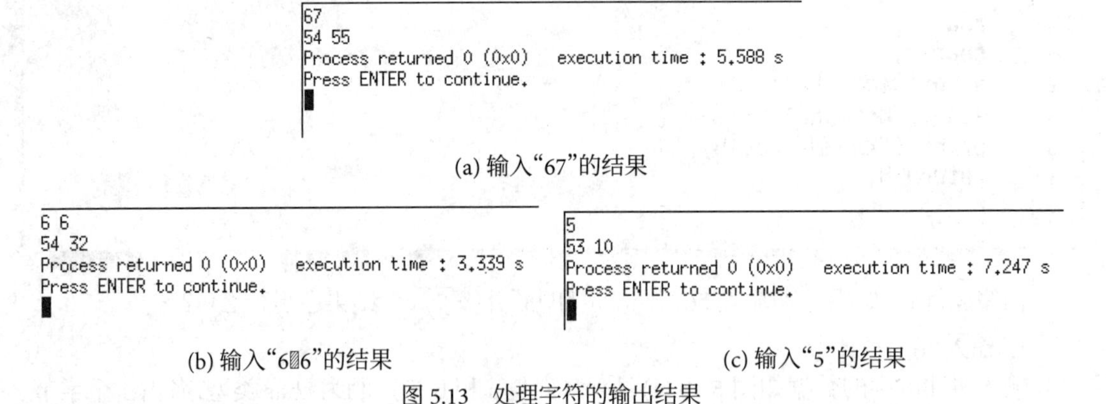

(a) 输入“67”的结果

(b) 输入“6␣6”的结果　　　(c) 输入“5”的结果

图 5.13　处理字符的输出结果

5.2.4 格式串中的空格

假设有代码5.4。

程序清单 5.4 格式串中的空格

```c
#include <stdio.h>
#include <stdlib.h>

int main()
{
    char a;
    char b;

    //注意这两句 scanf 的格式串的% 前有一个空格
    scanf(" %c", &a);
    scanf(" %c", &b);

    printf("%d %d", a, b);

    return 0;
}
```

该例中, scanf() 函数格式串中有一个前导空格, 那么, 如果分别输入 "67"并按Enter、输入"6␣6"并按 Enter、输入"5"按 Enter再输入"6"并按Enter和输入"␣5␣6"并按Enter, 结果分别会是什么?

格式串中的一个或多个连续空白字符会使 scanf() 函数重复读取空白字符, 直到遇到一个非空白字符为止 (把该非空白字符"放回原处"), 格式串中一个空白字符可以与输入中任意数量空白字符匹配[1]。

在格式串中使用空白字符, 有"吸收"回车 (0x0A) 和空格 (0x20) 的"神奇功效","吸收"后把剩下的字符交给下一个格式串处理。

1. 输入"67"

缓冲区中的数据如图 5.14 (a) 所示。变量 a 和 b 为 char 类型,各占 1 个字节。第 1 个 scanf() 函数中用"%c", 字符'6'与之匹配, 将其 ASCII 码存入 a 中。第 2 个 scanf() 函数中仍用"%c", 字符'7'与之匹配, 将其 ASCII 码存入 b 中。至此, 缓冲区中的数据如图 5.14 (b) 所示 ('\n'仍然在缓冲区中)。

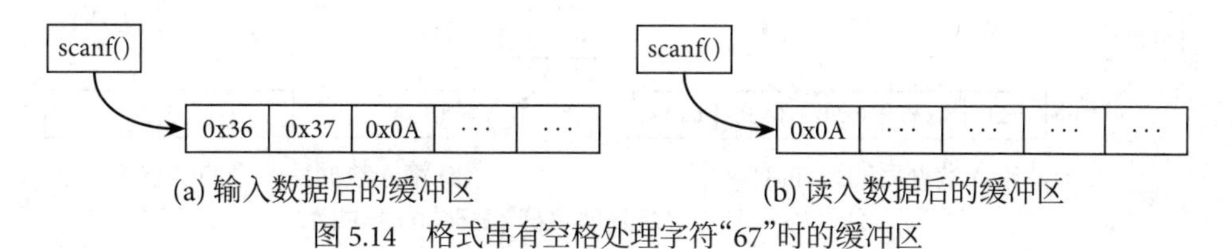

(a) 输入数据后的缓冲区　　(b) 读入数据后的缓冲区

图 5.14 格式串有空格处理字符"67"时的缓冲区

2. 输入"6␣6"

缓冲区中的数据如图 5.15 (a) 所示。第 1 个 scanf() 函数读入字符'6', 将其 ASCII 码存入 a 中。第 2 个 scanf() 函数将会跳过空格 (0x20), 直到遇到'6', 将其 ASCII 码存入 b 中。至此, 缓冲区中的数据如图 5.15 (b) 所示 ('\n'仍然在缓冲区中)。

[1] 格式串中的空白字符并不意味输入中必须包含空白字符。格式串中的一个空白字符可以与输入中任意数量的空白字符相匹配, 包括零个。

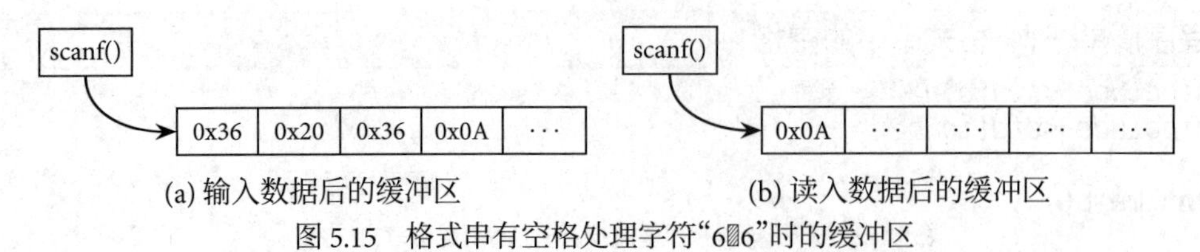

(a) 输入数据后的缓冲区　　(b) 读入数据后的缓冲区

图 5.15　格式串有空格处理字符“6␣6”时的缓冲区

3. 输入“5”按回车再输入“6”按回车

输入“5”并按Enter，缓冲区中的数据如图 5.16 (a) 所示。第 1 个 scanf() 函数读入字符'5'，将其 ASCII 码存入 a 中。此时，缓冲区中的数据如图 5.16 (b) 所示 ('\n'仍然在缓冲区中)。

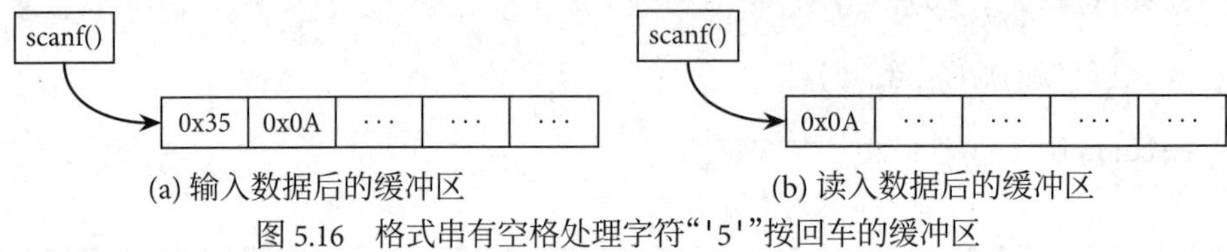

(a) 输入数据后的缓冲区　　(b) 读入数据后的缓冲区

图 5.16　格式串有空格处理字符“'5'”按回车的缓冲区

再输入“6”并按Enter后，缓冲区数据如图 5.17 (a) 所示。第 2 个 scanf() 函数自动跳过上次 scanf() 函数留下的'\n'，读入字符'6'，将其 ASCII 码存入 b 中。此时，缓冲区中的数据如图 5.17 (b) 所示 ('\n'仍然在缓冲区中)。

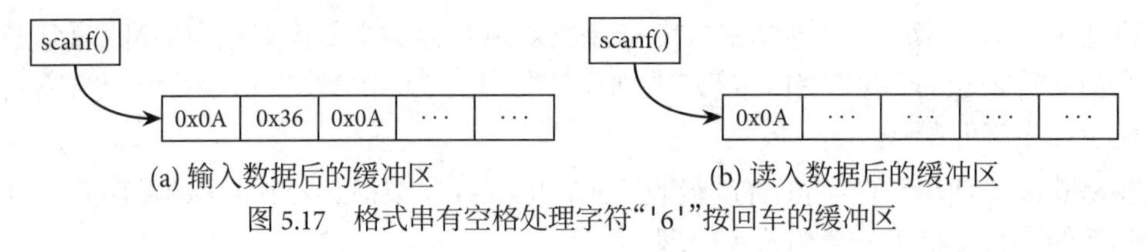

(a) 输入数据后的缓冲区　　(b) 读入数据后的缓冲区

图 5.17　格式串有空格处理字符“'6'”按回车的缓冲区

4. 输入“␣5␣6”

输入“␣5␣6”时，缓冲区中的数据如图 5.18 (a) 所示。第 1 个 scanf() 函数会跳过空格 (0x20)，读入字符'5'，将其 ASCII 码存入 a 中。第 2 个 scanf() 函数继续会跳过空格 (0x20)，直到遇到'6'，将其 ASCII 码存入 b 中。至此，缓冲区中的数据如图 5.18 (b) 所示 ('\n'仍然在缓冲区中)。

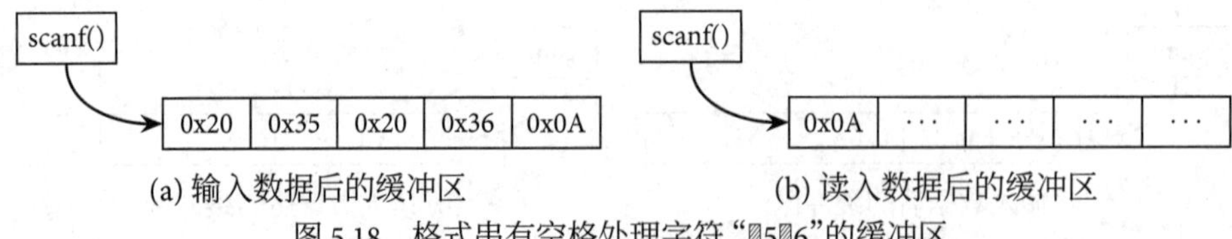

(a) 输入数据后的缓冲区　　(b) 读入数据后的缓冲区

图 5.18　格式串有空格处理字符“␣5␣6”的缓冲区

因此，在分别输入“67”并按Enter、输入“6␣6”并按Enter、输入“5”按Enter再输入“6”按Enter和输入“␣5␣6”并按Enter后，其结果如图 5.19 所示。

在这种情况下，由于格式串中空格的存在，当使用%c 读取数据时，永远不可能读取到空白字符。此时，缓冲区中只要有空白字符，就会符合空格格式，从而会被赋 (或叫“吸收”) 给空格格式。其实所有的格式控制符都“吸收”满足格式要求的字符，但长度一般是有限度的，而空格格式控制符的长度是无限制的，所以它可以“吸收”所有连续的空白字符。

```
67
54 55
Process returned 0 (0x0)   execution time : 5.576 s
Press ENTER to continue.
```

(a) 输入“67”的结果

```
6 6
54 54
Process returned 0 (0x0)   execution time : 9.477 s
Press ENTER to continue.
```

(b) 输入“6␣6”的结果

```
5
6
53 54
Process returned 0 (0x0)   execution time : 8.628 s
Press ENTER to continue.
```

(c) 输入“5”和“6”的结果

```
 5 6
53 54
Process returned 0 (0x0)   execution time : 9.433 s
Press ENTER to continue.
```

(d) 输入“␣5␣6”的结果

图 5.19　格式串中有空格的处理结果

5.2.5 scanf()与其它输入函数混合使用

假设有代码5.5。

程序清单 5.5 scanf() 与其它输入函数混合使用

```c
#include <stdio.h>
#include <stdlib.h>

int main()
{
    int a;
    int b;

    scanf("%d", &a);
    b = getchar();

    printf("%d %d", a, b);

    return 0;
}
```

该例中，先使用 scanf() 的 “%d” 格式串读入 1 个整型数据，并赋给整型变量 a，再使用 getchar() 函数读入 1 个字符，并将其 ASCII 码赋给 b。在这个代码中，混合使用了 scanf() 和 getchar() 函数，那么，如果在命令行输入“56”并按 Enter，结果会是什么？

此时，输入缓冲区中的数据如图 5.20 (a) 所示。首先，scanf() 函数按“%d”格式读入整型数据“56”，并存入整型变量 a 中，此时，缓冲区中的数据如图 5.20 (b) 所示 ('\n'仍然在缓冲区中)。

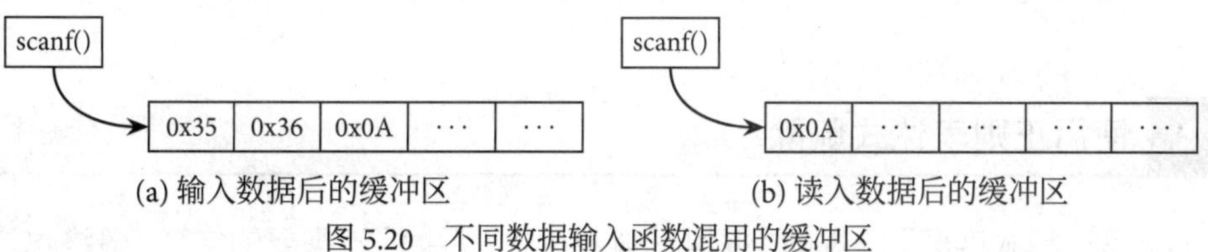

(a) 输入数据后的缓冲区　　(b) 读入数据后的缓冲区

图 5.20　不同数据输入函数混用的缓冲区

其次，当执行到 b = getchar(); 时，由于前一次的 scanf() 函数留下了 1 个'\n'字符，因此，getchar() 函数将不等待用户输入数据，而是直接读入前一次 scanf() 留下的'\n'字符 (如图 5.20 (b) 所示), 并将其 ASCII 码存入整型变量 b 中 (getchar() 的返回值为整型量), 此时, 缓冲区中的数据如图 5.21 所示 (注意此时缓冲区为空)。

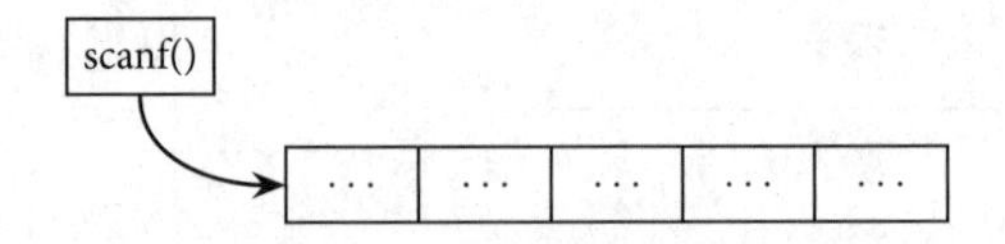

图 5.21　执行 getchar() 的缓冲区剩余数据

在命令行输入"67"按 Enter 后, 其结果如图 5.22 所示。

```
56
56 10
Process returned 0 (0x0)   execution time : 3.968 s
Press ENTER to continue.
```

图 5.22　混合读入数据的运行结果

5.3　删除 scanf() 函数留下的'\n'

通过以上分析, 可以看出执行 scanf() 函数后, 会在缓冲区中留下一个'\n', 如果后续代码中使用的是"%c"或是其它的输入函数, 则有可能产生误操作, 从而造成不可预知的错误。为此, 应该在执行下一个读入操作前清空前一个 scanf() 在缓冲区所留下的不需要的数据, 常用的方法有两个。

5.3.1　使用循环删除

可以通过循环, 不断使用 getchar() 读取每个字符, 当不是'\n'时, 继续读, 相当于"吞掉了"不需要的字符, 最终也"吸收"了'\n', 其代码如下:

使用循环删除缓冲区

```
1 while (getchar () != '\n')
2 {
3   continue;
4 }
```

5.3.2　使用正则表达式删除

可以根据"模式匹配"的规则, 采用正则表达式"吞掉"不需要的字符, 最终也"吸收"了'\n', 其代码如下:

使用正则表达式删除缓冲区

```
scanf("%*[\t\n\r]");
```

5.4 小结

综上所述，在程序设计中数据类型与输入格式的匹配极其重要，否则有可能造成内存的非法使用或是数据的不完整，从而导致程序的崩溃或不可预知的错误。同时，scanf() 函数也可能在缓冲区中留下一个多余的'\n'，如果后续代码中使用的是“%c”或是其它的输入函数，则会产生误操作，从而造成不可预知的错误。

由此可见，scanf() 函数是一种有效但不理想的读数据的方法。许多专业 C 程序员通常避免使用 scanf() 函数，而是采用字符格式读取所有数据，然后再把它们转换成数值形式，但 scanf() 提供了一种读入数据的简单方法。需要注意的是，如果用户录入了非预期的输入，那么许多程序都将无法正常执行。

scanf() 函数看似是一个小问题，却引出一大堆问题，编程无小事。

第6章 数据类型的本质

众所周知，C语言是一种强类型的语言，在使用任何变量或常量对象前，必须要知道该对象的数据类型，以确定该数据对象的取值范围、内存存储方式以及能够施加于该数据对象的操作。目前，多数C语言教材或资料中并未从内存的角度对数据类型的本质进行深入探讨，从而造成了理解困难、死记硬背的现象。为此，本章将从内存的角度出发，深入分析C语言数据类型的本质，为掌握和灵活使用C语言的数据类型提供必要的理论基础。

6.1 数据存储方式

为合理、高效地使用内存，C语言采用强数据类型进行数据管理。虽然C语言定义了大量不同的数据类型，但如果从计算机内存使用方式来看，却只有整型和浮点型两种数据存储类型。

6.1.1 整型数据

所谓整型，通俗来讲，就是没有小数点及小数部分，只有整数部分的数字，如2018、65、−65等。计算机中采用二进制补码表示整数(正整数的补码是其原码，负整数的补码是其反码加1)。例如，整数65在内存中可以用1个字节存储，如图6.1 (a) 所示，整数 −65在内存中也可以用1个字节存储，如图6.1 (b) 所示。

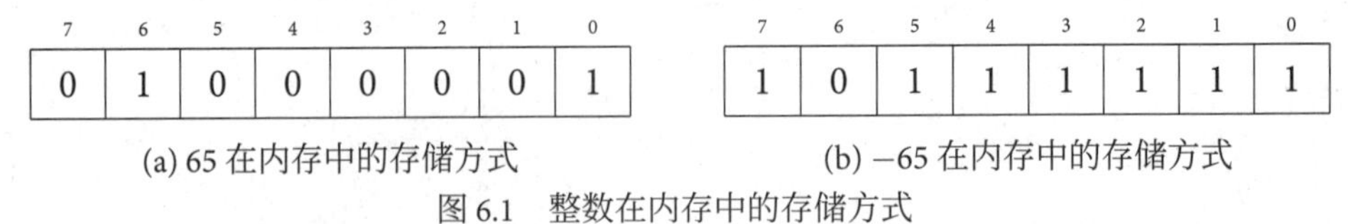

(a) 65在内存中的存储方式　　(b) −65在内存中的存储方式

图6.1　整数在内存中的存储方式

6.1.2 浮点型数据

所谓浮点数，通俗来讲，就是带有小数点及小数部分的数据，如1.0、3.14、−3.14等。这些数据按IEEE 754标准[1]在计算机内存中存储其符号位、指数部分和小数部分。二进制浮点数以符号数值表示法的格式存储，即最高有效位被指定为符号位 (sign bit)，“指数部分”存储在次高有效的e个比特，最后剩下的f个低有效位存储“尾数”(significand) 的小数部分 (在非规约形式下整数部分默认为0，在其它情况下一律默认为1)，如图6.2所示。

[1] 关于该标准的细节可参阅http://grouper.ieee.org/groups/754/。

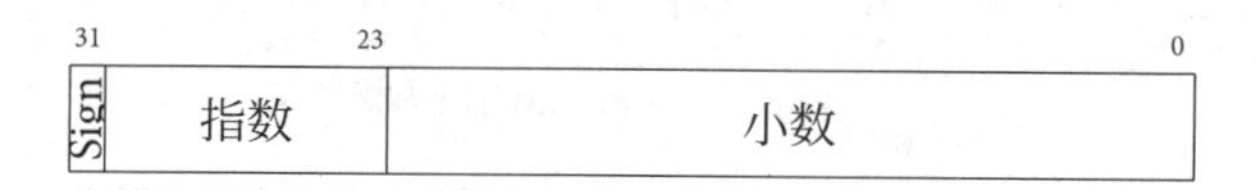

图 6.2　浮点数在内存中的存储方式

例如，占 4 个字节的浮点数 3.14 在内存中存储的数据如图 6.3 (a) 所示，−3.14 在内存中存储的数据如图 6.3 (b) 所示。

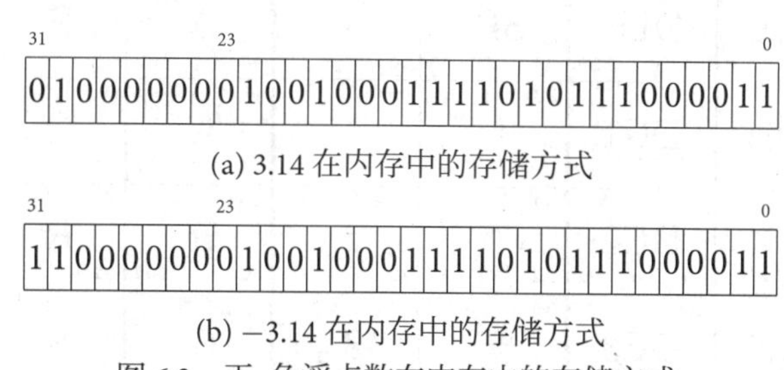

(a) 3.14 在内存中的存储方式

(b) −3.14 在内存中的存储方式

图 6.3　正、负浮点数在内存中的存储方式

实践证明，采用整型和浮点型这两种类型，便可以表达实际工作中出现的所有数据。但是，在图 6.1 中仅使用了 1 个字节表示整数，在图 6.3 中仅使用了 4 个字节表示浮点数。如果一个整数超出了 1 个字节能表达的范围或一个浮点数超出了 4 个字节能表达的表示范围，则无法正常表达，这显然是不完全合理的。C 语言以其强大和灵活而著称，为此，C 语言对数据类型进行了细化。

6.2　基本数据类型

为了能够更为广泛地表达各类数据，C 语言分别设计了字符型 char、整型 int、浮点型 float 和空类型 void 四种基本的数据类型。

6.2.1　字符型 char

字符是实际生活中最常见的数据类型，数字、字母和标点符号等是最常见的数据。为此，ASCII(American Standard Code for Information Interchange，美国信息互换标准代码) 标准定义了一套基于拉丁字母的电脑字符编码系统，主要用于显示现代英语和其它西欧语言的字符。ASCII 码是现今应用最广泛的单字节编码系统。

ASCII 第一次以规范标准的形式发表于 1967 年，最后一次更新于 1986 年，至今为止共定义了 128 个字符，其中 33 个字符无法显示 (这是以最新的操作系统为依据，但在 DOS 模式下可显示出一些诸如笑脸、扑克牌花式之类的 8 bit 符号)，且这 33 个字符多数都已是废弃的控制字符，控制字符的用途主要是进行输出定位或操控外部设备。其余 95 个是可显示的字符，包含 1 个空白字符，空白字符显示为空白。表 6.1 是标准 ASCII 码表，其中的每一个标准 ASCII 字符都具有一个整型编码值。在表 6.1 中，分别以二进制、十进制、十六进制和八进制的方式显示了一个字符的 ASCII 码值。

表6.1　标准ASCII码表

b7 b6 b5 / BITS b4 b3 b2 b1	0 0 0	0 0 1	0 1 0	0 1 1	1 0 0	1 0 1	1 1 0	1 1 1
	控制字符		符号和数据		大写字母		小写字母	
0 0 0 0	0 NUL 0 0	16 DLE 10 20	32 SP 20 40	48 0 30 60	64 @ 40 100	80 P 50 120	96 ` 60 140	112 p 70 160
0 0 0 1	1 SOH 1 1	17 DC1 11 21	33 ! 21 41	49 1 31 61	65 A 41 101	81 Q 51 121	97 a 61 141	113 q 71 161
0 0 1 0	2 STX 2 2	18 DC2 12 22	34 ” 22 42	50 2 32 62	66 B 42 102	82 R 52 122	98 b 62 142	114 r 72 162
0 0 1 1	3 ETX 3 3	19 DC3 13 23	35 # 23 43	51 3 33 63	67 C 43 103	83 S 53 123	99 c 63 143	115 s 73 163
0 1 0 0	4 EOT 4 4	20 DC4 14 24	36 $ 24 44	52 4 34 64	68 D 44 104	84 T 54 124	100 d 64 144	116 t 74 164
0 1 0 1	5 ENQ 5 5	21 NAK 15 25	37 % 25 45	53 5 35 65	69 E 45 105	85 U 55 125	101 e 65 145	117 u 75 165
0 1 1 0	6 ACK 6 6	22 SYN 16 26	38 & 26 46	54 6 36 66	70 F 46 106	86 V 56 126	102 f 66 146	118 v 76 166
0 1 1 1	7 BEL 7 7	23 ETB 17 27	39 ’ 27 47	55 7 37 67	71 G 47 107	87 W 57 127	103 g 67 147	119 w 77 167
1 0 0 0	8 BS 8 10	24 CAN 18 30	40 (28 50	56 8 38 70	72 H 48 110	88 X 58 130	104 h 68 150	120 x 78 170
1 0 0 1	9 HT 9 11	25 EM 19 31	41) 29 51	57 9 39 71	73 I 49 111	89 Y 59 131	105 i 69 151	121 y 79 171
1 0 1 0	10 LF A 12	26 SUB 1A 32	42 * 2A 52	58 : 3A 72	74 J 4A 112	90 Z 5A 132	106 j 6A 152	122 z 7A 172
1 0 1 1	11 VT B 13	27 ESC 1B 33	43 + 2B 53	59 ; 3B 73	75 K 4B 113	91 [5B 133	107 k 6B 153	123 { 7B 173
1 1 0 0	12 FF C 14	28 FS 1C 34	44 , 2C 54	60 < 3C 74	76 L 4C 114	92 \ 5C 134	108 l 6C 154	124 — 7C 174
1 1 0 1	13 CR D 15	29 GS 1D 35	45 – 2D 55	61 = 3D 75	77 M 4D 115	93] 5D 135	109 m 6D 155	125 } 7D 175
1 1 1 0	14 SO E 16	30 RS 1E 36	46 . 2E 56	62 > 3E 76	78 N 4E 116	94 ^ 5E 136	110 n 6E 156	126 ~ 7E 176
1 1 1 1	15 SI F 17	31 US 1F 37	47 / 2F 57	63 ? 3F 77	79 O 4F 117	95 _ 5F 137	111 o 6F 157	127 DEL 7F 177

图例：dec CHAR hex oct

可以看出，标准 ASCII 码表共有 128 个字符，用 1 个字节 (8 位) 的低 7 位就可以表示这 128 个字符 ($2^7 = 128$)。字符数据使用频率极高，字符、字符串、图像、音频和视频等数据在内存中都是按字节存储的，一个字节也就是一个字符，因此任何数据都可以看作是字符或字符的有机组合。为了方便，C 语言设计了 char 类型，专门用于表示字符型数据。显然，字符型数据本质上仍为整型数据，表示的是 1 个字节的整型，它存储的是一个字符的 ASCII 码值。

如果将最高位 (b7 位) 也用于表示字符，则可表示 256 个字符，后面的这 128 个字符称为扩展 ASCII 码，可用于表示特殊符号、外来语字母和图形符号等，限于篇幅，在此不做讨论。

这样，当需要处理一个字符数据时，就可以向操作系统申请一个字符型内存，即使用 1 个字节的内存，如图 6.4 (a) 所示，完成内存申请后，便可以使用这一内存。例如，在该内存中存入 1 个字符'A'，如图 6.4 (b) 所示。其基本语法如下：

字符型变量的声明与赋值

```
char ch; /* 声明一个字符型数据 */
ch = 'A'; /* 给字符型内存赋'A',其值为 65*/
```

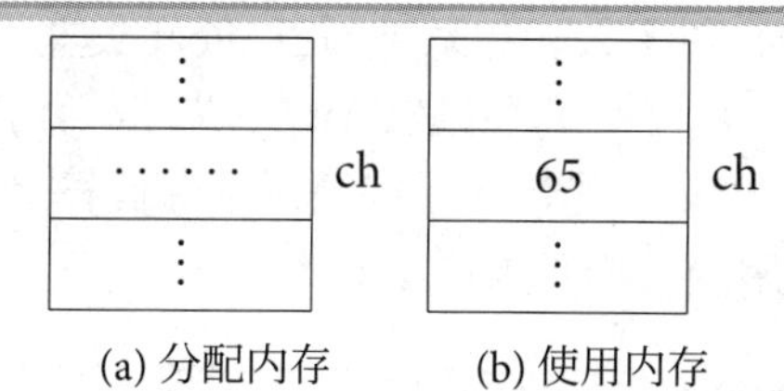

(a) 分配内存　　(b) 使用内存

图 6.4　char 类型的使用

再次强调，字符型数据本质上仍为整型数据，虽然存入的是字符'A'，但内存中存储的是该字符的 ASCII 码值，也就是整数 65。既然 ch 是一个整数，就可以按整数的方式对其进行处理，比如执行“ch + 32”，则结果将是 97，查 ASCII 码表可知，ASCII 码值为 97 的字符是'a'。采用类似的运算，可以实现字母大小写转换等操作。

6.2.2 整型 int

虽然字符型的本质是整型，但由于其只占 1 个字节，共计 8 位，若将其最高位用作符号位，则能表示 $-2^7 \sim (2^7 - 1)$ 范围内的 256 个整数，这显然无法满足实际需要，为此，C 语言语言又设计了 int 类型，用于表示常规的整数。

C 语言并没有规定 int 类型占多少个字节，只规定了 int 型比 char 型长。因此，在不同编译器或平台中，虽然同为 int 型，但占有的字节数可能不同。目前，对于大多数系统而言，int 类型都占 4 个字节，在不引起误解的情况可以认为 int 类型占 4 个字节。

通过 int 类型申请、使用内存的基本语法如下：

声明整型变量并赋值

```
int iValue; /* 申请内存,用于处理整型数据 */
iValue = 2018; /* 给内存中存入一个整型数据 */
```

其内存处理结果如图 6.5 所示。

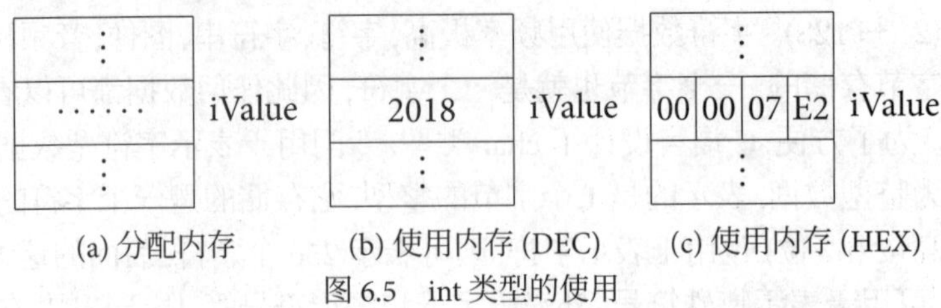

(a) 分配内存　(b) 使用内存 (DEC)　(c) 使用内存 (HEX)

图 6.5　int 类型的使用

6.2.3 浮点型 float

如图 6.2 和图 6.3 所示，浮点型数据在内存中的存储方式与整型有本质的区别。为此，C 语言又设计了 float 类型，用于表示实际中用到的浮点数。

同样，C 语言并没有具体规定 float 类型占用的字节数。在不同编译器或平台中，占用的字节数可能不同。C 语言比较灵活，不需要纠结这些细节，等对 C 语言全面了解后，再来理解这些概念，就很简单了。目前，对于大多数系统而言，float 类型都占 4 个字节，在不引起误解的情况可以认为 float 类型占 4 个字节。但是 float 类型的 4 个字节不是按 int 类型的 4 个字节的形式使用的。如上所述，float 类型的 4 个字节用于存储符合 IEEE 754 标准的浮点数。

通过 float 类型申请、使用内存的基本语法如下：

声明浮点型变量并赋值

```
float fValue; /* 申请内存,用于处理浮点型数据 */
fValue = 2018.0; /* 给内存中存入一个浮点型数据 */
```

其内存处理过程如图 6.6 所示。

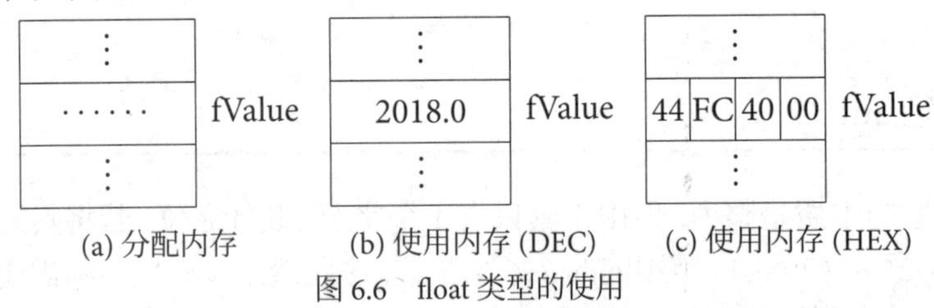

(a) 分配内存　(b) 使用内存 (DEC)　(c) 使用内存 (HEX)

图 6.6　float 类型的使用

比较图 6.5 (b) 与图 6.6 (b) 可以看出，从数学的角度来看，整型和浮点型数据在十进制形式上只有一个小数点的差别，但从内存的角度来看，它们的存储方式是截然不同的。图 6.5 (c) 与图 6.6 (c) 所示的内存十六进制数据充分说明了这一区别。

6.2.4 空类型 void

在任何时候、任何条件下，总存在一些意外情况。虽然利用整型和浮点型可以较好地描述实际工作中遇到的各种数据，但在实际中，总是有一种情况，根本不知道到底如何申请内存，或者在形式上应有一个类型，但其字节数未知，其各字节如何使用也未知。

为了实现这一操作，C 语言又设计了一个 void 类型。void 类型规定以单字节为单位使用内存，但如果没有对内存进行合理组织，这种单字节内存操作往往没有实际意义。所以，C 语言中有 void 类型，但却不能使用它申请内存，它仅表示需要一个类型，它是虚无的，是空的。

特别要注意，C 语言提供了 void 类型，但不能用该类型声明变量，如以下用法是错误的：

无法声明 void 型变量

```
1 void vValue; /* 申请 void 类型的内存是无法实现的 */
```

既然不能申请内存，void 类型有什么用呢？在 C 语言中，void 类型的存在是有必要的，虽然不可以使用 void 来声明变量申请内存，但是却可以声明 void * 的指针，例如：

可以声明 void * 型指针变量

```
1 void * pValue; /* 声明一个 void 类型的指针 */
```

此时，pValue 指针可以指向内存中任何一块内存区域，并对该区域按单字节进行访问。void * 类型的指针又称“万能指针”，它是实现“动态内存分配和管理”和“泛型编程”的基础。

另外，对于不必关心的数据，则可以认为是“空”，所以在函数的形参和返回类型中也常常会用到 void 类型。

总之，C 语言数据类型只有整型和浮点型两种。为了更加合理地使用内存，C 语言又为整型提供了 char 和 int 两种类型，为浮点型提供了 float 类型。同时，C 语言又提供了灵活的 void 类型。需要注意的是，除了 char 类型明确地规定占有 1 个字节内存外，C 语言并未规定其它类型所占用的字节数。

6.3 类型修饰符

分析 C 语言的 char、int 和 float 类型，会发现存在如下几个问题：

(1) char 和 int 都是整型，只是字节数不一样。

(2) char 和 int 都有正负之分，用最高位是 0 和 1 来区分，可不可以不要正负之分，只有正整数呢？这样是不是就可以扩大 char 和 int 类型表达的正整数的数据范围呢？

(3) 假设 int 和 float 都占 4 个字节，字节数不够该如何解决呢？

为了解决这些问题，C 语言又设计了“类型修饰符”对基本类型进行修改，通过类型修饰符，就可以对已有的类型适当调整，使其更符合程序设计的需求。

6.3.1 修饰内存大小

C 语言设置数据类型的目的是向操作系统申请内存并使用，当申请 char 类型的内存不够用时，显然需要申请 int 类型的内存，但在数据范围可能介于 char 和 int 之间时，申请 int 类型的内存会产生浪费；当然，如果数据范围超出了 int 类型的范围，则 int 类型也不够用。为了应对这些情况，C 语言设置了 3 个修饰符，即 short、long 和 long long。于是，就有了三种对应的 int 类型，即 short int、long int 和 long long int。

值得注意的是，对于 int 类型，C 语言并没有具体规定 short int、long int 和 long long int 占用内存的大小 (字节数)，仅要求各类型的大小应该满足：

$$\text{short int} \leqslant \text{int} \leqslant \text{long int} \leqslant \text{long long int}$$

对于浮点型，也存在大小的问题，但 C 语言并没有设计用 short、long 和 long long 修饰 float，而是设计了用于表示更大浮点数的 double 类型，并命名为"双精度"浮点型。在实际中还有着对更大浮点数的需求，但要注意在 C 语言中没有类似 ddouble 这样的类型，对于更大的浮点数采用 long 进行修饰，从而构成了 long double 类型。

同样值得注意的是，对于各种浮点数类型，C 语言并没有具体规定 float、double 和 long double 占用内存的大小，仅要求各类型的大小应该满足：

$$\text{float} \leqslant \text{double} \leqslant \text{long double}$$

不同的编译器或平台，对这些类型在实现时所定义的字节数可能不一样，需要查阅相关说明才能确定一个类型具体的大小。

6.3.2 修饰符号位

对于浮点数，由于 IEEE 754 浮点数标准的存在，C 语言只是遵守标准，定义了 float、double 和 long double 三种类型。

但对于整型，从图 6.1 (a) 和图 6.1 (b) 中可以看出，65 和 −65 的最高位不一样，那么后面的各位是否不一样呢？注意，后面的各位不一样不是关键，关键是最高位的 0 和 1。最高位是"符号位"，用 0 表示正数，1 表示负数，实际上 IEEE 754 浮点数标准的符号位规定也是如此。

那么，如果有符号位，用于表示数据的位数就会少 1 位。这样，若为 N 位的内存，它能表示的数据范围就是 $-2^{(N-1)} \sim 2^{(N-1)}-1$。反之，若是没有符号位，同为 N 位的内存，它能表示的数据范围就变成了 $0 \sim 2^N-1$。虽然此时不能表达负整数，但正整数的数据范围却扩大了 1 倍，这往往是用户需要的，即在不改变内存大小的情况下扩大正整数的表示范围。

因此，C 语言又设计了 signed 和 unsigned 两个修饰符，其中，signed 限定了最高位用于符号位，而 unsigned 限定了最高位用于数据本身，只表示正整数。于是，就有了如下整数类型：

- signed char；
- signed int；
- signed short int；
- signed long int；
- signed long long int；
- unsigned char；
- unsigned int；
- unsigned short int；
- unsigned long int；

- unsigned long long int。

当然,如果每个类型都需加上 signed 和 unsigned 的话,是比较繁琐的。为了简洁,C 语言设定了常用的默认方法,如 int 就是 signed int。同样也简化了其它类型,如 long 就是 signed long int,long long 就是 signed long long int。

但 char 是例外,可以用 signed char 也可以用 unsigned char,能确定的只有 char 占 1 个字节,默认情况下是 signed char 还是 unsigned char,取决于编译器或平台,需查阅手册确认。

6.3.3 内存访问限制

程序运行时,可以将内存设置为可读可写 (Random Access Memory, RAM),也可以设置成只读 (Read-Only Memory, ROM)。另外,当不同线程操作同一内存时,如何进行读写权限设置,这是需要考虑的问题。为此,C 语言设计了 const 和 volatile 两个内存访问限制修饰符。

用 const 修饰的类型,表示声明的变量的值在初始化后不可以改变,是一个常量,例如:

常量不能赋值

```
const int DoesNotChange = 5;/* 声明整型常量,并值初始化为 5*/
DoesNotChange = 6;           /* 错误! 无法通过编译 */
```

volatile 表示内存中的值是"易变的",volatile 修饰符对于多线程程序设计或硬件接口设计时非常有用,但这已超出了本书要讨论的范围,需要了解者可自己查阅相关资料。

6.4 sizeof() 运算符

一个数据类型到底占用多少个字节,一定不能猜,不能死记硬背,一定要查,如何查?除了查阅编译器手册外,C 语言还设计了一个 sizeof() 运算符。注意,虽然这个运算符形式上与函数很像,但它不是函数,而是一个运算符。例如以下代码用 sizeof() 运算符检测了部分类型所占用的字节数。

测试 sizeof() 运算符

```
#include <stdio.h>
int main (void)
{/* Print the size of various types in "number-of-chars" */
  printf("void\tchar\tshort\tint\tlong\tfloat\tdouble\n");
  printf("%3d\t%3d\t%3d\t%3d\t%3d\t%3d\t%3d\n",
         sizeof(void), sizeof(char), sizeof(short), sizeof(int),
         sizeof(long), sizeof(float), sizeof(double));

  return 0;
}
```

在 64 位 Linux 系统和 64 位 Windows 系统下的测试结果分别如图 6.7 (a) 和图 6.7 (b) 所示。显然，在不同平台下，各种类型所占的字节数不完全相同。同时，要注意 void 类型，虽然它表示空，且不能声明对象，但它的长度是 1，按单字节的方式使用内存，理解这一点对以后指针的学习非常有帮助。

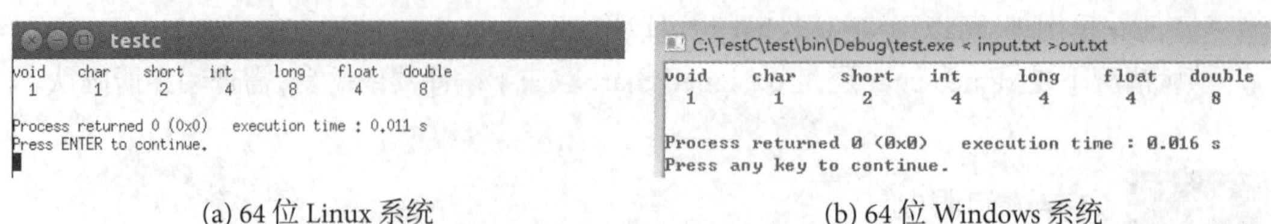

(a) 64 位 Linux 系统　　　　(b) 64 位 Windows 系统

图 6.7　用 sizeof() 运算符检测类型字节数

6.5　衍生数据类型

C 语言提供的基本数据类型和类型修饰符已经能够描述实际应用中的大部分数据，但为了更好地描述现实中的数据，组织更加合理的数据结构，C 语言又在基本数据类型和类型修饰符的基础上，衍生出了六种数据类型，即地址类型、数组类型、结构体类型、联合体类型、位段类型和函数类型。这些衍生类型也称为自定义数据类型，首先需要根据 C 语言语法设计类型，用该类型声明变量，向操作系统申请内存，然后再对申请到的内存进行操作。由于篇幅所限，在此仅对地址类型进行详细说明，其它衍生类型则会在后续章节中进行详细讨论。

当声明了一个变量后，通过这个变量名称，就可以找到其对应的内存区域，从而实现对这个内存区域的操作，这个变量名称是操作系统分配给程序使用的内存区域地址的符号描述。

那么，能不能像查找教室一样通过一个编号来找到这个内存区域呢？毋庸置疑，当然是可以的，计算机的内存就是按字节进行编号的，每一个字节的内存都会有一个编号，该编号就是这个内存的地址。通过这个地址就可以找到该字节的内存，如图 6.8 所示。

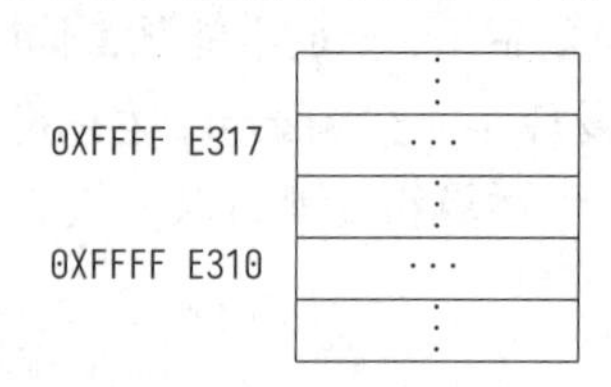

图 6.8　内存的地址

当用一种数据类型声明一个变量时，计算机内部的操作是向操作系统申请内存使用权，操作系统会根据内存空闲情况和数据类型为用户分配相应大小内存区域的使用权，不同数据类型需要的内存大小是不完全相同的，例如，如下代码的内存映射关系如图 6.9 所示。

声明不同类型的变量

```
1 char ch;          /*1 个字节 */
2 int iValue;       /*4 个字节 */
3 double dfValue;   /*8 个字节 */
```

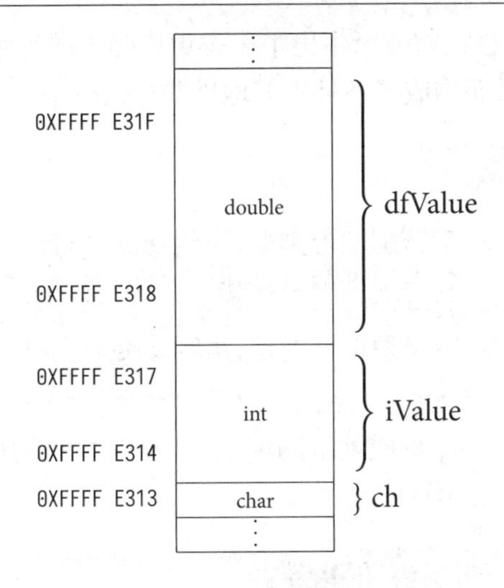

图 6.9　变量的内存地址

用一个类型声明一个变量的本质是在内存中找到一块指定类型大小的空闲内存区域，然后给这个区域用一个标识符 (变量名) 命名，接下来就可以用这个标识符找到这个内存区域并使用。当然，每个字节的内存都有编号和地址，通过地址必然能够找到这个内存区域。但是，每种类型占用的内存字节数是不一样的。需要注意的是，操作系统分配的这个内存区域一定是按整体操作的，例如变量 iValue，操作系统给它分配了 4 个字节的内存，分别是 0XFFFF E314、0XFFFF E315、0XFFFF E316 和 0XFFFF E317，每一个地址标识的是一个字节，那么对已有的这 4 个地址，到底哪个地址才能表示 iValue 这个整型量呢？

其实，C 语言采用了一个非常简单的方法来实现地址的操作，即用一个内存区域的起始地址和其占用的字节数表示这个区域，这样，一个量的地址是这个量在内存中的起始地址，而其占用的字节数则由其类型决定。因此，图 6.9 中各个量的地址分别是 ch—0XFFFF E313、iValue—0XFFFF E314 和 dfValue—0XFFFF E318，分别占用 1、4、8 个字节。于是，对于内存中的一个变量，可以通过其名称或地址进行访问。

需要注意的是：变量名称只是地址的一个别名，即地址的描述符，变量名不能存储地址。很多 C 语言书里不能交代清楚这一点，更为甚者，竟然明确指出变量名存储了地址，这是错误的。变量名称只是地址别名，它不是用来存储这个地址，只是标识了这个地址。

一个地址就是一个编号，如 0XFFFF E314，从本质上讲，这个编号就是一个数，而且是一个无符号的正整数 (因为不存在负的地址)。虽然可以用“iValue = 65”给内存进行赋值，虽然变量名就是这个地址的别名，但是类似“0XFFFF E314 = 65”的赋值方式不正确，因为不可能把一个整型数赋给另一个整型数。因此，C 语言又设计出了一类称为地址类型的类型。

一个变量的地址就是操作系统所分配的内存的起始地址，其大小与变量的类型相关，即这个起始地址指向了一个内存区域。若把这个起始地址存储在某个变量中，则通过存储了起始地址的变量就可以操作这个内存区域。为此，C 语言又给这样一个能够存储地址的变量起了一个美妙的名称，称其为指针变量或简单地称为指针。

C 语言使用一个“*”号来表示地址类型，用于声明一个地址类型的变量，也就是指针变量，该指针能够用于存储地址。同时，为了能够确定指针指向的内存区域的大小，“*”必须与各种类型组合使用。于是，C语言便衍生出了一类更为强大的地址数据类型。“*”能够与任何已有的类型组合在一起，从而构成了各种新的地址类型，例如：

声明地址类型的指针

```c
char * pch;         /* 字符型地址类型,声明 pch 指针 */
int * piValue;      /* 整型地址类型,声明 piValue 指针 */
double * pdfValue; /* 双精度浮点型地址类型,声明 pdfValue 指针 */
void * pMem;        /* 空类型地址类型,声明 pMem 指针 */
```

同时，“*”还能和自身结合，构成地址的地址类型，甚至是地址的地址的地址类型，从而用于声明指针的指针、指针的指针的指针，例如：

声明地址的地址类型的指针的指针

```c
char ** ppch;          /* 字符型地址的地址类型,声明指针的指针 ppch*/
int ** ppiValue;       /* 整型地址的地址类型,声明指针的指针 ppiValue*/
double ** ppdfValue;/*double 型地址的地址类型,声明指针的指针 ppdfValue*/
void ** ppMem;         /* 空类型地址的地址类型,声明指针的指针 ppMem*/
```

在此，一定要把地址和指针严格区分，指针是地址类型的变量，指针不是地址，指针能够存储地址，显然地址是不能存储地址的。

那么地址和指针到底是怎么实现的？假设有如下代码：

指针的使用

```c
int iValue;          /* 整型类型 */
int * piValue;       /* 整型地址类型 */
piValue = &iValue; /* 将 iValue 的地址赋予指针 */
iValue = 65;         /* 给 iValue 赋值 */
*piValue = 97;       /* 给 piValue 指向的内存赋值 */
```

图6.10是上述代码操的执行过程[1]。

图6.10 (a)是声明变量后程序申请到的内存空间示意图，图6.10 (b)表示将变量iValue的地址赋给指针piValue。由图6.10 (c)和图6.10 (d)可以看出，变量名称就是内存地址的别名，使用变量名称来操作内存，就是直接访问内存。而指针是地址类型的变量，它存储地址，通过指针操作内存是先用指针变量的名称找到指针本身(值得注意的是，指针变量的名称也是一个内存地址的别名)，然后取得指针变量存储的值，也就是变量iValue的地址，通过这个地址去访问变量iValue，这是间接访问内存。

通过这个例子的分析，可以注意到两个运算符的使用：

(1) &——取地址运算符，用于获取一个变量在内存中的首地址；

(2) *——取内容运算符，用于通过与指针结合，操作指针指向的内存。

[1] 此处地址省略了64位地址的前4个字节0X0000 7FFF，本章后续内存图也作类似处理。

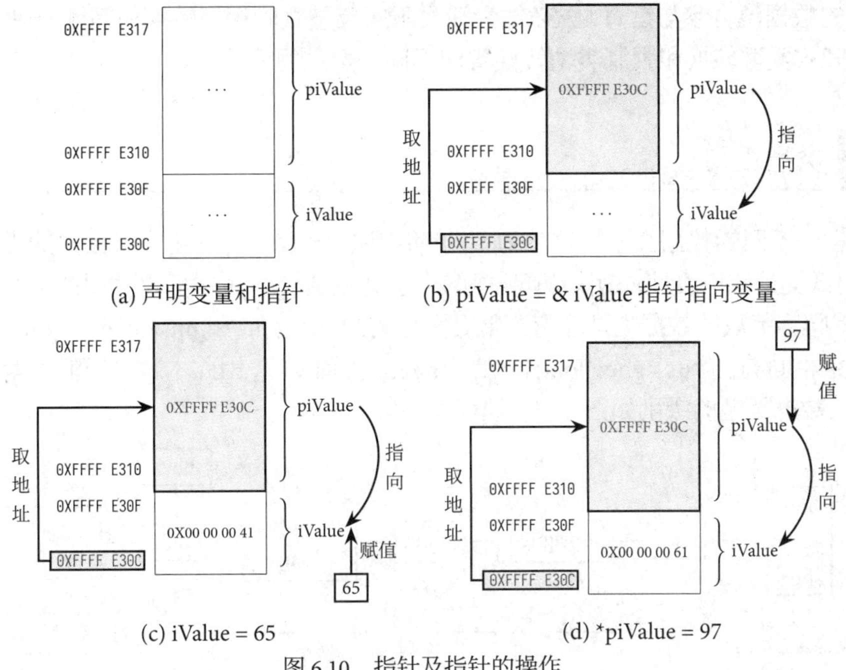

图6.10　指针及指针的操作

另外，一个变量的地址只是内存中这个变量的起始地址，要访问到需要的内存，还必须知道这个变量的数据类型，以确定内存区域的大小。所以，“*”号总是要与其它类型结合在一起，构成特定的地址类型，以用于声明不同类型的指针，这样才能进行正确的操作。因此，地址类型是一种衍生的类型。

地址类型的指针变量也是一个变量，它也需要一个内存区域来存储数据，那么一个地址类型的变量需要多少个字节的内存呢？前面已讨论过，内存的地址就是内存单元的编号，当然这个编号由操作系统决定，而指针变量用来存储地址，因此它占用的字节大小总与地址总线的宽度一致。对于32位的操作系统，其地址总线为32位，就需要32位，也就是4个字节来存放一个地址。同理，对于64位的操作系统，则需要64位，也就是8个字节来存放一个地址。

对于64位的操作系统而言，一个指针将占有8个字节的内存，它也有首地址，可以声明一个地址的地址类型的指针来存储这一个地址，这就是指针的指针。依此类推，还可以有指针的指针的指针，即多级指针。当然，无论有多少级，都可以按这个规律推演下去。

计算机中的寄存器、内存、端口、接口等所有部件实际上都是有地址的，在C语言中，这些地址都可以构成不同的地址类型，以用于声明指针，通过指针可以直接操作计算机中的各个部件。正是由于这一功能，才使得C语言不但具备了高级语言功能，又具备了汇编语言的低级功能。因此，认真掌握地址类型和指针是学习C语言的必由之路。

6.6　类型转换

显然，无论哪种类型，从内存的角度来看，无非就是在一个内存区域按一定的规则存储一系列的二进制数据。不同的类型对这些二进制数据的组织和使用方式不同。因此，当不同数据类型的数据混合参与运算时，必然会涉及不同类型之间相互转换的问题。在 C 语言中，可以采用隐式类型转换和强制类型转换实现不同类型之间的转换。

6.6.1 类型级别

C 语言中不同的数据类型可以分为不同的级别，一般来讲，占用字节数少的类型其级别较低，称为低类型或窄类型，占用字节数多的类型其级别较高，称为高类型或宽类型。但要注意，占用相同字节数的数据类型也有高低之分。例如，long int 和 unsigned long int 一般占用的字节数是相同的，但 unsigned long int 比 long int 级别要高，因此本章采用低类型和高类型进行分类。数据类型的级别如图 6.11 所示。

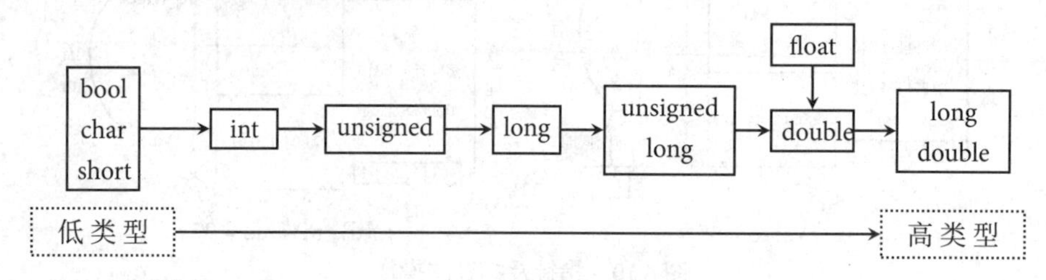

图 6.11 数据类型的级别

编译器将低类型操作数转换为高类型操作数，该过程称为类型晋级或者类型提升 (Type Promotion)。

6.6.2 隐式类型转换

所谓隐式类型转换，指的是编译器自动完成的类型转换，主要发生在如下情况：

(1) 当算术表达式或逻辑表达式中操作数的类型不同时；

(2) 当赋值运算符右侧表达式的类型与左侧变量的类型不匹配时；

(3) 当函数调用中的实参类型与其对应的形参类型不匹配时；

(4) 当 return 语句中表达式的类型与函数返回值的类型不匹配时。

当算术表达式或逻辑表达式中的操作数类型不同时，会按类型晋级的方式进行类型转换，然后再参与运算，例如对于如下代码：

类型晋级和隐式转换

```
1 char c = 1;
2 float f = 3.1;
3 double s;
4 s = ('3' >= f) + ('B' - c) / 1.0 + f;
```

则会按如图 6.12 所示的类型晋级方式进行隐式转换。

若赋值运算不匹配，则会隐式转换为左侧变量的类型；若函数调用中的实参与形参不匹配，则会隐式转换为形参的类型；若 return 语句中表达式的类型与函数返回值的类型不匹配,则会隐式转换为函数返回值的类型。

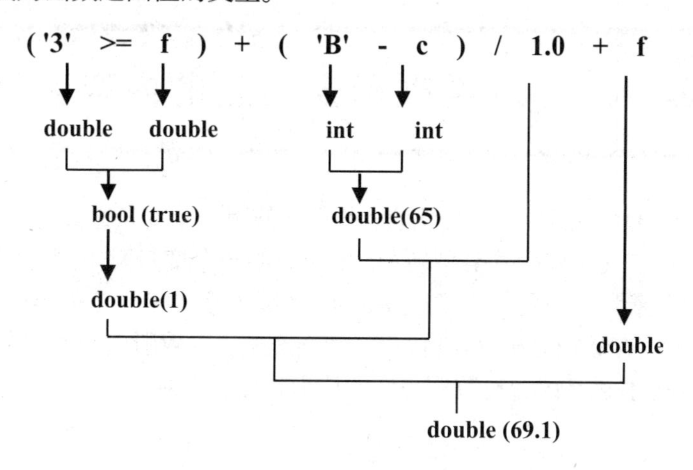

图 6.12　类型晋级

6.6.3 强制类型转换

C 语言同时也提供了强制类型转换。可以通过“(类型名) 表达式或变量或常量”的语法进行强制类型转换,这里的“类型名”表示的是表达式、变量或常量应该转换成的类型。例如:

强制类型转换

```
float x = 3.5;
int roundX = (int)(x + 0.5); /* 强制转换为 int 型 */

char *p;
void *q = malloc(sizeof(char)*1024);
p =  (char *)q;  /* 强制转换为 char * 型 */
```

无论使用 C 语言的隐式转换还是强制转换, 一定要注意当低类型向高类型转换时可能会产生增加空间的内存需求,而当高类型向低类型转换时可能会发生损失精度的现象。这些附带产生的问题 (副作用), 都需要程序员在编写程序时给予足够的重视, 以免发生不必要的错误。

6.7 小结

C 语言是一种强类型的语言, 在使用任何变量和常量等数据对象之前必须声明确定的数据类型。本章从内存的角度出发, 对 C 语言中的数据类型进行了深入分析和探讨, 以期读者能够更好地理解和灵活使用数据类型。

第 7 章　类型错误引起的内存紊乱

C 语言是一种强类型的程序设计语言，要求在使用一个变量之前必须确定该变量的数据类型。但是 C 语言又允许隐式类型转换，即可以给一个变量赋不同类型的数据，这会带来数据丢失、内存紊乱等问题。本章以 scanf() 函数中格式串与变量类型不匹配为例，通过 DEBUG 技术及内存数据分析，详细讨论了数据类型不一致所引起的内存紊乱问题。通过本章的分析，以期能够提高读者对数据类型的认识和使用灵活性。

7.1 内存非法访问

C 语言程序设计的基本思想是“让程序员负责一切”，因此，编译器并不会检查程序中存在的逻辑问题。只要语法上没有错误，程序就可以运行，但此时运行结果往往会出现“看似正确，实则错误”的现象。

7.1.1 scanf() 函数格式串不匹配问题

例如，有代码7.1如下：

程序清单 7.1 格式串不匹配

```c
#include <stdio.h>
#include <stdlib.h>

int main()
{
    char ch;
    double dfV;
    int iV;

    scanf("%d", &ch); /*%d 用于整型！*/
    scanf("%d", &iV);
    scanf("%lf", &dfV);

    printf("%c %d %f\n", ch, iV, dfV);

    return 0;
}
```

如果在 Code::Blocks[1]中编译链接代码7.1，并不会产生语法错误，程序可以运行，其结果

[1] 本章以 Windows 下的 Code::Blocks 为例进行说明。

如图 7.1 (a) 所示。但由于第 10 行的 scanf() 中使用了"%d", 因此, 只能输入整数 (65), 不能输入字符, 但在第 14 行的 printf() 中使用了"%c" 输出“ch”, 因此结果显示'A'。

图 7.1 (a) 的结果看似正确, 但往往会出现 Code::Blocks 中 Build 工具栏不可用的现象, 如图 7.1 (b) 所示。

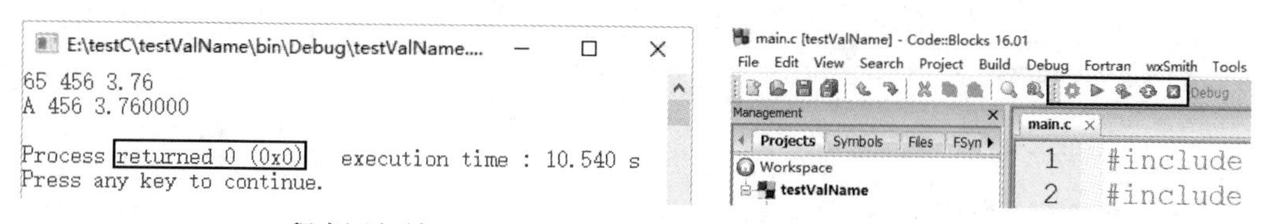

(a) 程序运行结果　　(b) Code::Blocks 工具栏失效

图 7.1　错误的程序结果

这是因为程序未正常结束, 用 Windows 的进程管理器可以查看和管理当前活动进程, 强制结束“cb_console_runtime.exe(32 位)”进程 (如 图 7.2 (a) 所示), 此时 Code::Blocks 能够正常工作 (如图 7.2 (b) 所示)。

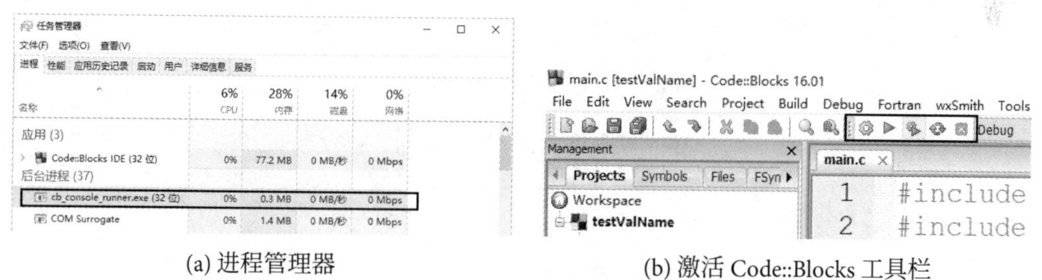

(a) 进程管理器　　(b) 激活 Code::Blocks 工具栏

图 7.2　强制结束进程

图 7.2 的结果表明, 程序可以运行, 结果也正确, 但程序并未正常结束[1]。因此, 这是一个“看似正确, 实则错误”的问题, 在程序设计中, 类似的错误比较常见。

7.1.2　内存状态分析

由图 7.2 可知, 该程序虽然能够运行, 但却隐含着一个错误。为分析和解决这一问题, 需要使用最为常用和可靠的 DEBUG 工具来跟踪和分析程序。在 Code::Blocks 的 “Logs & others”窗格的 Debugger 标签底部的“Command:”中用“p”命令查看变量 ch、iV 和 dfV 的地址, 如图 7.3 (a) 所示, 并根据各个变量的地址, 绘制其内存结构示意图, 如图 7.3 (b) 所示。

当程序执行到第 10 行“scanf("%d", &ch);”时, 由于使用了"%d" 格式串, 会将输入数据看成一个整型数, 存储在从“&ch”开始, 即从“0X0060 FF0F”开始的 “sizeof(int)”个字节中 (本例为 4 个字节), 如图 7.4 所示。显然“0X0060 FF10”“0X0060 FF11”和“0X0060 FF12”这三个字节并不属于变量 ch 的空间, 对这三个字节的操作可能是允许的, 也可能是非法的。

可以进一步用 DEBUG 的“Memory dump”分析内存数据变化情况, 在第 10 行设置断点, 启动 DEBUG, 在“Memory dump”窗格的“Addres:”栏中输入“&ch”, 单击 Go 可看到以 “&ch”开始的 4 个字节是:“00 30 00 00”, 如图 7.5 (a) 所示。执行第 10 行代码, 输入“65” [2], 此时内

[1] 这是一种随机错误, 也可能不会发生。

[2] 由于格式串使用了“%d”, 因此, 只能读入整数。

存中从“&ch”(“0X0060 FF0F”) 开始的 4 个字节的数据被改写为“41 00 00 00”, 如图 7.5 (b) 所示。显然, 此处改写了不属于变量 ch 的 3 个字节的内存。

因此, 只需将第 10 行 scanf() 的格式串改为"%c", 程序即可正常运行, 并能够输入字符。

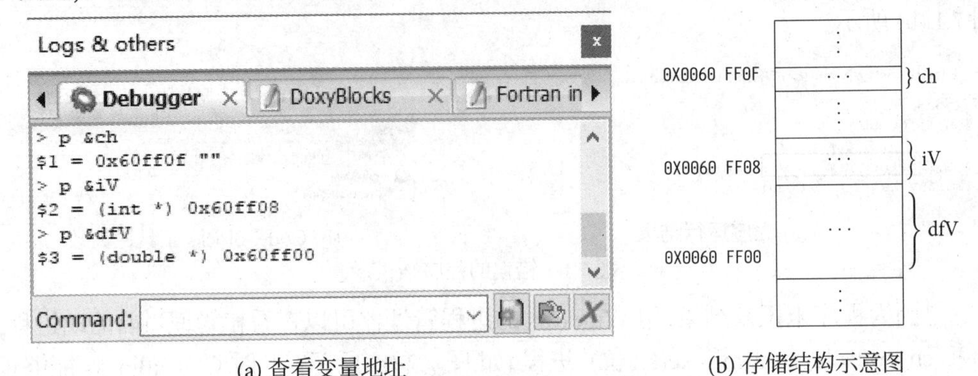

(a) 查看变量地址　　　　(b) 存储结构示意图

图 7.3　变量地址及存储结构

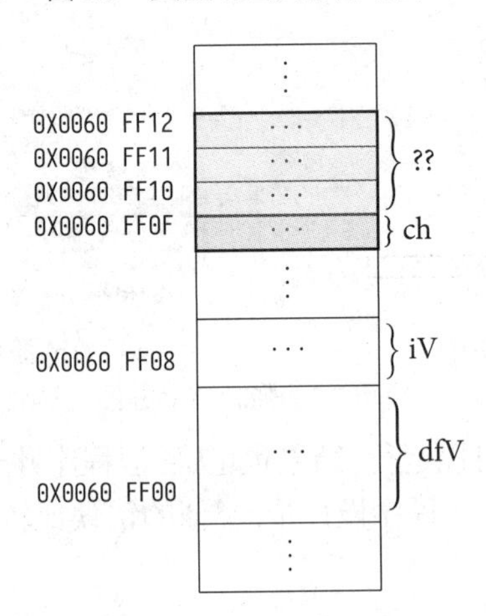

图 7.4　内存访问错误

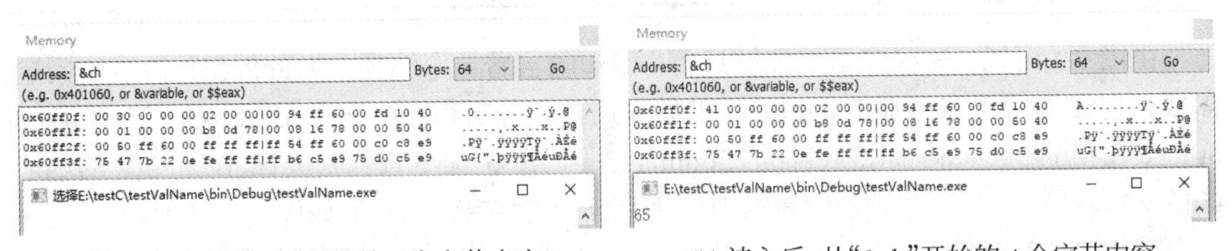

(a) 读入前, 从“&ch”开始的 4 个字节内容　　　　(b) 读入后, 从“&ch”开始的 4 个字节内容

图 7.5　内存操作的紊乱

7.2　内存合法访问

根据图 7.4 的 DEBUG 结果可知, 采用“scanf("%d", &ch);”会读入 4 个字节的整数, 从而会导致非法操作不属于程序的 3 个字节内存。那么, 会不会即便是合法使用内存, 也会造成内存紊乱呢?

7.2.1 调整变量声明顺序

调整变量声明顺序，将“char ch;”声明置于其它声明后，如代码7.2所示。

程序清单 7.2 变量顺序的影响

```c
#include <stdio.h>
#include <stdlib.h>

int main()
{
    int iV;
    double dfV;
    char ch;

    scanf("%d", &ch); /*%d 用于整型! */
    scanf("%d", &iV);
    scanf("%lf", &dfV);

    printf("%c %d %f\n", ch, iV, dfV);

    return 0;
}
```

编译链接以上代码，不会产生语法错误，程序可以运行，结果如图 7.6 (a) 所示。

图 7.6 (a) 的结果看似是正确的，并且与 图 7.1 (b) 不同，此时 Code::Blocks 的 Build 工具栏不会出现不可用的现象，如图 7.6 (b) 所示。

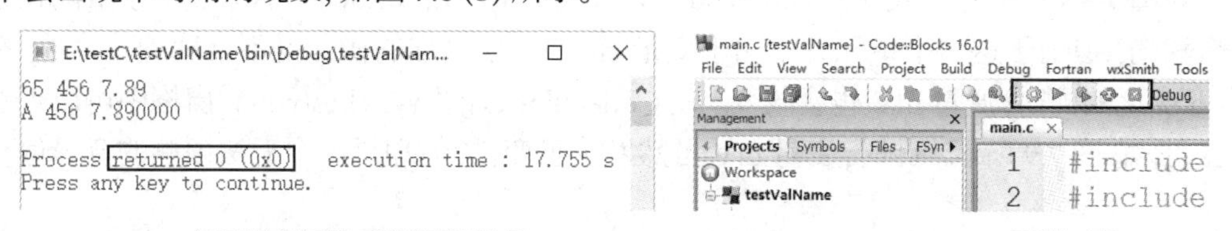

(a) 变量顺序调整后的运行结果　　(b) Code::Blocks 工具栏正常

图 7.6　程序结果正常

7.2.2 合法内存的不合理使用

由图 7.6 可知，程序的运行看似正确。与图 7.3 (a) 和图 7.3 (b) 类似，可以在 Code::Blocks 中用“p”命令分别查看变量 ch、iV 和 dfV 的地址，进而根据各个变量地址绘制内存结构示意图，如图 7.7 (a) 和图 7.7 (b) 所示。

同样，当执行到第 10 行“scanf("%d", &ch);”时，会按整型数读入数据，并存储在从“&ch”(“0X0060 FEFF”) 开始的 4 个字节的内存中，如图 7.8 所示。

显然，“0X0060 FF00”“0X0060 FF01” 和 “0X0060 FF02” 3 个字节并不属于变量 ch。但与图 7.4 不同的是，由于 “0X0060 FF00”“0X0060 FF01” 和 “0X0060 FF02” 3 个字节属于变

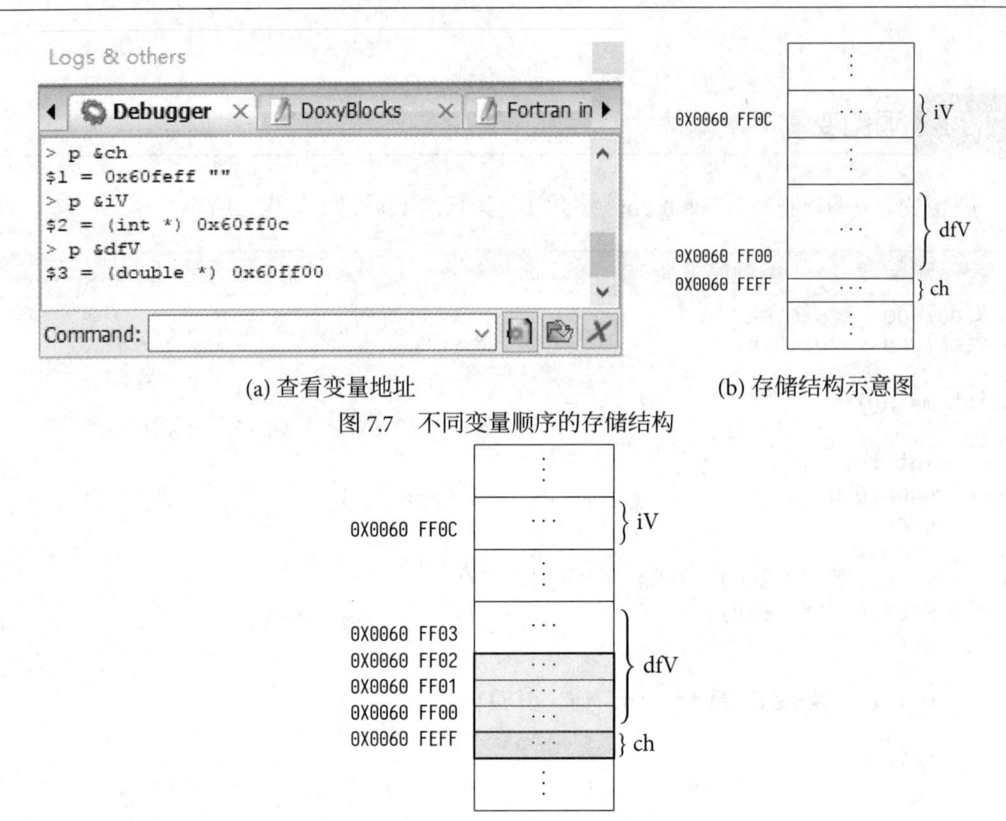

(a) 查看变量地址　　(b) 存储结构示意图

图 7.7　不同变量顺序的存储结构

图 7.8　访问不属于变量 ch 的内存

量 dfV，是属于当前程序的，因此对这 3 个字节内存单元的访问是合法的，不会造成程序崩溃。

在图 7.8 中，虽然写入“0X0060 FF00”“0X0060 FF01”和“0X0060 FF02”3 个字节内存单元是合法的，但由于这 3 个单元并不属于变量 ch，因此，这样的操作是不合理的。此时，在变量 ch 变化的同时，变量 dfV 也会改变。在 Code::Blocks 的“Watches(new)”窗格中可以查看这一变化，如 图 7.9 所示。此时，变量 dfV 虽然发生了变化，但却是一个无法预测的奇异值。

Watches (new)

Function arguments	
⊟ Locals	
ch	65 'A'
iV	48
dfV	1.1883176429405525e-312

图 7.9　Watches(new) 窗格

但是，当程序执行完第 12 行的代码“scanf("%lf", &dfV);”后，会再次从“&dfV”开始，也就是在从地址“0X0060 FF00”开始的 8 个字节的内存中写入正确的 double 型的浮点数，将图 7.8 中错误写入的数据进行覆盖。

从结果来看，虽然程序的运行结果没有发生错误，也没出现程序崩溃，但经过 DEBUG 分析后，显然这一代码存在问题，应该将代码的第 10 行 "scanf("%d", &ch);" 改为 "scanf("%c", &ch);"，程序的运行结果才是完全正确的。修正后，在命令行便能够正确输入字符型数据。

7.3 意外改写指针值

众所周知，在 scanf() 函数格式串后的变量列表中，需要被赋值变量的地址，那么，将变量的地址事先存入一个指针，再从 scanf() 函数中利用这些指针将读入的数据写入指针指向的内存，即写入变量的内存，这是一种常用的操作。

7.3.1 使用指针读入数据

先声明指针并将各变量的地址赋给指针，在 scanf() 函数中通过指针读入数据。但在读入字符的代码中仍使用 "scanf("%d", pch);"，也就是说 scanf() 函数的格式串与代码7.2一样，如代码7.3所示。

程序清单 7.3 指针问题

```
1 #include <stdio.h>
2 #include <stdlib.h>
3 
4 int main()
5 {
6     char ch;
7     int iV;
8     double dfV;
9 
10     char * pch = &ch;
11     int *piV = &iV;
12     double *pdfV = &dfV;
13 
14     scanf("%d", pch);
15     scanf("%d", piV);
16     scanf("%lf", pdfV);
17 
18     printf("%c %d %f\n", ch, iV, dfV);
19 
20     return 0;
21 }
```

编译链接以上代码，不会产生语法错误，但此时运行程序，则会出现类似图 7.10 (a) 所示的"tempC.exe 已停止工作"的程序崩溃现象。同时，在如图 7.10 (b) 所示的控制台窗口也可以看到程序返回值存在异常。这说明程序无法正常运行，代码中存在逻辑错误。

可以使用 DEBUG 跟踪分析程序，找到引起崩溃的原因，并给出解决方案，解决逻辑错误。

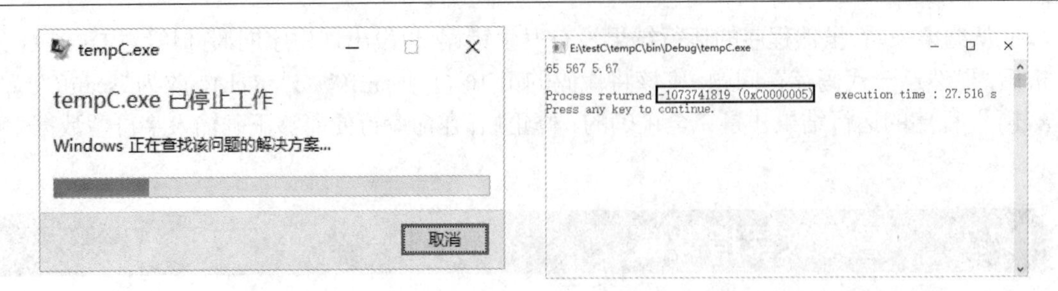

(a) 程序崩溃　　　　(b) 程序返回值异常

图 7.10　程序崩溃且返回值异常

7.3.2 指针值的变化

在代码第 14 行加入断点，与图 7.3 (a) 和图 7.3 (b) 类似，在 Code::Blocks 的"Logs & others"窗格的 Debugger 标签的"Command:"命令行用"p"命令分别查看变量 ch、iV 和 dfV 的地址，如图 7.11 (a) 所示，并根据各个变量的地址，绘制出变量的存储结构示意图，如图 7.11 (b) 所示。

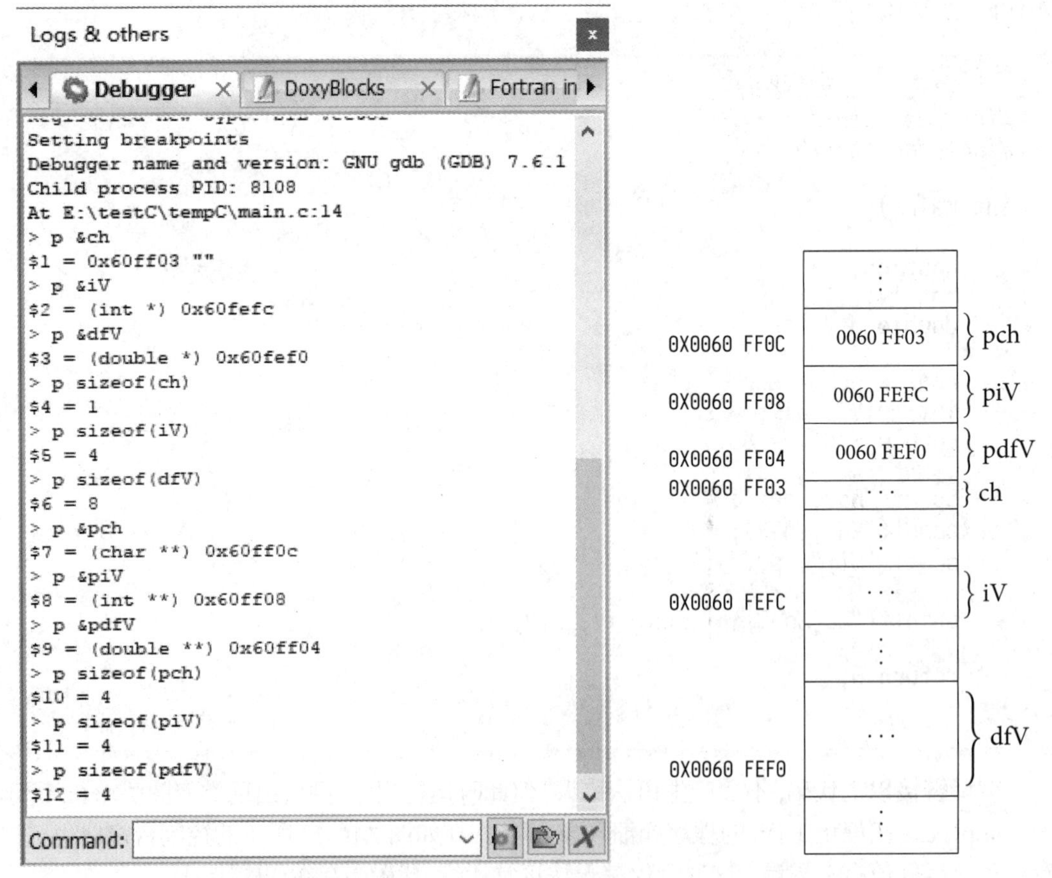

(a) 查看地址　　　　(b) 存储结构示意图

图 7.11　指针和变量的存储结构

同样，当程序执行到第 14 行"scanf("%d", pch);"时，会按整数读入数据，并存储在"pch"指向的 4 个字节内存中，如图 7.12 所示。

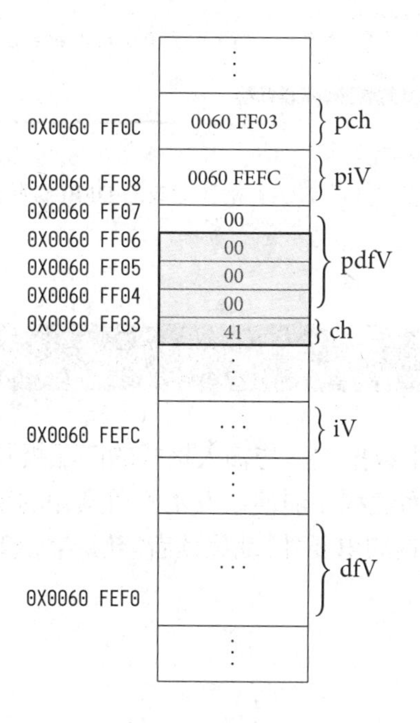

图 7.12　改写指针 pdfV 的内存

显然，"0X0060 FF04"、"0X0060 FF05"和"0X0060 FF06" 3 个字节不属于变量 ch，而是属于指针 pdfV。未读入数据前，指针 pdfV 的值如图 7.13 (a) 所示，读入变量 ch 后，指针 pdfV 的值如图 7.13 (b) 所示。显然，指针 pdfV 的值发生了不期望的改变，本例中变为了"0X00 00 00 00"，这是一个 NULL 值。

Watches (new)

Function arguments	
⊟ Locals	
ch	0 '\000'
iV	4200814
dfV	1.7909516487027082e-307
pch	0x60ff03 ""
piV	0x60fefc
pdfV	0x60fef0

(a) 改写前的指针值

Watches (new)

Function arguments	
⊟ Locals	
ch	65 'A'
iV	4200814
dfV	1.7909516487027082e-307
pch	0x60ff03 "A"
piV	0x60fefc
pdfV	0x0

(b) 改写后的指针值

图 7.13　指针值被改写

继续执行第 15 行的代码"scanf("%d", piV);"程序没有任何问题，输入的整型数据通过指针 piV 被正确地存储到变量 iV 中。但继续 DEBUG 程序，在执行第 16 行的代码"scanf("%lf", pdfV);"时，程序则会出现如图 7.14 所示的程序崩溃错误。

根据 DEBUG 的分析可知，图 7.14 的程序崩溃错误正是由于试图通过 NULL 指针操作内存引起的。而这一 NULL 指针的产生，是因为 scanf() 的格式错误。只需要将第 14 行代码中的"%d" 修正为"%c"，程序便可以正常运行。

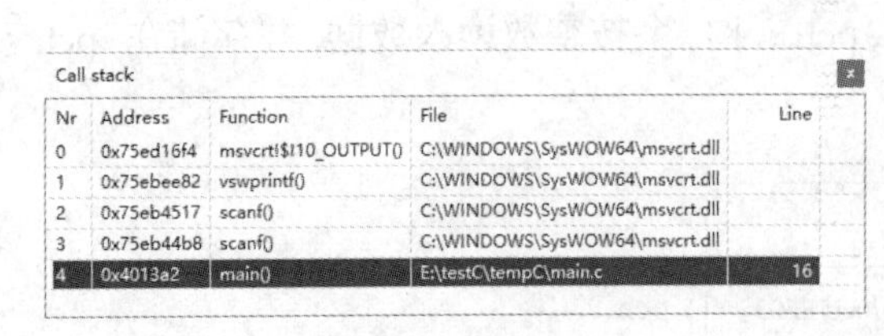

Call stack

Nr	Address	Function	File	Line
0	0x75ed16f4	msvcrt!$I10_OUTPUT()	C:\WINDOWS\SysWOW64\msvcrt.dll	
1	0x75ebee82	vswprintf()	C:\WINDOWS\SysWOW64\msvcrt.dll	
2	0x75eb4517	scanf()	C:\WINDOWS\SysWOW64\msvcrt.dll	
3	0x75eb44b8	scanf()	C:\WINDOWS\SysWOW64\msvcrt.dll	
4	0x4013a2	main()	E:\testC\tempC\main.c	16

(a) DEBUG 栈调用错误

Signal received

Program received signal SIGSEGV, Segmentation fault.

(b) DEBUG 代码段错误

图 7.14　NULL 指针造成的 DEBUG 错误

7.4　小结

综上所述，在程序设计中数据类型与输入格式的匹配极其重要，否则可能造成内存的非法使用或数据的不完整，从而使程序崩溃或发生不可预知的错误。同时，本章也进一步说明了在程序设计中 DEBUG 工具的重要性，期望读者能够熟练掌握 DEBUG 工具。

第 8 章　浮点数及其使用

浮点数类型是 C 语言中一种重要的数据类型。长期以来，由于 C 语言教学中缺乏对浮点数细节的分析，从而不能深入理解对浮点数不能直接比较大小、相差过大的浮点数不能加减、浮点数不够精确等现象。针对这一问题，本章深入分析了浮点数在计算机内部表达的细节和规定这些细节的 IEEE754 标准，以期说明浮点数类型的本质，从而更加有效、准确地使用浮点数。同时，本章也可为学习其它语言中的浮点数提供参考。

8.1　浮点数

在计算机系统的发展过程中，曾经提出实数的定点数表示法、有理数 (两个整数的比值) 表示法等多种表示方法。但是到目前为止，浮点表示法使用最为广泛。

相对于定点数，浮点数利用指数使小数点的位置能够进行浮动，从而能够同时表达极大的数或极小的数，扩大了实数的表达范围。

浮点数表示法利用科学计数法表达实数，通常将浮点数表示为：

$$\pm d.dd\cdots d \times \beta^e$$

式中：$d.dd\cdots d$ 称为有效数字 (Significand，有时也称为尾数——Mantissa，尾数是有效数字的非正式名称)，它具有 p 个数字 (称 p 为有效数字精度)；β 为基数 (Base)；e 为指数 (Exponent)；$\pm$ 表示实数的正负。因此，$\pm d_0.d_1d_2\cdots d_{p-1} \times \beta^e$ 所表示的实数为：

$$\pm(d_0 \times \beta^0 + d_1 \times \beta^{-1} + \cdots + d_{p-1} \times \beta^{(-(p-1))}) \times \beta^e \ (0 \leqslant d_i \leqslant \beta)$$

对实数的浮点表示仅作上述规定是不够的，因为同一实数的浮点表示不唯一。例如，1.0×10^2、0.1×10^3 和 0.01×10^4 都表示 100.0。为了达到表示唯一性的目的，需要对其进一步规范。因此，规定有效数字的最高位 (前导有效位) 必须非零，即 $0 < d_0 < \beta$。符合该标准的数称为规格化数（Normalized Numbers），否则称为非规格化数 (Denormalized Numbers)。

8.2　IEEE754 标准浮点数

电子电气工程师协会 (Institute of Electrical and Electronics Engineers, IEEE) 在 1985 年制定的 IEEE754 标准中对二进制浮点数的运算进行了规范，随后成为实现浮点运算部件的工业标准。IEEE754 标准中规定一个实数 V 用 $V=(-1)^s \times M \times 2^E$ 的形式表示，其中：

(1) 符号 s(sign) 决定实数是正数 ($s=0$) 还是负数 ($s=1$)，数值 0 的符号需特殊处理。

(2) 有效数字 M(significand) 是二进制小数，M 的取值范围是 $1 \leqslant M < 2$ 或 $0 \leqslant M < 1$。

(3) 指数 E(exponent) 是 2 的幂，其作用是对浮点数加权。

浮点格式是一种数据结构，它规定了构成浮点数的各个字段、这些字段的布局以及其算术解释。IEEE754 标准浮点数的数据位被划分为 3 个字段，对以上参数值进行编码：

(1) 一个单独的符号位 s 直接编码符号 s。

(2) k 位的偏置指数 $e(e = e_{k-1} \cdots e_1 e_0)$ 编码指数 E，用移码表示。

(3) n 位的小数 f(fraction)$(f = f_{k-1} \cdots f_1 f_0)$ 编码有效数字 M，用原码表示。

根据偏置指数 e 的值，浮点数可分成三种类型，即规格化数、非规格化数和特殊数。

8.2.1 规格化数

当有效数字 M 满足 $1 \leqslant M < 2$ 且指数 e 的位模式 $e_{k-1} \cdots e_1 e_0$ 既不全是 0 也不全是 1 时，浮点格式所表示的数都属于规格化数。这种情况下，小数 $f(0 \leqslant f < 1)$ 的二进制表示为"$0.f_{n-1} \cdots f_1 f_0$"。有效数字 $M = 1 + f$，即"$M = 1.f_{n-1} \cdots f_1 f_0$"(其中小数点左侧的数值位称为前导有效位)。通过调整指数 e，可以使得有效数字 M 满足 $1 \leqslant M < 2$ 时，其前导有效位总是 1，因此该位不需表示，只需通过指数隐式给出。需要注意的是，指数 E 需要加上一个偏置值 Bias，转换成无符号的偏置指数 e，即指数 E 要以移码的形式存放在计算机中。e、E 和 Bias 三者的对应关系为 $e = E + \text{Bias}$，其中 $\text{Bias} = 2^{k-1} - 1$。

8.2.2 非规格化数

当指数 e 的位模式 $e_{k-1} \cdots e_1 e_0$ 全为零 (即 $e = 0$) 时，浮点格式所表示的数是非规格化数。这种情况下，$E = 1 - \text{Bais}$，有效数字 $M = f = 0.f_{n-1} \cdots f_1 f_0$，有效数字的前导有效位为 0。非规格化数提供了一种表示数值 0 的方法，也可表示非常接近于 0.0 的数。

8.2.3 特殊数

当指数 e 的位模式 $e_{k-1} \cdots e_1 e_0$ 全为 1 时，小数 f 的位模式 $f_{n-1} \cdots f_1 f_0$ 全为 0(即 $f = 0$) 时，该浮点格式所表示的值为无穷，$s = 0$ 时为 $+\infty$，$s = 1$ 时为 $-\infty$。当指数 e 的位模式 $e_{k-1} \cdots e_1 e_0$ 全为 1 时，小数 f 的位模式 $f_{n-1} \cdots f_1 f_0$ 不为 $0(f_{n-1}, \cdots, f_1, f_0$ 至少有一个非零 $(f \neq 0)$ 时，该浮点格式所表示的值被称为 nan(not a number)。浮点数中的特殊值主要用于处理特殊情况或者错误。例如，在程序对一个负数开平方时，将返回一个 nan 值用于标记这种错误。如果没有这样的特殊值，对于此类错误只能终止计算。

8.3 IEEE754 标准浮点存储格式

浮点存储格式指明如何将浮点格式存储在内存中。IEEE754 标准定义了这些格式，具体选择哪种存储格式由实现工具决定。在 C/C++ 语言中，定义了 float(单精度)、double(双精度) 和 long double(双精度扩展) 三种浮点数数据类型。

8.3.1 单精度格式

在 IEEE754 标准中，单精度格式由 1 位符号 s、8 位偏置指数 e 和 23 位小数 f 三个字段组成，共占 32 位，即 4 个字节。在 23 位小数 f 中，第 0 位是最低有效位 LSB(the Least Significant Bit)，第 22 位是最高有效位 MSB(the Most Significant Bit)。IEEE754 标准要求浮点数必须规范，即尾数的小数点左侧必须为二进制 1，因此在保存尾数时，可以省略小数点前的 1，从而腾出一个二进制位来保存更多的尾数。这样实际表达的尾数域是 24 位。在 8 位指数 e 中，第 23 位是指数的最低有效位 LSB，第 30 位是最高有效位 MSB。第 31 位的符号位 s 为 0 表示正数，为 1 则表示负数。其内存的存储结构如图 8.1 所示

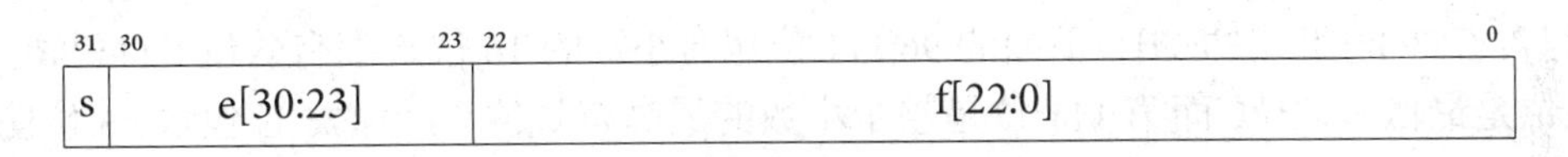

图 8.1　单精度浮点数的内存结构

8.3.2 双精度格式

在 IEEE754 标准中，双精度格式也由三部分构成，分别是 1 位符号 s、11 位偏置指数 e 和 52 位小数 f，共占 64 位，即 8 个字节。在 Intel x86 结构的计算机中，其内存存储结构如图 8.2 所示。

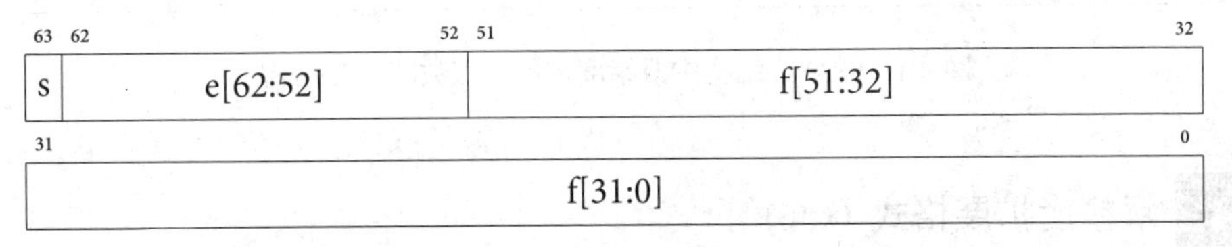

图 8.2　Intel x86 结构中双精度浮点数的内存结构

在图 8.2 中，f[31:0] 存放小数 f 的低 32 位，其中第 0 位存放整个小数 f 的最低有效位 LSB，第 31 位存放小数 f 的低 32 位的最高有效位 MSB。在其它 32 位中，第 32 到 51 位即 f[51:32] 存放小数 f 的高 20 位，其中第 32 位存放这 20 位最高有效数中的最低有效位 LSB，第 51 位存放整个小数 f 的最高有效位 MSB；第 52 到 62 位即 e[62:52] 存放 11 位的偏置指数 e，其中第 52 位存放偏置指数的最低有效位 LSB，第 62 位存放最高有效位 MSB；第 63 位最高位存放符号位 s，s 为 0 表示正数，为 1 则表示负数。

在 Intel x86 结构中，数据存放采用小端法 (Little Endian)，故较低地址的 32 位中存放小数 f 的 32 位最低有效位 f[31:0]。而在可扩充处理结构 (Scalable Processor Architecture，SPARC) 中，因其数据存放采用大端法 (Big Endian)，故较高地址的 32 位字中存放小数 f 的 32 位最高有效位 f[63:32]，其内存存储结构如图 8.3 所示。

图 8.3　SPARC 结构中双精度浮点数的内存结构

8.3.3 双精度扩展格式 (SPARC 结构)

SPARC 结构的 4 倍精度浮点环境符合 IEEE754 标准中扩展双精度格式的定义,共 128 位,占 16 个连续字节,仍由三部分构成,分别是 1 位符号 s、15 位偏置指数 e 和 112 位小数 f,其内存存储结构如图 8.4 所示。

地址最高的 32 位字包含小数的 32 位最低有效位, 用 f[31:0] 表示; 紧邻的两个 32 位字分别包含 f[63:32] 和 f[95:64]; 下面的 96:111 位包含小数的 16 位最高有效位 f[111:96], 其中第 96 位是最低有效位, 而第 111 位是整个小数的最高有效位; 112:126 位包含 15 位偏置指数 e, 其中第 112 位是最低有效位, 而第 126 位是最高有效位; 第 127 位包含符号位 s。

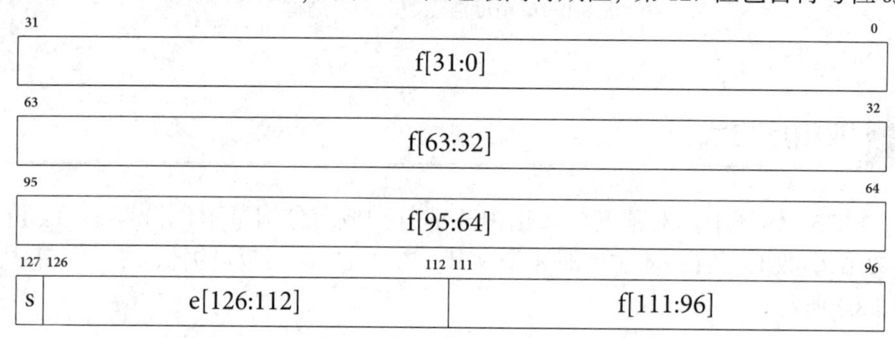

图 8.4　SPARC 结构中双精度扩展浮点数的内存结构

8.3.4 双精度扩展格式 (x86)

x86 结构的双精度扩展格式符合 IEEE754 标准中扩展双精度格式的定义, 共计 80 位, 占 12 个连续字节, 由四部分构成, 分别是 1 位符号 s、15 位偏置指数 e、1 位显式前导有效位 j 和 63 位小数 f。将这 12 个连续的字节整体看作一个 96 位的字, 进行重新编号, 其内存存储结构如图 8.5 所示。

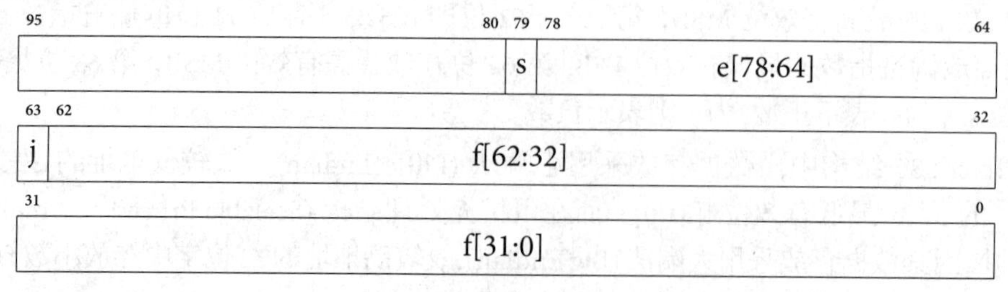

图 8.5　x86 结构中双精度扩展浮点数的内存结构

在 Intel 结构中，这些字段依次存放在 10 个连续的字节中。但是，由于 Intel ABI 的规定，存储 x86 结构双精度扩展浮点数需要 12 个连续的字节，其中，最高 2 个字节未被使用。

8.4 使用浮点数时的注意事项

由以上分析可知，浮点数在计算机内部总是一个近似值，无论采用 float、double 还是 long double 类型，都只能保存一定精度的浮点数。因此，有限的精度会引发浮点数值的使用陷阱。

8.4.1 交换定律不适用浮点数

例如，有如下代码8.1：

程序清单 8.1 交换律不适合浮点数

```
#include <stdlib.h>
#include <stdio.h>

int main(void)
{
    float x = 1.0 / 3.0;
    float y = 1.0 / 6.0;
    float z = 1.0 / 7.0;

    if (x * y / z != y * x / z)
    {
        printf("Not equal!\n");
    }

    return 0;
}
```

其结果输出为："Not equal!"，即 x*y/z 不等于 y*x/z。而对于整数，如果不发生溢出，x*y/z 等于 x*(y/z)。

8.4.2 计算顺序影响结果

浮点数的计算顺序对结果也有影响，例如代码8.2：

程序清单 8.2 计算顺序影响结果

```
#include<stdio.h>
int main(void)
{
    float  score1 = 90.5;
```

```
5     float  score2 = 80;
6     float  score3 = 70;
7     float  score4 = 89;
8     float  score5 = 84.6;
9     float  sumsco = 0.0, avesco = 0.0;
10
11    sumsco = score1 + score2 + score3 + score4 + score5; /* 累加 */
12    avesco =  sumsco / 5;             /* 计算平均成绩 */
13    printf("%f\n", avesco); /* 输出成绩 */
14
15    avesco = score1 / 5 + score2 / 5 + score3 / 5 + score4 / 5 +
16             score5 / 5; /* 除后累加平均值 */
17    printf("%f\n", avesco); /* 输出平均成绩 */
18    return 0;
19 }
```

其结果输出分别为“82.820000”和“82.819992”，显然，这是由计算顺序造成的误差。

8.4.3 避免对两个实数做是否相等的判断

由于实数在内存中的存储误差，因此，可能出现在理论上相等的两个数，计算机却判断为不相等，例如 x = 0.1，而 x * 9 却不等于 0.9，关系表达式 x * 9 == 0.9 的值为假。例如代码8.3：

程序清单 8.3 避免浮点数判等操作

```c
1 #include <stdlib.h>
2 #include <stdio.h>
3
4 int main(void)
5 {
6     float x = 0.1;
7
8     if (x * 9 == 0.9)
9     {
10        printf("x * 9 is 0.9!\n");
11    }
12
13    return 0;
14 }
```

其结果不进入 if 判断分支。如果需要判断 x 是否等于 y，应改写为：

判断差值绝对值

```c
1 fabs(x - y) < epsilon //epsilon 被赋为一个选定的值来控制接近度
```

只要小于 epsilon，例如 10e-5，则 x 和 y 足够地接近，可以近似地认为它们相等。例如代码8.4：

程序清单 8.4 浮点数近似相等判断

```c
#include <stdlib.h>
#include <stdio.h>
#include <math.h>

int main(void)
{
    float x = 0.1;
    float epsilon = 10e-5; //epsilon 值用来控制接近度

    if(fabs(x * 9 - 0.9) < epsilon)
    {
        printf("x * 9 is 0.9!\n");
    }

    return 0;
}
```

其输出结果是：x * 9 is 0.9!。如果 x 或 y 的值比较大 (如约等于 10^{30})，则 $x - y$ 的值可能大于 10^{-5}，因此，需要用相对误差，即 fabs((x - y) / x) < 10e-5，当此关系表达式的值为真时，x 和 y 的相对误差小于百万分之一。

8.4.4 慎用浮点数作为循环变量

C 语言中的循环变量可以用浮点数，但是使用浮点数作为循环变量一定要慎重，由于浮点数的误差，可能会使循环达不到预定的次数，从而导致程序出现逻辑错误。例如代码8.5：

程序清单 8.5 浮点数不宜作循环变量

```c
#include <stdlib.h>
#include <stdio.h>
int main()
{
    float i, sum;
    int count = 0;

    for(i = 0.1, sum = 0.0; i <= 0.9; i += 0.1)
    {
        sum += i;
        count++;
    }

    printf("%d\n", count);
    printf("sum= %lf\n", sum);

    return 0;
}
```

其循环次数为 8 次，计算结果为 3.600000，这显然是错误的。

8.4.5 避免数量级相差很大的数直接加减

由于 float、double 或 long double 类型变量用有限的存储单元存储，因此能提供的有效数字是有限的，在有效位以外的数字将被舍去。因此，应避免将一个极大的数和一个极小的数直接相加或相减，否则会丢失小的数 (淹没了小的数)。例如代码8.6：

程序清单 8.6 避免量级相差较大的数直接加减

```c
#include <stdio.h>

int main(void)
{
    float a = 987654321;
    float b = 987.654322;
    float c;

    c = a + b;
    printf("%f\n", c);

    return 0;
}
```

其运行结果为：987655296.000000。

另外，在对符号相同的两个数做减法或者符号不同的两个数做加法时，结果的精度可能比所用的浮点格式支持的精度要小。建议对数量级接近的浮点数进行加减运算，不对数量级不同的浮点数进行加减运算。

8.4.6 浮点数的乘除运算

在同时包含加法、减法、乘法、除法的计算中，尽量先做乘法与除法。例如，对于 x * (y + z) 运算，应该使用 x * y + x * z 进行运算。

8.4.7 尽量使用 double 型以提高精度

为提高精度，建议使用 double 类型的数据。默认情况下，浮点型常量被看作 double 类型的常量。例如，将循环变量及结果改为 double 类型。例如代码8.7：

程序清单 8.7 用 double 型提高精度

```c
#include <stdlib.h>
#include <stdio.h>

int main()
```

```
5  {
6      double i, sum;
7      int count = 0;
8
9      for(i = 0.1, sum = 0.0; i <= 0.9; i += 0.1)
10     {
11         sum += i;
12         count++;
13     }
14
15     printf("%d\n", count);
16     printf("sum= %lf\n", sum);
17
18     return 0;
19 }
```

其循环次数为 9 次, 计算结果为 4.500000, 结果正确。虽然本例结果是正确的, 但仍然要明确浮点数是不可以作为循环控制变量的!

8.4.8 浮点数的特殊数

在 IEEE754 标准浮点数中, 有两个特殊数, 即 inf(infinite) 和 nan(not a number)。例如代码8.8:

程序清单 8.8 浮点数中的特殊数

```
1  #include <stdlib.h>
2  #include <stdio.h>
3  int main(void)
4  {
5      float x = 1/0.0;
6
7      printf("x is %f\n", x);
8      x = 0/0.0;
9      printf("x is %f\n", x);
10
11     return 0;
12 }
```

其运行结果如图 8.6 所示。

```
x is inf
x is -nan

Process returned 0 (0x0)   execution time : 0.001 s
Press ENTER to continue.
```

图 8.6　程序输出 inf 和-nan

当用 1 除以 0.0 时, 得到 inf; 当用 0 除以 0.0 时, 得到 nan。

代码8.9调用 scanf() 接收浮点数输入。值得注意的是，可以输入 inf 和 nan，scanf() 能够接收这两种浮点数的特殊数。

程序清单 8.9 输入浮点数特殊数

```
#include <stdlib.h>
#include <stdio.h>
int main(void)
{
    float x;

    scanf("%f", &x);
    printf("x is %f\n", x);

    return 0;
}
```

可以使用 isinf() 或 isnan()[1] 对浮点数进行判断，以确定其是不是特殊数。例如代码8.10。

程序清单 8.10 判断浮点数特殊数

```
#include <stdio.h>
#include <stdlib.h>
#include <math.h>
int main()
{
    float x;

    scanf("%f", &x);
    if (isinf(x))
    {
        printf("It's infinite\n");
    }
    if (isnan(x))
    {
        printf("It's NaN\n");
    }

    return 0;
}
```

8.5 小结

现实中，不可避免地要进行各种各样的浮点数运算，但 C 语言采用 IEEE754 标准浮点数类型，无论是哪种方式，其在计算机中的表达不精确，这种有限的精度是浮点数值的陷阱。

编程无小事，细节决定成败，期望大家“静心”学习和理解计算机世界的“精”与“简”。

[1] 这两个函数属于 C99 以后 math.h 中的函数。

第 9 章 “自顶向下,逐步求精”的程序设计方法

C 语言是结构化程序设计语言,它采用“自顶向下,逐步求精”的程序设计方法。本章首先分析了结构化程序设计的基本概念,并通过 3 个案例分析结构化程序设计的基本方法,同时采用伪代码的方式对设计的算法进行分析和描述。这些方法可为其它程序设计语言、数据结构、算法分析等内容的学习提供参考。

9.1 结构化程序设计

结构化程序设计方法最早由 E.W.Dijikstra 在 1965 年提出,是软件开发方法发展的重要里程碑。该方法使用顺序、选择和循环三种基本控制结构构造程序。

结构化程序设计方法采用“自顶向下,逐步求精”的设计方法。在自顶向下进行程序设计时,应先考虑总体,后考虑细节;先考虑全局目标,后考虑局部目标。不要一开始就追求过多的细节,先从最上层总目标开始设计,逐步使问题具体化。对于复杂问题,应设计一些子目标作为过渡,逐步细化。一个复杂问题,必定由若干稍简单的问题构成。模块化是把程序要解决的问题分解为多个子问题,再进一步分解为具体的小问题,由每一个小问题构成一个模块。

结构化程序中的任意基本结构都具有唯一入口和唯一出口,并且程序不会出现死循环,在程序的静态形式与动态执行流程之间具有良好的对应关系。由于模块相互独立,在设计其中一个模块时,不会受到其它模块的牵连,因此可将原本较为复杂的问题简化为一系列简单的模块设计。

在结构化程序设计的“自顶向下,逐步求精”设计方法中,需要明确的是要执行什么操作以及执行这些操作的顺序。

9.2 计数控制循环

例如,已知 10 个学生的“C 语言程序设计”课程成绩 grade(整型数,$0 \leqslant \text{grade} \leqslant 100$),需统计这 10 个学生的平均成绩。对于这个问题,在数学上的计算方式为:

$$\text{average} = \frac{\sum_{i=1}^{10} \text{grade}_i}{10}$$

因此,需要输入每个学生的成绩、计算平均值和输出计算结果 3 个步骤。可以用伪代码[1]的方式描述这 3 个步骤中执行的操作和顺序。在此,用计数循环每次输入一个学生的成绩,

[1] 伪代码是一种算法描述语言,介于自然语言与编程语言之间,以类似自然语言的方式描述解决问题的算法。

用 counter 变量存储需要执行的次数。本例中，当 counter 的值大于 10 时终止循环，这一过程可表示为算法 9.1。

算法 9.1 计算平均成绩

输入: 10 个学生的 C 语言程序设计课程的成绩

输出: 10 个学生的平均成绩

1 将总成绩 total 置为 0;
2 将计数器 counter 置为 1;
3 **while** 计数器小于或等于 10 **do**
4 　输入下一个学生的成绩;
5 　将这一成绩累加到 total;
6 　将计数器 counter 加 1;
7 **end**
8 总成绩除以 10, 并将结果赋给平均成绩 average;
9 输出平均成绩 average;

根据算法 9.1，可以得到代码9.1：

程序清单 9.1 计数循环

```c
// 使用计数循环计算平均成绩
#include <stdio.h>
int main( void )
{
    unsigned int counter; // 学生计数
    int grade; // 成绩
    int total; // 总成绩
    int average; // 平均成绩
    total = 0; // 初始化总成绩
    counter = 1; // 初始化循环计数器
    // 数据处理
    while ( counter <= 10 )   // 循环 10 次
    {
        printf( "%s", "Enter grade: " ); // 数据输入提示信息
        scanf( "%d", &grade ); // 输入成绩
        total = total + grade; // 累加输入的成绩到总成绩（累加器）
        counter = counter + 1; // 计数器加 1
    } // 循环结束
    // 结束处理
    average = total / 10; // 整型除法，有截断误差
    printf( "Class average is %d\n", average ); // 输出结果

    return 0;
}
```

如果未对计数器或者累加器初始化，则其原有值是“垃圾值”，这往往会造成程序的逻辑错误，例如代码9.1中，将 counter 初始化为 1。

9.3 哨兵控制循环

若将问题改为：计算任意学生人数的“C 语言程序设计”课程成绩的平均成绩。

显然，这一问题的关键是如何结束数据输入和确定什么时候计算和输出平均成绩。解决该问题的常用方法是通过一个“哨兵值”标记数据输入结束。这个“哨兵值”也称为“信号值”“哑元值”或“标志值”，或简称为“哨兵”“信号”“哑元”或“标志”。输入该“哨兵值”后，表示完成了最后一个数据的合法输入。

在循环之前无法确定循环的次数时，类似这种“哨兵控制”循环通常称为“未知次数循环”。显然，哨兵值应该与其它正常数据有明显区别。本例中，所有成绩都是非负整数，因此可以选择“–1”作为“哨兵值”。所以，当程序运行后，可以处理类似“95 96 75 74 89 –1”的输入流，程序能够计算“95, 96, 75, 74 和 89”的平均值 (“–1”只是“哨兵值”，不应该参与平均值的计算)。

采用“自顶向下，逐步求精”的设计方法进行程序设计，其顶层算法设计如算法 9.2所示。

算法 9.2 计算平均成绩顶层设计

输入：任意学生人数的“C 语言程序设计”课程的成绩

输出：这些学生的平均成绩

1 计算并输出这些学生的平均成绩；

算法 9.2是高度抽象的描述，无法直接根据该算法写出程序实现代码。为此，需要进一步对该算法进行细化，如算法 9.3所示。

算法 9.3 计算平均成绩

输入：任意学生人数的“C 语言程序设计”课程的成绩

输出：这些学生的平均成绩

1 初始化变量；

2 输入、累加并对输入的成绩计数；

3 计算并输出这些学生成绩的平均值；

算法 9.3中只使用了“顺序结构”，按顺序列出每步需要执行的操作，当然该算法仍然不够具体，还需细化。需要注意的是，算法的每一次细化，都是一个完整的算法，只是细节上有所变化。

再次对算法 9.3进行细化，此时，需要关注的是程序中使用的变量，本例中，需要变量 total 以累加输入的成绩 (累加器)，还需要变量 counter 以完成对输入的成绩的计数 (计数器)，变量 grade 用于存储输入的成绩以及变量 average 用于保存平均值。因此，可得到算法 9.4，并细化为算法 9.5。

算法 9.4 初始化变量顶层算法

输入：任意学生人数的“C 语言程序设计”课程的成绩

输出：这些学生的平均成绩

1 初始化变量；

算法 9.5 初始化变量细化算法

输入: 任意学生人数的“C 语言程序设计”课程的成绩

输出: 这些学生的平均成绩

```
1 将变量 total 初始化为 0;
2 将变量 counter 初始化为 0;
```

根据问题要求, 此处, 只需初始化 total 和 counter, average 和 grade 不需初始化, 将分别根据计算和用户输入得到。为此, 可设计算法 9.6, 在算法 9.6中需要通过循环结构实现每个成绩的输入。由于事先无法知道循环次数, 因此使用 “哨兵控制”循环。用户依次输入所有合法数据, 当完成最后一个合法数据输入后, 输入“哨兵值”。程序将在每次输入成绩后, 对输入数据进行测试, 当输入的数据与哨兵值相等时, 结束循环。可将该算法细化为算法 9.7。

算法 9.6 输入、累加和计数顶层算法

输入: 任意学生人数的“C 语言程序设计”课程的成绩

输出: 这些学生的平均成绩

```
1 输入、累加并对输入的成绩计数;
```

算法 9.7 输入、累加和计数细化算法

输入: 任意学生人数的“C 语言程序设计”课程的成绩

输出: 这些学生的平均成绩

```
1 输入第 1 个成绩 (可能是哨兵值);
2 while 不是哨兵值 do
3 |   将这一成绩累加到累加器 total;
4 |   将计数器 counter 加 1;
5 |   输入下一个成绩 (可能是哨兵值);
6 end
```

对于计算和输出平均值, 同样可以根据“自顶向下, 逐步求精”的方法, 首先设计算法 9.8, 然后细化为算法 9.9所示的子任务。

算法 9.8 计算并输出顶层算法

输入: 任意学生人数的“C 语言程序设计”课程的成绩

输出: 这些学生的平均成绩

```
1 计算并输出平均值;
```

算法 9.9 计算并输出细化算法

输入: 任意学生人数的“C 语言程序设计”课程的成绩

输出: 这些学生的平均成绩

```
1 if counter≠0 then
2 |   计算平均值 (average=total/counter);
3 |   输出平均值;
4 else
5 |   输出: ” 未输入成绩”;
6 end
```

另外,还需对除数进行判 0 操作,否则,当 0 作除数时,会引起程序崩溃,细化后的完整算法如算法 9.10。

算法 9.10 哨兵循环计算平均成绩的完整算法

输入: 任意学生人数的“C 语言程序设计”课程的成绩
输出: 这些学生的平均成绩

```
1  将变量 total 初始化为 0;
2  将变量 counter 初始化为 0;
3  输入第 1 个成绩 (可能是哨兵值);
4  while 不是哨兵值 do
5  |   将这一成绩累加到累加器 total;
6  |   将计数器 counter 加 1;
7  |   输入下一个成绩 (可能是哨兵值);
8  end
9  if counter≠0 then
10 |   计算平均值 (average=total/counter);
11 |   输出平均值;
12 else
13 |   输出: ” 未输入成绩”;
14 end
```

在程序设计中,任何一个程序,从逻辑上可以分为三个有效的部分:

(1) 用于初始化变量的初始化部分;

(2) 用于输入数据和为变量赋值的数据处理部分;

(3) 用于计算和输出结果的程序结束部分。

“自顶向下,逐步求精”的设计方法的结束条件是算法细化能够直接通过伪代码写出 C 语言代码。根据算法 9.10,可以写出代码9.2。

程序清单 9.2 哨兵循环

```c
// 使用哨兵循环实现平均成绩的计算
#include <stdio.h>

int main( void )
{
    unsigned int counter; // 学生计数
    int grade; // 成绩
    int total; // 总成绩
    float average; // 平均成绩,浮点数

    // 初始化部分
    total = 0; // 初始化总成绩
    counter = 0; // 初始化循环计数器

    // 数据处理部分
    printf( "%s", "Enter grade, -1 to end: " ); // 数据输入提示信息
    scanf( "%d", &grade ); // 输入第 1 个成绩
```

```
18
19      while ( grade != -1 ) // 当读取的成绩不是哨兵值时执行循环
20      {
21          total = total + grade; // 累加输入的成绩到总成绩（累加器）
22          counter = counter + 1; // 计数器加 1
23          // 读取下一个成绩
24          printf( "%s", "Enter grade, -1 to end: " ); // 数据输入提示信息
25          scanf("%d", &grade); // 读入下一个成绩
26      }
27
28      // 程序结束部分
29      if ( counter != 0 )// 如果输入了至少一个成绩
30      {
31          // 计算平均成绩
32          average = ( float ) total / counter; // 强制类型转换
33          // 输出平均成绩（小数点后 2 位精度）
34          printf( "Class average is %.2f\n", average );
35      }
36      else   // 如果没有输入成绩数据，则输出提示信息。
37      {
38          puts( "No grades were entered.\n" );
39      }
40
41      return 0;
42  }
```

在第9行，声明了浮点型变量average；第32行使用强制类型转换，将整型total转换为浮点型，从而避免两个整数相除产生的截断误差：average = (float) total / counter。

9.4 结构嵌套

例如，一个包含有10个学生的成绩的成绩列表，其中"1"表示通过，"2"表示未通过。要求写一个程序以实现：

(1) 输入每一个成绩 (即"1"或"2")，在每次输入成绩前需要提示"Enter result"；

(2) 统计每种结果的学生人数；

(3) 显示通过和未通过的学生人数；

(4) 如果8个以上的学生通过，则显示"Bonus to instructor!"。

分析题目可知：

(1) 程序需要处理10个学生的成绩，可以使用计数循环；

(2) 学生成绩是"1"或"2"，每一次读入数据后，程序需要判断输入的是"1"还是"2"；

(3) 需要两个计数器，一个用于统计通过的人数，另一个用于统计未通过的人数；

(4) 当处理完所有数据后，需要确定通过人数是否超过了8人。

继续采用"自顶向下，逐步求精"的程序设计方法，其顶层设计及逐步细化的过程如算法9.11~9.15所示。

算法 9.11 学生分析顶层算法

输入: 10 个学生的成绩
输出: 分析成绩并确认是否给予老师奖励

```
1 分析学生成绩并确认是否给予老师奖励;
```

算法 9.12 学生分析第 1 次细化

输入: 10 个学生的成绩
输出: 分析成绩并确认是否给予老师奖励

```
1 初始化变量;
2 输入 10 个学生的成绩并统计通过和未通过人数;
3 输出统计结果并确认是否给予老师奖励;
```

算法 9.13 学生分析初始化算法

输入: 10 个学生的成绩
输出: 分析成绩并确认是否给予老师奖励

```
1 初始化通过计数器 passes 为 0;
2 初始化未通过计数器 failures 为 0;
3 初始化学生计数器 student 为 1;
```

算法 9.14 输入 10 个学生的成绩并统计通过和未通过人数的算法

输入: 10 个学生的成绩
输出: 分析成绩并确认是否给予老师奖励

```
1 while 学生计数器 ≤10 do
2 |   输入下一个成绩;
3 |   if 成绩通过 then
4 |   |   通过计数器 passes 加 1;
5 |   else
6 |   |   未通过计数器 failures 加 1;
7 |   end
8 |   学生人数 student 加 1;
9 end
```

算法 9.15 输出统计结果并确认是否给予老师奖励的算法

输入: 10 个学生的成绩
输出: 分析成绩并确认是否给予老师奖励

```
1 输出通过人数;
2 输出未通过人数;
3 if 通过人数超过 8 人 then
4 |   输出"Bonus to instructor!\n";
5 end
```

综上所述,统计并分析学生成绩的完整算法可表示为算法 9.16。

算法 9.16 统计并分析学生成绩的完整算法

输入: 10 个学生的成绩
输出: 分析成绩并确认是否给予老师奖励

```
1  初始化通过计数器 passes 为 0;
2  初始化未通过计数器 failures 为 0;
3  初始化学生计数器 student 为 1;
4  while 学生计数器 ≤10 do
5      输入下一个成绩;
6      if 成绩通过 then
7          通过计数器 passes 加 1;
8      else
9          未通过计数器 failures 加 1;
10     end
11     学生人数 student 加 1;
12 end
13 输出通过人数;
14 输出未通过人数;
15 if 通过人数超过 8 人 then
16     输出"Bonus to instructor!\n";
17 end
```

根据算法 9.16, 便可以写出代码9.3:

程序清单 9.3 成绩统计分析

```c
// 统计并分析考试成绩
#include <stdio.h>
int main( void )
{
    // 在声明变量时进行初始化
    unsigned int passes = 0; // 通过计数器
    unsigned int failures = 0; // 未通过计数器
    unsigned int student = 1; // 学生人数计数器
    int result; // 学生成绩
    // 使用计数循环处理 10 个学生成绩
    while ( student <= 10 )
    {
        printf( "%s", "Enter result ( 1=pass,2=fail ): " );
        scanf( "%d", &result ); // 读入用户输入的数据
        // 如果成绩 result 为 1,通过计数器加 1
        if ( result == 1 )
        {
            passes = passes + 1;
        }
```

```
20        else   // 否则,未通过计数器加 1
21        {
22            failures = failures + 1;
23        }
24        student = student + 1; // 学生人数计数器加 1
25    }
26    // 结束部分,输出通过人数和未通过人数
27    printf( "Passed %u\n", passes );
28    printf( "Failed %u\n", failures );
29    // 如果通过人数超过 8 人,输出"Bonus to instructor!"
30    if ( passes > 8 )
31    {
32        puts( "Bonus to instructor!" );
33    }
34    return 0;
35 }
```

9.5 算法的伪代码描述

在使用伪代码描述算法时，通常对于类似 while、for、if 和 else 等关键字，会直接用程序语句中的关键字或类似关键字进行描述，对于这些关键字通常不使用自然语言进行描述。例如，本章中的算法 9.10和算法 9.15可分别描述为算法 9.17和算法 9.18。

算法 9.17 哨兵循环完整算法

输入: 任意学生人数的“C 语言程序设计”课程的成绩

输出: 这些学生的平均成绩

```
1  将变量 total 初始化为 0;
2  将变量 counter 初始化为 0;
3  输入第 1 个成绩 (可能是哨兵值);
4  while 不是哨兵值 do
5  |   将这一成绩累加到累加器 total;
6  |   将计数器 counter 加 1;
7  |   输入下一个成绩 (可能是哨兵值);
8  end
9  if counter≠0 then
10 |   计算平均值 (average=total/counter);
11 |   输出平均值;
12 else
13 |   输出: " 未输入成绩";
14 end
```

算法 9.18 嵌套算法

输入: 10 个学生的成绩

输出: 分析成绩并确认是否给予老师奖励

```
1  初始化通过计数器 passes 为 0;
2  初始化未通过计数器 failures 为 0;
3  初始化学生计数器 student 为 1;
4  while 学生计数器 ≤10 do
5  |   输入下一个成绩;
6  |   if 成绩通过 then
7  |   |   通过计数器 passes 加 1;
8  |   else
9  |   |   未通过计数器 failures 加 1;
10 |   end
11 |   学生人数 student 加 1;
12 end
13 输出通过人数;
14 输出未通过人数;
15 if 通过人数超过 8 人 then
16 |   输出"Bonus to instructor!\n";
17 end
```

9.6 小结

经验表明，使用计算机解决问题的关键和难点在于算法设计，一旦完成算法的设计，写代码就非常简单了。使用“自顶向下，逐步求精”进行算法设计是一种常用、有效的方法。

采用诸如流程图、伪代码等程序开发工具进行算法设计和描述，在程序设计中是非常重要的，认为画流程图或编写伪代码是浪费时间的观点是错误的。

第 10 章　函数及其注意事项

C 语言是结构化程序设计语言，它采用“自顶向下，逐步求精”的设计方法，而函数是实现这一设计思想的重要工具。本章首先分析了函数、函数原型、函数定义等基本概念，并指明了使用函数的注意事项，以期能为学习和掌握 C 语言中的函数提供帮助。

10.1　函数概述

在 C 语言程序设计中，使用函数务必要注意 C 语言的语法要求，养成良好的编程习惯。

10.1.1　函数声明

函数的声明是向编译器说明一个标识符的具体含义。例如求两个 int 类型量的和可以用一个名为 Add 的函数来实现。

在 C 语言中，当说明 Add 是一个函数名时，必须在这个名称后加上一个括号“()”(Add())，其中“()”称为类型说明符，用于向编译器声明 Add 是一个函数的名称。

然而，仅说明 Add 是一个函数名称是不完整的，同时还需要说明执行这一任务需要的数据 (参数，Parameter)。分析这一任务可以看出，执行求和运算需要两个 int 类型的数据，因此，应该在“()”中依次指明各个参数的类型 (Parameter-type)，参数的类型是 C 语言支持的各种类型，各类型说明之间必须用“,”分隔，例如：

声明形参

```
1 Add(int, int);
```

当然，对于一个函数，还要明确其功能，对于这一求和的任务，需要得到一个 int 类型的量。函数返回值的类型称为函数返回类型。同时要注意，一个函数声明要以“;”结束。因此，一个完整的函数声明为：

声明返回值类型

```
1 int Add(int, int);
```

该函数声明向编译器说明了 Add 标识符的含义：

(1) Add 标识符是一个函数的名称 (因为其后面是类型说明符“()”)；

(2) Add 共需两个参数, 都是 int 类型;

(3) Add 可以得到一个 int 类型的量 (Add 前 int 的含义)。

函数声明也称为函数的原型 (prototype), 其语法格式是:

函数的返回类型 函数名 (参数类型列表);

C 语言中任何一个标识符在使用前都需要声明, 函数声明也应当遵守这一规则。通常, 函数声明写在 main() 函数之前。例如代码10.1。

程序清单 10.1 函数原型

```
#include <stdio.h>
#include <stdlib.h>
/* 其它预处理指令 */

int Add(int, int); //函数原型 (函数声明)
int main(void)
{
  /* 其它主函数代码 */
  return 0;
}
/* 程序其他部分 (其它函数)*/
```

如果一个函数不需要返回任何值, 则可当作一个求 void 类型值的函数, 需要使用 void 关键字修饰一个函数, 则函数声明可以写为:

void 函数名 (参数类型列表);

如果一个函数不需要任何参数, 其参数类型列表为 void, 则函数声明可以写为:

函数的返回类型 函数名 (void);

而不应该写成:

函数的返回类型 函数名 ();

后面的写法并不表明函数不需要参数, 而表示不关心该函数的参数, 并且编译器对此处可能发生的错误也不做语法检查。需要注意的是, 不关心参数个数和类型是不好的编程习惯, 需要尽量避免出现这样的代码。

在 C89 及以前的 C 语言中, 对于未指定返回类型的函数, 默认返回类型为 int 类型。因此, 对于返回类型为 int 的函数, 可以在函数名前不写 int 类型。注意: 利用缺省规则向编译器和程序阅读者进行说明, 也是一个不好的编程习惯。通常, 习惯利用这种缺省规则的程序员, 在不可缺省的情况下, 往往也会习惯地加以缺省。应当养成在函数声明时明确写出函数类型的习惯。

10.1.2 函数定义

函数定义是指编写出实现函数功能的具体代码, 一个函数定义包括函数头和函数体两部分, 例如:

```
函数的返回类型 函数名 (形参列表) /* 函数头 */
{
  /* 函数体 */
}
```

“函数的返回类型 函数名 (形参列表)”称为函数头，“{}”括起来的部分称为函数体，如果函数体中没有任何语句，这样的函数叫空函数 (函数头和大括号不能省略)。

在程序设计中，为了完整地搭建符合语法要求的源程序框架，往往可以先写出实现任务的空函数，利用这些空函数构建程序架构，再逐步细化，完成各个函数的具体代码。

在 C 语言中函数调用执行的是“()”运算，因此，可以将函数定义理解为定义这种特定运算的运算规则。

C 语言中，没有规定函数优先级。在语法上，所有函数是平等的，各个函数之间是平行关系。因此，各个函数定义的位置也平行独立，不允许在一个函数内写另一个函数的定义。所以，C 语言中确定函数定义代码编写位置的基本原则是：在其它函数定义之外。例如：

```
类型 函数 1(形参列表)/* 函数 1 的定义部分 */
{
  /* 函数 1 的函数体 */
}

类型 函数 2(形参列表)/* 函数 2 的定义部分 */
{
  /* 函数 2 的函数体 */
}
```

函数头部分和函数声明非常相似，可以将函数原型直接复制，然后适当修改即可 (注意函数头后面没有“;”)。由于一般情况下需要在函数体中使用函数的参数完成具体操作，因此需要对函数的参数进行命名。比如，将 Add 函数的两个参数分别命令为 a 和 b，完成函数头，再在“{}”中编写函数体，即可完成函数的编写。例如代码10.2。

程序清单 10.2 函数定义

```c
#include <stdio.h>
#include <stdlib.h>

int Add(int, int); //函数原型 (函数声明)
int main(void)
{
  int x, y;

  scanf("%d%d", &x, &y);

  printf("the sum is: %d\n", Add(x, y));
  return 0;
}
/* 函数定义 */
```

```
15 int Add(int a, int b)
16 {
17   /* 函数具体操作 */
18 }
```

a 和 b 只是为了描述函数完成操作中形式上的两个变量名，用于表示求和的两个操作数，在函数被调用之前没有值，因此被称为形式参数 (Formal Parameter)，简称形参，形参只在该函数体内部有效。

函数 Add 的功能是计算两个整数的和，所以需要计算出两个形参 a 和 b 的算术和 a + b，该结果并不是函数本身所需要的，而是调用函数的位置所需要的。为了把函数体中的计算结果返回到函数的调用点，则需要使用 return 关键字。例如代码10.3。

程序清单 10.3 函数返回值

```c
1 #include <stdio.h>
2 #include <stdlib.h>
3 
4 int Add(int, int); //函数原型 (函数声明)
5 int main(void)
6 {
7   int x, y;
8 
9   scanf("%d%d", &x, &y);
10 
11   printf("the sum is: %d\n", Add(x, y));
12   return 0;
13 }
14 /* 函数定义 */
15 int Add(int a, int b)
16 {
17   return a + b;
18 }
```

return 关键字的基本语法是：

return 表达式;

该表达式的计算结果的类型应该与函数的类型一致，否则可能引起不必要的麻烦和错误，而这些错误较难 DEBUG。对于返回类型为 void 类型的函数，可以在执行任务后，直接写为：

void 函数的返回

```c
1 return;
```

如果函数体内没有 return 语句，在函数体部分的代码执行完成后 (执行到最后一个“}”)，也会返回到程序的调用点。对于返回类型为非 void 的函数，此时的返回值无法确定。

10.1.3 函数调用

通过具体的参数使用函数完成任务称为函数调用。函数调用可以发生在任何函数体内 (不仅仅是 main() 函数), 甚至可以调用函数自身 (递归调用)。

例如, 需要求 (3 + 4) + 5 的操作, 具体的函数调用为:

函数调用

```
1 Add(3 + 4, 5); //函数调用
```

写在函数名后“()”中的具体数据, 称为实际参数 (Actual Argument), 简称实参。实参必须是一个有值的表达式, 各个实参之间用“,”分隔。

Add(3 + 4, 5) 的本质是执行一个由函数名“Add”与表达式“3 + 4”、表达式“5”共同完成的“()”运算, 这个运算称为“函数调用”运算, 所以函数调用也被称为函数调用表达式。这个表达式的值 (无返回值的函数实质上返回的是 void 类型的值) 可能被其它代码使用, 也可能被忽略。因此, 函数调用可能为了求值, 也可能为了利用函数的其它功能 (函数体内执行的操作)。函数调用的具体步骤如下:

(1) 计算各实参表达式的值 (本例为 7 和 5);

(2) 把计算得到的实参值拷贝到形参, 作为形参的初值 (此时, a 和 b 的值分别为 7 和 5);

(3) 执行函数体中的操作;

(4) 若遇到 return 则返回到函数调用点。

Add(3 + 4, 5) 是一个 int 型的表达式, 可以出现在任何允许 int 类型表达式的地方。例如, 本例中将其用在 printf() 函数的调用中。

10.1.4 函数的使用步骤和方法

使用任何函数之前, 都需要进行函数的声明, 即写出函数原型。对于自定义函数, 这意味着首先要完成函数命名。函数原型中需要写出参数个数、参数类型、参数顺序以及返回类型。对于库函数, 可以使用预处理指令 #include 引入需要的函数原型。函数原型一般写在 main() 函数之前, 源代码开始的地方。函数原型后有“;”。函数定义由函数头和函数体两部分组成, 注意函数头后没有“;”, 而函数体以“{”开始, 以“}”结束。函数中 return 的返回值与函数的类型一致。避免调用与计算次序有关的函数。

10.2 常见问题

在函数使用中, 往往会出现如下各类问题。

10.2.1 嵌套定义

例如代码:

错误的函数嵌套

```
int foo1(void)
{
  printf(" 在 foo1() 函数内\n");
  int foo2(void)
  {
    printf(" 在 foo2() 函数内\n");
    return 0;
  }
  return 0;
}
```

以上代码的错误在于把 foo2() 函数的定义写在了 foo1() 函数内部, 构成嵌套定义, C 语言中, 各个函数的地位是平行的, 每个函数的定义必须写在其它函数定义的外部, 不允许嵌套定义。

10.2.2 “return”语句不完整

例如代码:

函数缺少 return 语句

```
int Sum(int x, int y)
{
  int result;
  result = x + y;
}
```

在该函数的定义中, 由于函数的返回类型是 int, 但在函数体内完成计算之后却没有 return 语句把计算结果返回到函数的调用点。再如代码:

return 语句不完整

```
int Min(int n, int m)
{
  if(n < m){
    return n;
  }
  else{
    m;
  }
}
```

在该函数的定义中, 只考虑了 $n < m$ 成立时函数的返回值, 而忽略了 $n < m$ 不成立时的返回问题。

10.2.3 参数重复声明

例如代码:

参数重复声明

```
int Sum(int x, int y)
{
  int x, y, z;
  z = x + y;

  return z;
}
```

以上代码犯了重复声明变量的错误,形参 x 和 y 与函数内部的局部变量 x 和 y 重名且位于相同的代码区域,编译器无法区分,因此会造成编译错误。

10.2.4 函数头后有";"

例如代码:

函数头错误

```
int Sum(int x, int y);
{
  int x, y, z;
  z = x + y;

  return z;
}
```

函数头与函数体之间没有";",但需要注意的是,函数原型后有";"。

10.2.5 形参声明格式错误

例如代码:

形参声明错误

```
double Average(double x, y)
{
  return (x + y) / 2;
}
```

以上代码的错误在于混淆了形参的说明与变量的声明格式。在变量的声明中"double x, y;"表示 x 和 y 都是 double 类型的变量，但对于形参，则必须逐一说明。正确的代码如下：

形参声明错误修正

```
1 double Average(double x, double y)
2 {
3   return (x + y) / 2;
4 }
```

形参写成"double x, y"是旧式 C 语言语法，从 C99 后，这一规则已不再允许。

10.2.6 返回值与返回类型不一致

例如代码：

返回值类型与函数返回类型不一致

```
1 int Sum(long x, long y)
2 {
3   return x + y;
4 }
```

以上代码返回的是 long int 类型的值，而函数的返回类型是 int，二者是不一致的。这种代码有时是正确的，有时是错误的，并且无法确定什么时候出错。这种错误在程序调试过程中极难查找，一定要避免这样的错误。

10.2.7 期望函数返回多个值

例如代码：

返回多个值错误

```
1 int Sum(int x, int y)
2 {
3   return x++;
4   return x + y;
5 }
```

以上代码使用了两个 return，以期望返回两个结果，但当程序执行到第 1 个 return 时，会返回到程序的调用点，第 2 个 return 无法被执行。切记：C 语言的函数只能返回一个值，即由实参传递给形参。

10.2.8 期望函数参数双向传递

例如代码：

参数无法双向传递

```c
void Swap(int x, int y)
{
  int temp;

  temp = x;
  x = y;
  y = temp;
}
```

该函数体的功能是交换了 x 和 y 的值，但当使用 Swap(a, b) 调用该函数时，无法交换 a 和 b 的值，其原因是函数实参到形参的传递是单向的值拷贝，形参得到的是实参的副本。虽然在函数体内交换了 x 和 y 的值，但并不会影响实参 a 和 b 的值。切记：C 语言的函数参数是单向传递的。

10.2.9 实参与形参不一致

在函数调用时，需要保证实参与形参一致。实参与形参不一致主要表现为：个数不一致、类型不一致和顺序不一致。如果养成编写函数原型的习惯，这类错误很容易被编译器发现。如果没有编写函数原型的习惯，这类问题可能会一直潜伏在程序内部，很难被觉察，即使有所觉察，也很难定位错误并纠正错误。

10.2.10 函数定义代替函数声明

另外一种编程风格是用函数定义代替函数声明，即将函数的定义写在函数调用之前，例如代码10.4。

程序清单 10.4 省略函数声明

```c
#include <stdio.h>

int Max(int m, int n)
{
  return m > n ? m : n;
}

int main(void)
{
  printf("%d\n", Max(9, 8));
  return 0;
}
```

对于编译器而言，这和函数声明的效果一样。但当程序中存在大量复杂的函数调用关系时，确保在函数调用之前编写函数定义是一项极其复杂的工作，即使完成了该工作，这类代码势必会导致 main() 函数写在了程序最后。这对编译器而言，不是一个问题，但对于阅读程序却会造成障碍。

10.3 小结

函数设计与函数调用是结构化程序设计中不可回避的问题，正是由于函数的存在才使得程序的设计与维护更为科学和便捷。C 语言是一种结构化的程序设计语言，当然也离不开函数的设计和使用。合理、高效地使用函数是学习 C 语言时的重要内容，需要熟练掌握并加以运用。

第 11 章　函数参数的单向值传递

函数是C语言程序设计中的基本构成单元，是实现结构化程序设计的重要工具。在函数设计中，务必要坚守一个基本原则“高内聚，低偶合”，因此利用参数进行数据的传递是必要的。长期以来，多数参考资料都将C语言函数的参数分为值传递和地址传递两类，并错误地认为可以通过指针形参返回需要的值。实际上，C语言函数参数均采用值传递，本章以实例分析的方式，采用DEBUG技术，通过对内存地址和数据变化的深入分析，说明了C语言函数实参到参数的传递是值传递的本质。

11.1　值传递概述

在C语言的函数中，函数调用者与函数之间的数据传递通过参数实现。在函数定义中指定的参数称为形式参数 (Parameters)，简称形参。在函数调用时，通过表达式传入的参数称为实际参数 (Arguments)，简称实参。

C语言采用值传递的方式实现函数实参到形参的传递，即形参获得实参的拷贝，是实参的副本，在函数内部对这一副本的任何修改都不会影响实参标识的原始变量值。

函数实参到形参的传递可分为两类，即简单值传递和引用传递。当进行简单值传递时，函数形参获得实参的拷贝，是实参的副本，在函数中对这一副本的任何修改都不会影响实参对应的原始变量。当进行引用传递时，形参设计为指针，传递实参的地址，形参得到实参的地址的拷贝，本质上仍然是值传递，只是在函数内部可以通过指针形参间接访问实参对应的原始值。

本章以程序设计中常见的交换两个变量的值为例，采用DEBUG技术，通过对内存地址和数据变化的跟踪，深入分析C语言函数值传递的本质。

11.2　交换两个变量的值

在程序设计中，交换两个变量的值是一种常见的操作。一般可以通过另一个临时变量的过渡，即通过轮换赋值的方式实现这一操作。

11.2.1　直接交换

直接交换两个变量的值如代码11.1。

程序清单 11.1 直接交换代码

```c
#include <stdio.h>

int main(void)
{
    int a = 10, b = 20; // 需要交换的两个变量
    int temp; // 临时变量

    printf("before swap: a=%d, b=%d\n", a, b); // 输出交换前的值
    // 利用临时变量实现交换
    temp = a;
    a = b;
    b = temp;
    printf("after swap: a=%d, b=%d\n", a, b); // 输出交换后的值

    return 0;
}
```

构建并运行代码11.1即可实现两个变量值的交换,其结果如图 11.1 所示。

```
testC
before swap: a=10, b=20
after swap: a=20, b=10

Process returned 0 (0x0)   execution time : 0.002 s
Press ENTER to continue.
```

图 11.1　直接交换两个变量值的结果

11.2.2 使用普通形参变量通过函数实现交换

由于交换两个变量的值是程序设计中的频繁操作, 因此, 将其抽象为函数, 通过函数调用以实现两个变量值的交换显然是合理的, 如代码11.2。

程序清单 11.2 普通形参交换代码错误示范

```c
#include <stdio.h>
void swap(int, int); // 函数原型,可以不给出形参名
int main(void)
{
    int a = 10, b = 20; // 需要交换的两个变量

    printf("before swap: a=%d, b=%d\n", a, b); // 输出交换前的值
    swap(a, b); //调用 swap 函数执行操作,不需要返回值
    printf("after swap: a=%d, b=%d\n", a, b); // 输出交换后的值

    return 0;
}
// 函数定义
void swap(int x, int y)
{
```

```
16     int temp; // 临时变量
17     // 利用临时变量实现交换
18     temp = x;
19     x = y;
20     y = temp;
21 }
```

构建并运行代码11.2，main() 中两个变量的值并没有实现交换，其结果如图 11.2 所示。

```
testC
before swap: a=10, b=20
after swap: a=10, b=20

Process returned 0 (0x0)   execution time : 0.007 s
Press ENTER to continue.
```

图 11.2　普通形参变量调用函数的结果

11.2.3 使用指针形参变量通过函数实现交换

由代码11.2的运行结果可知，采用普通形参变量无法通过函数调用实现两个实参变量值的交换。考虑到地址型指针变量的灵活性，在此，将函数的形参变量声明为地址类型的指针，当函数调用时，将实参的地址传入函数，通过该地址在函数内部间接访问函数外部变量，实现交换操作，如代码11.3。

程序清单 11.3 普通形参交换代码

```
1  #include <stdio.h>
2  void swap(int *, int *); // 函数原型,可以不给出形参名
3  int main(void)
4  {
5      int a = 10, b = 20; // 需要交换的两个变量
6
7      printf("before swap: a=%d, b=%d\n", a, b); // 输出交换前的值
8      swap(&a, &b); // 取得 a、b 的地址,调用 swap 函数执行操作
9      printf("after swap: a=%d, b=%d\n", a, b); // 输出交换后的值
10
11     return 0;
12 }
13 // 函数定义
14 void swap(int * px, int *py)
15 {
16     int temp; // 临时变量
17     // 间接访问,通过地址访问变量
18     temp = *px;
19     *px = *py;
20     *py = temp;
21 }
```

代码11.3与代码11.2的主要差别在于函数的形参声明为“int *”地址类型的指针。构建并

运行代码11.3, 其结果如图 11.3 所示。可以看出使用指针形参变量, 将变量的地址传入函数, 在函数内部可以通过间接访问函数外部变量实现 main() 函数中两个实参变量值的交换。

```
before swap: a=10, b=20
after swap: a=20, b=10

Process returned 0 (0x0)   execution time : 0.002 s
Press ENTER to continue.
```

图 11.3　指针形参变量调用函数的结果

11.2.4 使用指针形参变量通过交换地址实现交换

在代码11.3的 swap() 函数中, 如果直接交换地址, 得到代码11.4。

程序清单 11.4 指针形参交换地址错误示范

```c
#include <stdio.h>
void swap(int *, int *); // 函数原型,可以不给出形参名
int main(void)
{
    int a = 10, b = 20; // 需要交换的两个变量

    printf("before swap: a=%d, b=%d\n", a, b); // 输出交换前的值
    swap(&a, &b); // 取得 a、b 的地址,调用 swap 函数执行操作
    printf("after swap: a=%d, b=%d\n", a, b); // 输出交换后的值

    return 0;
}
// 函数定义
void swap(int * px, int *py)
{
    int *ptemp; // 临时变量
    // 直接交换地址
    ptemp = px;
    px = py;
    py = ptemp;
}
```

构建并运行代码11.4, 其结果如图 11.4 所示, 可以看到使用指针形参变量通过在函数内交换地址, 并不能实现两个变量值的交换。

```
before swap: a=10, b=20
after swap: a=10, b=20

Process returned 0 (0x0)   execution time : 0.001 s
Press ENTER to continue.
```

图 11.4　在函数中交换地址的结果

11.3 DEBUG 及代码剖析

在“main()”函数中直接交换变量值，如代码11.1，其结构非常简单，不需要 DEBUG 分析即可很好地理解。在此，只对代码11.2、代码11.3和 代码11.4进行 DEBUG 分析。

11.3.1 普通变量作为形参

在代码11.2的第 9 行添加断点，用 Code::Blocks 的 Debug > ▶Start/Continue 菜单项或工具栏按钮或按 F8 快捷键启动调试器，并打开“Watches”窗口以查看程序中的变量值的变化情况 (如图 11.5 (a) 所示)。此时，程序会暂停在第 9 行设置的断点处，在“Logs & others”窗格下方的“Command:”中可以使用“p &a”和“p &b”调试命令分别显示变量 a 和 b 的地址。此时，由于还未进入 swap() 函数，形参变量 x 和 y 还未声明，还没有申请到内存空间，所以用“p &x”和“p &y”命令无法显示变量 x 和 y 的地址，(如图 11.5 (b) 所示)。

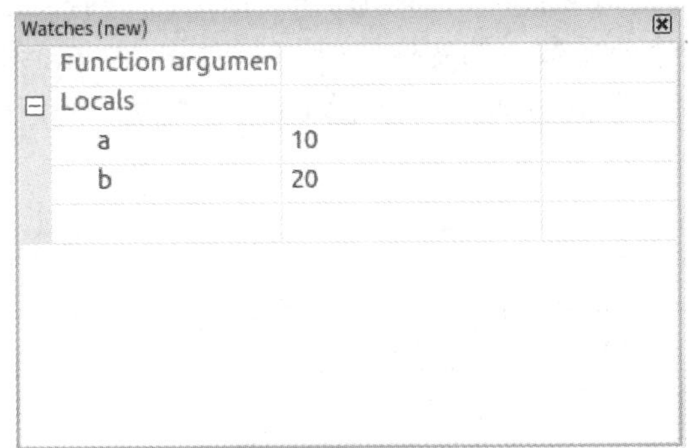

(a) 调用函数前变量的值

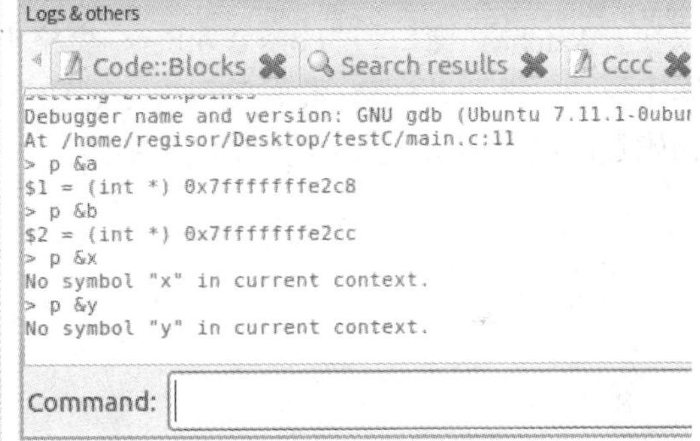

(b) 调用函数前变量的地址

图 11.5　调用函数前程序的状态

用 Code::Blocks 的 Debug > Step into 菜单或工具栏按钮或按 shift + F7 快捷键可以使 DEBUG 进入调用的函数，继续单步执行程序。注意，此时如果执行 “Next line”，则会直接结束函数调用，从而无法进入函数内部进行单步调试。同样，可以在 “Watches” 窗口和 “Logs & others”窗格中查看函数形参变量值和地址 (如图 11.6 (a) 和图 11.6 (b) 所示)。

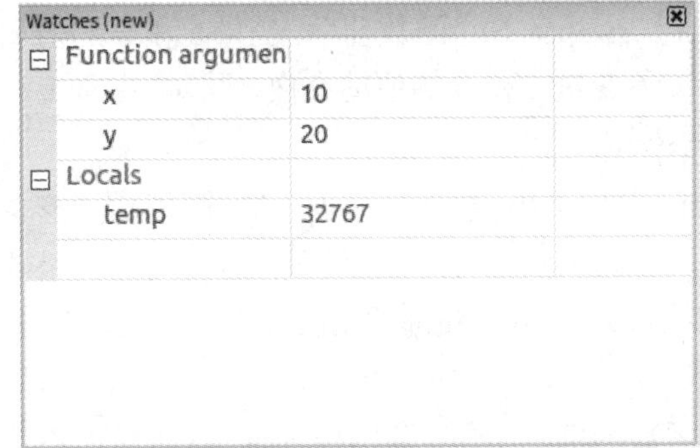

(a) 调用函数后形参的值

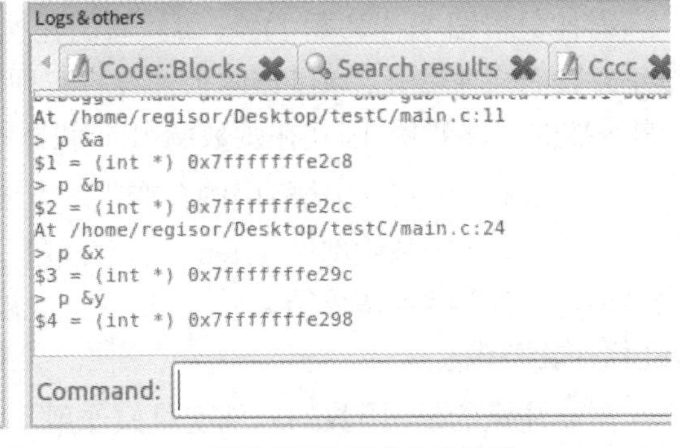

(b) 调用函数后形参的地址

图 11.6　调用函数后程序的状态

定位到 swap() 函数的结束行 (如图 11.7 所示), 用 Code::Blocks 的 Debug 》Run to cursor 菜单或工具栏按钮或按 F4 快捷键可以再执行代码到当前光标行。注意, 在"Watches"窗口中查看函数变量值 (如图 11.8 所示)。

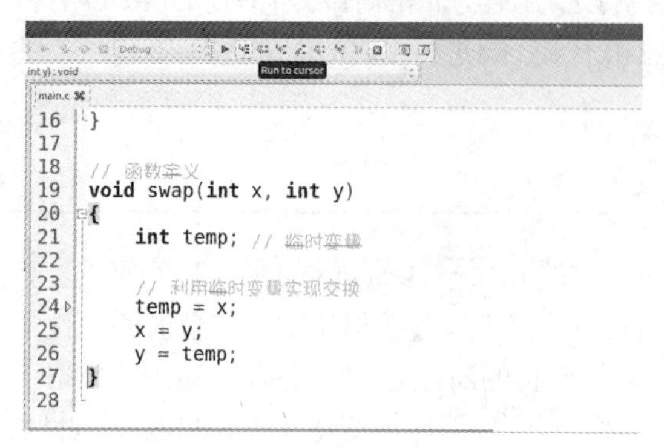

图 11.7　执行到当前光标处

Watches (new)

Function argumen	
x	20
y	10
Locals	
temp	10

图 11.8　程序状态

继续单步调试, 结束函数调用, 程序返回函数调用点后, 准备执行下一条语句。同样, 可以在 "Watches"窗口和"Logs & others"窗格中查看函数中的变量值和地址 (如图 11.9 (a) 和图 11.9 (b) 所示)。注意, 此时使用"p &x"和"p &y"命令不能得到变量 x 和 y 的地址, 这是因为函数已结束调用, 这两个变量已被销毁。

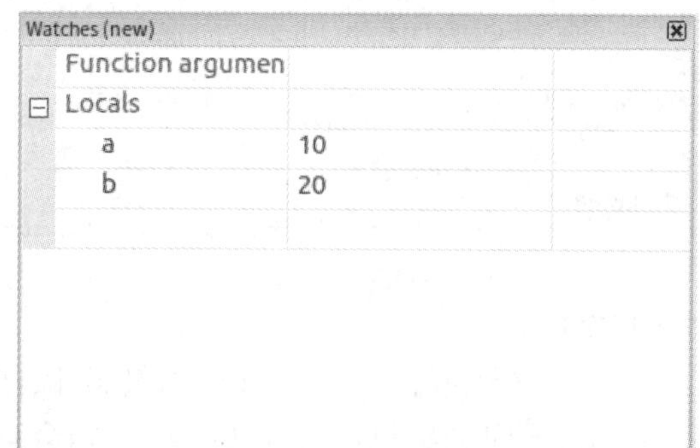

(a) 调用函数后实参的值

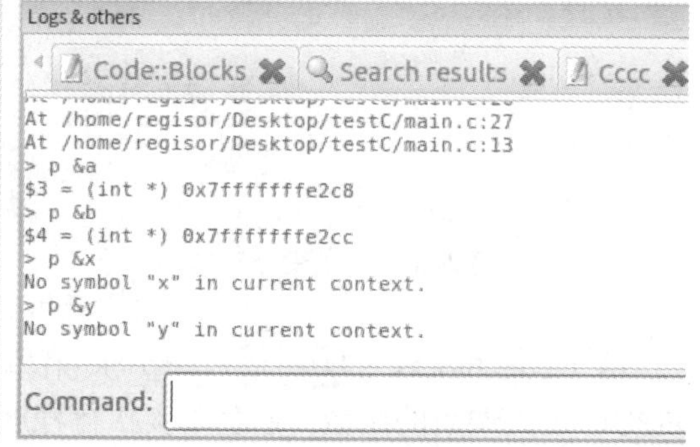

(b) 调用函数后实参和形参的地址

图 11.9　调用函数后程序的状态

对比分析图 11.5 和图 11.9 , 可以看出在执行"swap(a, b);"函数前后, 变量 a 和 b 的值和地址并没有发生变化, 通过该函数并没有实现实参变量 a 和 b 的值的交换。同时, 由于 x 和 y 是函数的局部变量, 因此在函数调用前后, 形参变量 x 和 y 不存在。

图 11.10 是代码11.2执行中内存变化示意图。可以看出, 在程序调用函数前, 函数的形参变量 x 和 y 以及函数内部变量 temp 都不存在, 只有调用函数并进入函数时, 这些局部变量才会被创建。而当函数调用结束后, 这些变量会被销毁。对这些局部变量的操作 (交换操作) 只在函数内部有效。

需要注意的是, 函数的局部变量只作用于函数内部, 当函数调用结束时, 这些操作不会影响实参, 这是 C 语言中函数参数传递的单向传递特性。

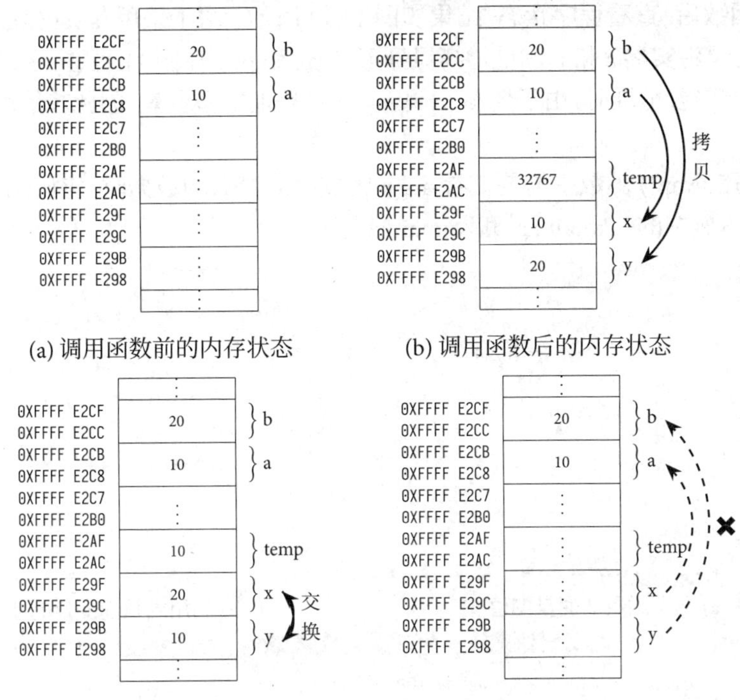

(a) 调用函数前的内存状态　　(b) 调用函数后的内存状态

(c) 函数调用结束前的内存状态　　(d) 调用函数结束的内存状态

图 11.10　调用函数前后内存的状态变化

11.3.2 指针变量作为形参

采用与11.3.1小节同样的DEBUG方式可以跟踪代码11.3的运行过程，并查看各个变量值的变化情况及各个变量的地址。

首先查看函数调用前程序的状态，结果如图 11.11 所示。

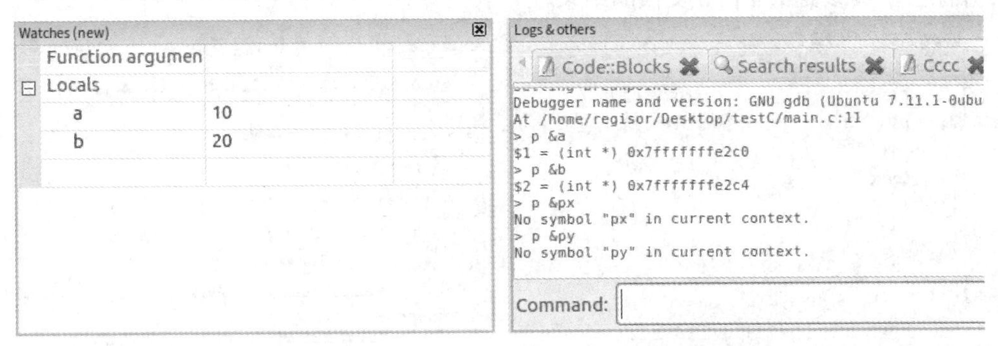

(a) 调用函数前变量的值　　(b) 调用函数前变量的地址

(c) 调用函数前变量的内存

图 11.11　调用函数前程序的状态

当进入函数后，查看程序状态，结果如图 11.12 所示。由于采用“swap(&a, &b)”的方式调用函数，因此，是将实参 a 和 b 的地址拷贝到形参 px 和 py。在图 11.12 (b) 中，当使用 “p &px” 和“p &py”查看形参地址时，由于形参 px 和 py 本身是地址型变量，因此其地址是地址的地址类型 (int **)。

另外，当在 swap() 函数中需要查看 main 函数中的变量的数据时，应该使用“main::”进行前缀限定，如本例中的 “&main::a”和“&main::b”。

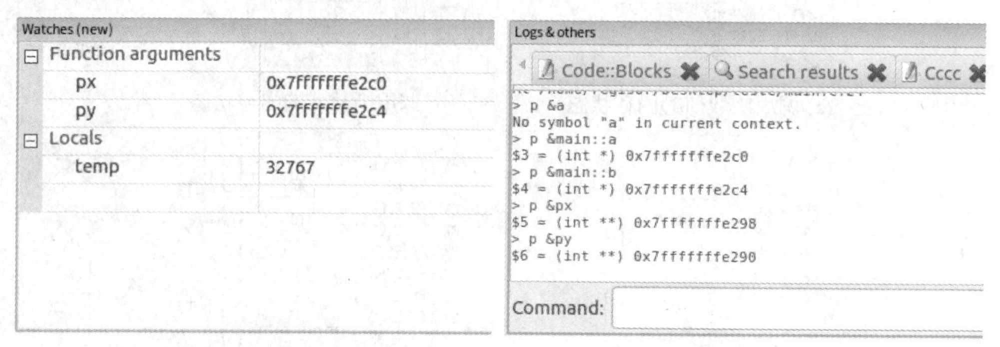

(a) 调用函数前变量的值　　　　(b) 调用函数前变量的地址

(c) 调用函数前变量的内存

图 11.12　调用函数时程序的状态

继续跟踪，在函数结束前，其运行状态如图 11.13 所示。此时，形参 px 和 py 的值并未交换，而是实参 a 和 b 的值发生交换 (如图 11.13 (c) 所示)。从而，通过指针 px 和 py 间接操作了实参 a 和 b 的值。在函数调用结束后，其运行状态如图 11.14 所示。此时，形参 px 和 py 被销毁，并保留了实参变量 a 和 b 交换的结果。

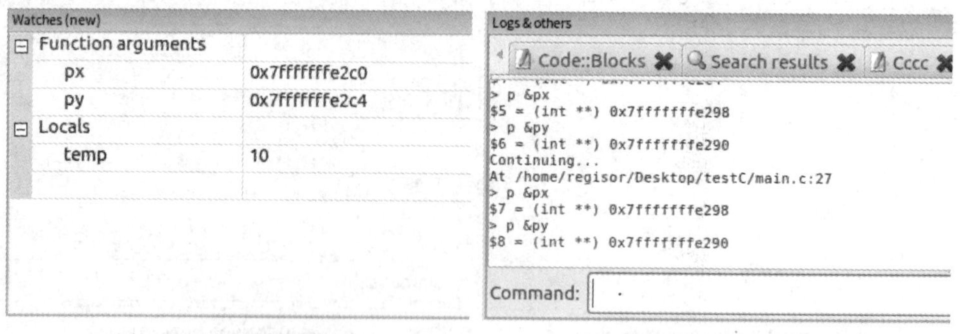

(a) 函数结束前变量的值　　　　(b) 函数结束前变量的地址

(c) 函数结束前变量的内存

图 11.13　函数结束前程序的状态

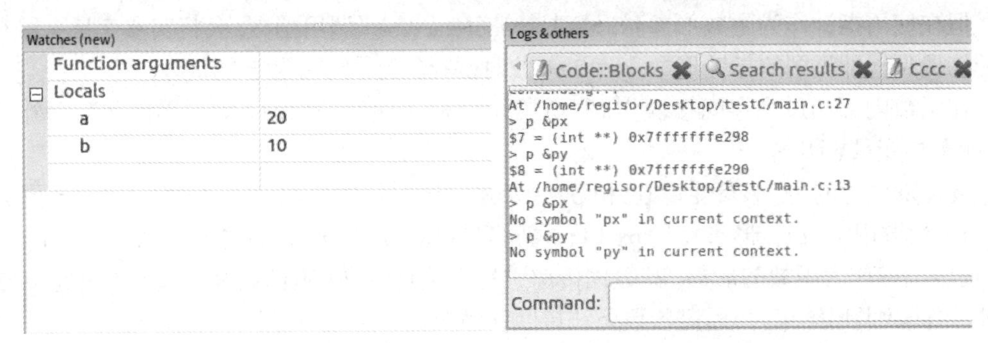

(a) 函数调用后变量的值　　　　(b) 函数调用后变量的地址

```
Memory
Address: &main::a   Bytes: 32
(e.g. 0x401060, or &variable, or $$eax)
0x7fffffffe2c0: 14 00 00 00 0a 00 00 00|00 ee c4 44 b9
0x7fffffffe2d0: 50 06 40 00 00 00 00 00|30 e8 a2 f7 ff
```

(c) 函数调用后变量的内存

图 11.14　函数调用后程序的状态

图 11.15 是代码11.3的内存变化示意图。通过 DEBUG 可以看出，在调用函数前，函数的形参变量 px、py 以及局部变量 temp 仍然不存在，只有发生函数调用，进入函数时，这些变量才会被创建。而当函数调用结束后，这些变量又会被销毁。这些变量仍然是函数的局部变量。

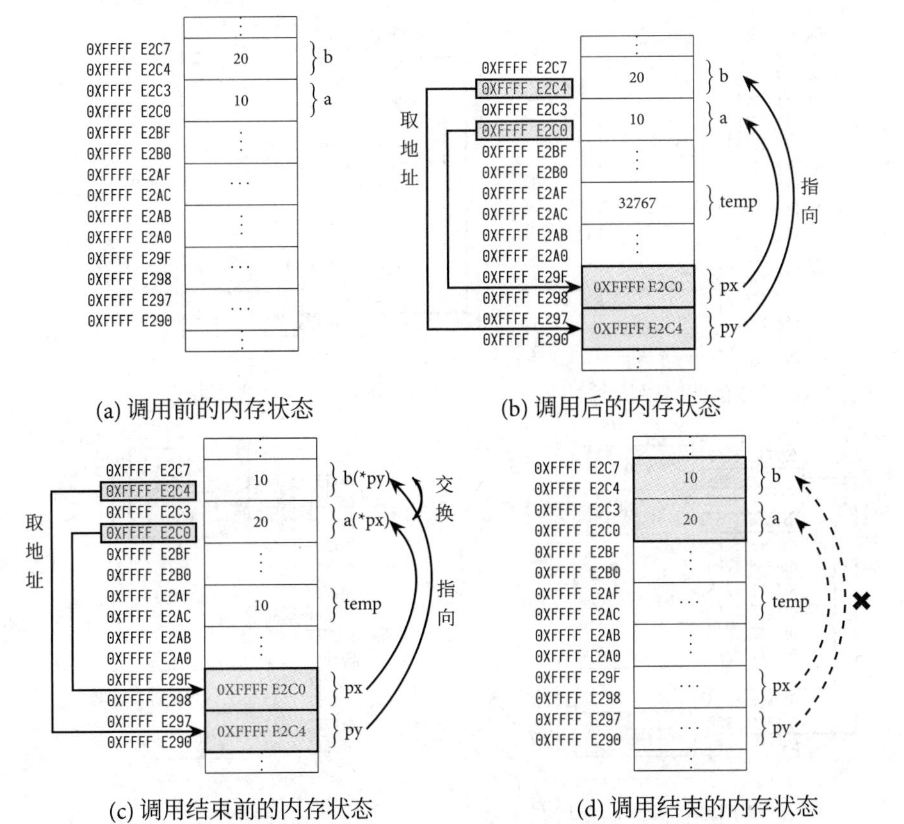

(a) 调用前的内存状态　　　　(b) 调用后的内存状态

(c) 调用结束前的内存状态　　　　(d) 调用结束的内存状态

图 11.15　指针形参函数调用前后内存状态的变化

但在使用指针作为函数形参时，通过“swap(&a, &b);”调用函数，会将实参变量 a 和 b 的地址拷贝到地址类型的指针形参，px 和 py 此时保存的是实参 a 和 b 的地址。

在函数内部通过内存间接操作（“*px”和“*py”）执行交换时，需要操作函数之外的内存（即实参变量 a 和 b）。

要特别注意的是，形参变量 px 和 py 仍然是函数内部的局部变量，它们只作用于函数内部，当函数调用结束时，形参变量 px 和 py 仍然要被销毁，并不能将数据传回函数调用点。因此，使用指针作为函数的形参，其数据传递过程仍然是单向传递，只是传入函数的是实参的地址，当函数调用结束时，通过参数无法传回任何数据。

11.3.3 指针变量作为形参但交换地址

用 DEBUG 跟踪代码11.4的运行过程，在此只给出其内存变化示意图，需要读者自行分析和理解。

图 11.16 是代码11.4执行中的内存变化示意图。通过 DEBUG 可以看出，在程序调用函数前，函数中的形参变量 px、py 以及函数内部的变量 temp 仍然是不存在的，只有调用函数并执行进入函数时，这些变量才会被创建。而当函数调用结束后，这些变量又被销毁。这些变量仍然是函数内部的局部变量。

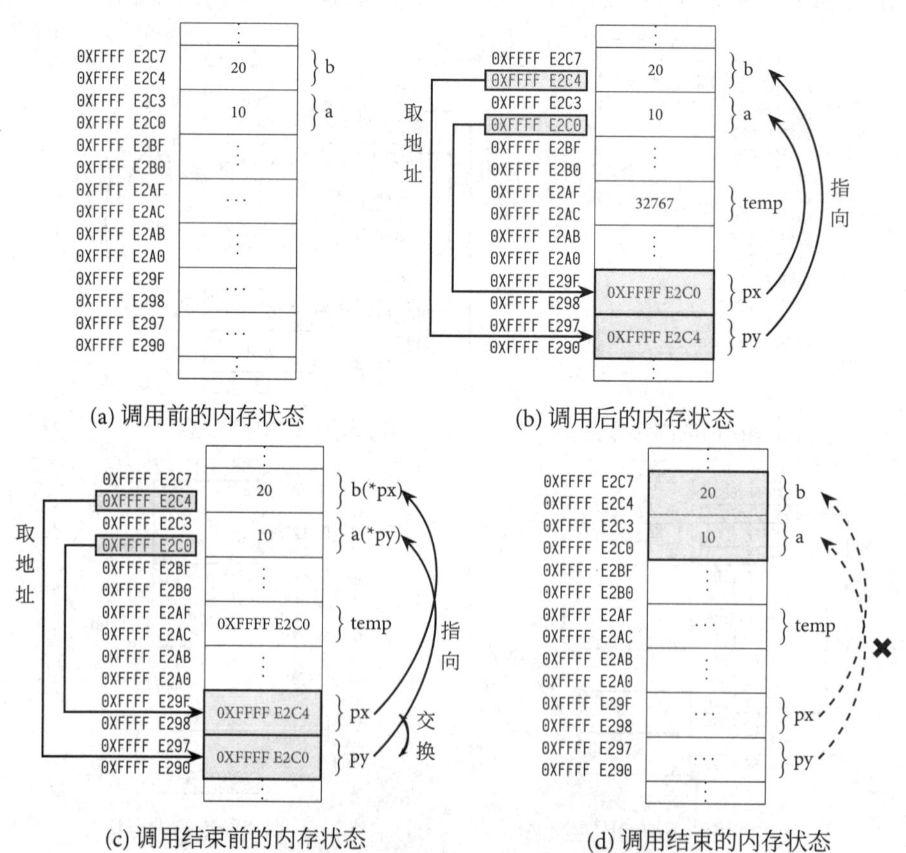

图 11.16 指针形参交换地址函数调用前后内存状态的变化

本例中，使用指针作为函数形参，通过“swap(&a, &b);”调用函数时，会将实参变量 a 和 b 的地址拷贝到地址类型的指针形参，px 和 py 此时保存了实参 a 和 b 的地址。但是，在函数内部交换了形参 px 和 py 的值，这一操作无法实现实参变量 a 和 b 的值的交换。

要特别注意的是，形参变量 px 和 py 仍然是函数内部的局部变量，它们只作用于函数内部，当函数调用结束时，形参变量 px 和 py 仍然要被销毁，并不能将数据传回函数调用点。因此，使用指针作为函数的形参，其数据传递仍然是单向传递，只是将实参的地址传入函数。当函数调用结束时，通过参数无法传回任何数据。

11.4 小结

C 语言的函数通过实参与形参的结合，实现了函数间的通讯。要特别注意的是，形参变量是函数内部的局部变量，只作用于函数内部，当函数调用结束时，形参变量会被销毁，并不能将数据传回函数调用点。在使用函数时，虽然可以通过指针形参操作函数外部的内存，但这并不改变函数实参到形参数据单向传递的本质。在使用函数时，时刻要谨记，当函数调用结束时，通过形式参数无法传回任何数据。

第 12 章 递归函数

递归是一种非常重要的编程策略，它采用分而治之的思想，将一个大的问题分解成具有相同形式且能够使用同样解决方案的简单问题，从而简化问题的处理，直至问题得到解决。递归是一个强有力的工具，可以解决许多困难的问题，然而要熟练掌握并灵活运用递归需要长期积累。由于递归的抽象性和低效性以及设计递归算法的困难性，目前，许多教材和参考资料对递归只是简单提及，或避而不谈。本章通过典型示例的分析，为掌握递归提供参考。

12.1 递归的概念

在程序设计领域，当重复执行一项任务时，迭代是常用的方法。可以用条件控制实现迭代，在 C 语言中常用 for、while 和 if 等循环语句实现迭代。

然而，为了解决更为复杂的问题，需要学习和使用递归的策略。递归将一个大问题分解成比较小、具有相同形式且能够用同样方案解决的小问题。其中，必须要求形式相同，否则无法使用递归，递归的特殊之处在于其子问题与初始问题具有相同形式。

12.2 递归范式

在编程时，一个函数直接或间接地调用函数自身是递归的基本特征。一般情况下，递归函数的主体格式如算法 12.1所示。

算法 12.1 递归范式

```
if (是简单情景) then
    不再使用递归，得到问题的解;
else
    将问题分解为具有相同形式的子问题;
    递归调用该函数自身，解决每一个子问题;
    组装每个子问题的解，解决整个问题;
end
```

算法 12.1提供了编写递归函数的模板，因此被称为递归范式。只要符合如下条件，就可以在编程中应用递归。递归需要满足两个条件：

(1) 必须确定出一个简单情景，并且该情景的答案是容易确定的；

(2) 必须确认一种分解方式，能够将问题分解为具有相同形式的子问题。

初始问题通过分解成子问题而得以解决,这些子问题与初始问题仅仅是规模不同,然后,这些子问题被依次分解为更小的子问题,直到这些问题达到足够简单、能够被立即解决的程度,才停止分解。这种解决方案将一个棘手的问题分解为一些简单的问题,因此递归解决方案经常被称为分而治之策略。

12.3 数学函数

理解递归需要从简单的数学函数开始,因为数学函数中递归结构能直接从数学表达中获得。

12.3.1 阶乘函数

阶乘函数在数学中表示为 $n!$,其定义是 1 到 n 之间的所有整数的连乘积。根据这一定义,可以得到迭代代码12.1。

程序清单 12.1 用迭代策略实现阶乘

```c
// 使用迭代策略计算阶乘
int Fact(int n)
{
    int product, i;
    product = 1;

    for(i = 1; i <= n; i++)
    {
        product *= i;
    }

    return product;
}
```

代码12.1使用 for 循环实现 1 到 n 之间所有整数的连乘。使用循环 (常用 for 和 while 语句) 被称为迭代。迭代策略和递归策略通常是相反的,因为它们能够通过不同的方式解决相同的问题。然而,这些策略并不相互排斥,有时,递归函数内部也需要使用迭代。

阶乘的数学定义如下:

$$n! = \begin{cases} 1 & \text{如果} n = 0 \\ n \times (n-1)! & \text{其它} \end{cases}$$

显然,阶乘的计算符合算法 12.1所表示的递归范式。因此,阶乘的递归可用代码12.2实现。

程序清单 12.2 用递归策略实现阶乘

```c
// 使用递归策略计算阶乘
int Fact(int n)
{
```

```
4       if(n == 0)
5       {
6           return 1;
7       }
8       else
9       {
10          return n * Fact(n - 1);
11      }
12  }
```

在代码12.2中，“简单情景”是“n=0”，此时不再需要递归，得到解“1”。“相同形式问题”“$(n-1)!$”是原问题的子问题，且规模更小，解决方式相同。递归调用由“Fact(n-1)”实现。“组装每个子问题的解，解决整个问题”由“n * Fact(n-1)”实现。例如，Fact(3) 的递推和回归过程如算法 12.2所示。

算法 12.2 递归的递推与回归过程

```
调用 Fact(3);
if (3 != 0)
|   调用 Fact(2);
|   if (2 != 0)
|   |   调用 Fact(1);
|   |   if (1 != 0)
|   |   |   调用 Fact(0);
|   |   |   if (0 == 0)
|   |   |   |   返回 1;
|   |   |   导致 Fact(1) 返回 1 × 1 = 1;
|   |   导致 Fact(2) 返回 2 × 1 = 2;
|   导致 Fact(3) 返回 3 × 2 = 6;
得到问题的解为 6;
```

12.3.2 求幂函数

一个数 x 的 n 次幂可表示为:

$$x^n = \begin{cases} 1 & \text{如果} n = 0 \\ x \times x^{(n-1)} & \text{其它} \end{cases}$$

显然，该定义是递归的，因为它根据 x 的 $n-1$ 次幂定义了 x 的 n 次幂。求出 x 的 $n-1$ 次幂和初始问题有着“相同的形式”。进一步，可以按照相同的过程，由 x 的 $n-2$ 次幂来定义 x 的 $n-1$ 次幂，将这个过程逐渐往前推进，直到 x 的 0 次幂为止。为结束这一过程，数学上将 x 的 0 次幂定义为 1。

根据算法 12.1提供的递归范式模板，x^n 的递归可用代码12.3实现。

程序清单 12.3 用递归策略实现 x^n

```
// 使用递归策略计算 x 的 n 次幂
int Power(int x, int n)
{
    if(n == 0){
        return 1;
    }
    else{
        return x * Power(x, n - 1);
    }
}
```

在代码12.3中,“简单情景”是“n=0”时的情况,此时不再使用递归,问题的解是“1”。“将问题分解为具有相同形式的子问题”由“x^{n-1}”实现,这是原问题的子问题,规模比原问题小,解决方式相同。“递归调用该函数自身,解决每一个子问题”由“Power(x, n - 1)”实现。“组装每个子问题的解,解决整个问题”由“x * Power(x, n - 1)”实现。

12.3.3 求最大公约数函数

求解两个正整数 m 和 n(假设 $m > n$) 的最大公约数 gcd(m,n), 可以采用欧几里得的《几何原本》中的辗转相除法 (又名欧几里得算法, Euclidean algorithm) 进行, 该算法可用下式描述:

$$\text{gcd}(m,n) = \begin{cases} m & \text{如果} n = 0 \\ \text{gcd}(n, m\%n) & \text{其它} \end{cases}$$

显然, 该定义是递归的, 因为它根据 gcd$(n, m\%n)$ 的最大公约数定义了 gcd(m,n) 的最大公约数。求 gcd$(n, m\%n)$ 的最大公约数的新问题和初始问题具有“相同的形式”, 进一步, 可以按照同样的过程, 由 gcd$((m\%n), n\%(m\%n))$ 的最大公约数定义 gcd$(n, m\%n)$ 的最大公约数, 将这个过程逐渐地往前推进, 直到 $n = 0$ 为止, 即可得到最大公约数为 m。

根据算法 12.1提供的递归范式模板, gcd(m,n) 的递归可用代码12.4实现。

程序清单 12.4 用递归策略实现 gcd(m,n)

```
// 使用递归实现辗转相除法
int CalGCD(int m, int n)
{
    if(n == 0){
        return m;
    }
    else{
        return CalGCD(n, m%n);
    }
}
```

在代码12.4中,“简单情景”是“n=0”时的情况,此时不再使用递归,问题的解是“m”。“将问题分解为具有相同形式的子问题”由“$m\%n$”实现，这是原问题的子问题，规模比原问题小，解决方式相同。“递归调用该函数自身，解决每一个子问题”由 CalGCD(n, m%n) 实现。“组装每个子问题的解，解决整个问题”也由 CalGCD(n, m%n) 实现。

12.3.4 求斐波那契数列

斐波那契数列的数学定义为：

$$t_n = \begin{cases} n & \text{如果} n = 0 \text{或} n = 1 \\ t_{n-1} + t_{n-2} & \text{其它} \end{cases}$$

显然，这个定义是递归的，因为它根据 t_{n-1} 和 t_{n-2} 的值定义了 t_n 的值。求出 t_{n-1} 和 t_{n-2} 和初始问题有“相同的形式”。进一步，可以按照同样的过程，由 t_{n-2} 和 t_{n-3} 的值定义 t_{n-1} 的值，由 t_{n-3} 和 t_{n-4} 的值定义 t_{n-2} 的值，将这个过程逐渐地往前推进，直到 $n = 0$ 或 $n = 1$ 为止，最后将 t_n 的值取 n。

根据算法 12.1提供的递归范式模板，斐波那契数列的递归可用代码12.5实现。

程序清单 12.5 用递归策略实现斐波那契数列

```c
// 使用递归实现斐波那契数列
int Fib(int n)
{
    if(n < 2)
    {
        return n;
    }
    else
    {
        return (Fib(n - 1) + Fib(n - 2));
    }
}
```

在代码12.5中，“简单情景”是“n<2”时的情况，此时不再使用递归，问题的解是“n”。“将问题分解为具有相同形式的子问题”由“t_{n-1}”和“t_{n-2}”实现，这是原问题的两个子问题，规模比原问题小，解决方式相同。“递归调用该函数自身，解决每一个子问题”由“Fib(n - 1)”和“Fib(n - 2)”实现。“组装每个子问题的解，解决整个问题”由“Fib(n - 1) + Fib(n - 2)”实现。

12.4 递归跳跃的信任

与12.3节中对阶乘的递归实现的展开分析相同，可以通过展开递归的过程了解计算机如何执行递归函数。对于递归函数，在理论上可以模仿和勾画出计算机的执行过程。通过绘制全部函数的调用过程和追踪所有变量的变化轨迹，能够复制全部的操作过程以及得到答案。然而，对于递归，这种做法通常会得到非常复杂的过程，往往使递归问题更难于理解。

当尝试理解递归程序时，需要抛开底层的细节，将注意力集中在单个计算层次上。在这个层次上，只要一个递归调用的参数在某些方面能比前一个参数更简单，那么就认为任何递归调用都能够自动地得到正确的答案。假设所有更简单的递归都能实现的心理策略叫作对递归跳跃的信任。在实际应用中，这个策略是使用递归的基础。

学习和使用递归，一定要着眼于大处而不必拘泥于细节，一旦完成递归的分解，并确认了简单情景，就应该相信计算机能够处理余下的部分。

12.5　其它递归示例

12.3节中的各个数学函数虽然给出了递归函数的使用示例，但它们的本质都是数学问题，这会造成一种误解，认为递归只适合运用于数学函数。事实上，对于任何一个能够被分解为相同形式且规模更小的问题，都可以使用递归。

12.5.1　探测回文

回文是一种字符串，其正向和反向读的结果都一样，比如“level”和“noon”。通过循环遍历字符串中的每一个字母进行比较可以判断一个字符串是否为回文。使用递归策略也可以判断一个字符串是否为回文，其原理是任何个字符长度大于 1 的回文，它的内部一定包含一个更短的回文。例如，字符串“level”由一个回文“eve”在两端各加一个“l”组成。因此，检查一个字符串是否为回文 (假设该字符串足够长，不构成简单情景)，需要做的工作是：

(1) 检查第一个和最后一个字符是否相同；

(2) 在将第一个和最后一个字符删除之后，检查剩余的字符串是不是回文。

如果这两个条件都满足，那么该字符串是回文。

现在，需要明确在使用递归解决回文问题时的简单情景。显然，由一个字符组成的字符串都是回文。因此，一个字符的字符串是简单情景，但是并不是唯一的简单情景。空字符串是没有任何字符的字符串，也是回文，并且任何递归的解决方案在这个简单情景上也必须能实现。

根据算法 12.1提供的递归范式模板，判断字符串是否为回文的递归可用代码12.6 实现。

程序清单 12.6 用递归策略判断字符串是否为回文

```
// 使用递归判断字符串是不是回文
// 注意：在递归时，使用 str + 1 调整了地址，len - 2 调整了长度，
// 并没有删除两端的字符
bool CheckPalindrome(char str[], int len)
{
    if(len < 1)
    {
        return true;
    }
```

```
10     else
11     {
12         return (str[0] == str[len - 1]) &&
13                CheckPalindrome(str + 1, len - 2);
14     }
15 }
```

在代码12.6中，“简单情景”是字符串长度“len < 1”时的情况，此时不再使用递归，问题的解是“true”（是回文）。“将问题分解为具有相同形式的子问题”由“删除”两端的字符实现（本例中只是利用地址的偏移和长度的变化，并未真正删除两端字符），这是原问题的两个子问题，规模比原问题小，解决方式相同。“递归调用该函数自身，解决每一个子问题”由“CheckPalindrome(str + 1, len - 2)”实现。“组装每个子问题的解，解决整个问题”由“(str[0] == str[len - 1]) && CheckPalindrome(str + 1, len - 2)”实现。

12.5.2 折半查找

在编程中，查找一个指定的“特定元素”是否在一组数列中是一种常用的操作，例如：

在数组中查找特定元素的函数原型

```
1 int FindKeyInArray(int key, int array[], int n)
```

该函数在“array”数据的“n”个元素中进行遍历，查找是否有与指定的“key”相同的元素，若有，则返回该元素的索引（数组中的位置）；若没有，则返回“−1”。

显然，通过依次将数组中每个元素与指定的“key”值进行比较，很容易实现这一要求，这种策略称为线性搜索算法。需要明确的是，如果数组较大，这种算法将非常耗时。

如果已知数组是有序数组，则可以采用折半查找。折半查找的基本思想是将数组分为两半，然后从最接近数组中间的元素（折半时，中间值可能会是小数）开始与所查找的“key”值比较，如果相等，则找到，如果“key”在中间元素之前，那么它一定在第一部分，相反，如果在中间元素之后，那么它在第二部分。这种搜索策略称为“折半查找”，也称为“二分查找”。对于一个有序的数组，由于折半查找每次放弃一半的元素，因此，它比线性查找效率高。

根据算法 12.1提供的递归范式模板，折半查找的递归可用代码12.7实现。

程序清单 12.7 用递归策略实现折半查找的代码

```
1 // 二分查找的包装器函数
2 int FindKeyInSortedArray(int key, int array[], int n)
3 {
4     return BinarySearch(key, array, 0, n - 1);
5 }
6
7 // 用递归实现二分查找
8 int BinarySearch(int key, int array[], int low, int high)
```

```
9  {
10     int mid;
11 
12     if(low > high)
13     {
14         return -1;
15     }
16 
17     mid = (low + high) / 2;
18     if(key == array[mid])
19     {
20         return mid;
21     }
22 
23     if(key < array[mid])
24     {
25         return BinarySearch(key, array, low, mid - 1);
26     }
27     else
28     {
29         return BinarySearch(key, array, mid + 1, high);
30     }
31 }
```

在代码12.7中，“int FindKeyInSortedArray(int key, int array[], int n)”由一行代码构成，这行代码只调用了另一个函数，给另一个函数传递了需要的参数。这种转换参数之后简单地返回另一个函数的结果的函数，称为“包装器函数”。

折半查找的实际工作在递归函数 BinarySearch() 中实现，该函数用变量 low 和 high 限制搜索范围。递归函数 BinarySearch() 的简单情况如下：

(1) 在数组的当前部分中没有元素。若变量 low 比 high 大，则表示所有元素遍历完成，没有找到指定的元素。

(2) 中间元素符合要求，返回对应的索引 (如果数组中的元素个数是偶数，则中间值为小数，取最近的整数)。

如果这些简单情景都没有出现，那么根据变量 key 与中间值的大小关系，选择合适的一半数组进行递归查找。

在实际程序设计中，有些问题是只能用递归解决的，如汉诺塔问题，有些问题用递归解决比迭代解决更为简洁。虽然递归会产生大量的函数调用，从而带来效率的损失，但递归描述较为简洁，往往是一种解决问题的必由之路。

12.6　避免递归中常见的错误

对递归进行 DEBUG 比较困难，注意下面的这些问题，则可以简化递归的 DEBUG 过程。

(1) 检验递归实现是否以简单情景开始。简单情景的测试必须在递归分解之前完成 (几乎所有递归程序都是开始于 if)。

(2) 是否正确解决了简单情景。在递归中很多 BUG 都是由于简单情景的不正确造成的。

(3) 递归分解是否使问题更简单。递归的作用在于随着计算的进行, 问题将变得越来越简单, 即问题规模应该随着计算的进行越来越小。

(4) 简化分解是否逐渐地达到了简单情景。没有把所有简单情景都考虑在内是常见错误。

(5) 函数中的递归调用在形式上是否表示和初始问题相同的子问题。当使用递归分解问题时, 关键在于子问题形式的统一性。如果递归调用改变了问题本质, 或是违反了一个初始的假设, 那么全部过程是错误的。

(6) 当使用对递归跳跃的信任时, 递归子问题的解决方案是否对初始问题提供了一个完整的解决方案。将一个问题分解为递归子问题仅仅是递归过程的一部分, 一旦子问题得到了解决, 那么也必须能够将它们重新组装, 从而得到整个问题的答案。

12.7 小结

递归是 C 语言程序设计中必须熟练掌握的技术, 虽然递归效率低, 但递归却是程序设计中的一种有效手段, 甚至有些问题必须由递归来解决 (例如汉诺塔问题), 有些问题用递归解决时, 其代码非常简洁 (例如二叉树遍历问题)。不能因为递归难于理解和掌握而排斥递归。

无论是编写递归的程序, 还是理解递归程序, 都必须做到忽视递归调用细节。只要选择了正确的分解, 确认相应的简单情景, 并且正确地实现策略, 递归调用一定可以运行, 这是对递归跳跃的信任。在递归领域中, 只考虑局部会妨碍对递归的理解。

第 13 章　一维数组的本质

数组在 C 语言程序设计中是一种非常重要的数据结构，然而。目前多数 C 语言教材和参考资料中，主要讨论数组的声明、引用以及数组与指针的关系、数组如何作为函数参数等，对 C 语言中数组的本质讨论较少。为此，本章通过实例分析结合 C 语言标准，对 C 语言中数组的本质进行探讨。通过本章的分析和说明，以期对学习和使用 C 语言的指针提供更多的低层理解和帮助。

13.1　一维数组的概念

在应用实际中，往往需要存储一组数据，用于存储这类数据的变量称为聚合变量 (aggregate variable)。在 C 语言中实现聚合变量的方法是数组 (array) 和结构体 (structure)。数组是用来存储同种数据类型数据的聚合变量。数组是程序设计中 (不只是 C 语言) 非常重要的数据结构，在 C 语言中数组分为一维数组和多维数组，其中，一维数组占有重要的地位。

本章将通过对数组本质和 C 语言标准的分析，从低层对 C 语言的数组进行分析和讨论。

13.2　数组的声明

C 语言语法要求，使用变量时必须先声明后使用，数组变量也不例外。在 C 语言中，声明变量是向系统申请内存的过程。

向系统申请内存，首先需要确定存储空间的大小，然后确定如何组织和使用该内存空间 (施加于这一内存区域上的操作)。在 C 语言中，声明数组的基本语法是：

```
数据类型 数组名 [数组长度]
```

其中，数据类型可以是 C 语言中任意数据类型 (包括 char、int、float 和 double 等内置类型，以及结构体、联合体等自定义的数据类型)。数组名要求是合法的 C 语言标识符，在 C89 及其以前的标准中，要求数组长度必须是一个整型常量或常量表达式，在 C99 及其以后的标准中，要求数组长度是一个整型表达式 (常量或变量)。

数组声明的作用是向系统申请内存。“[]”的优先级高，该声明需要的元素个数与数组长度相同，然后用数据类型修饰每个元素，即每个元素都是指定的数据类型。注意，数组长度只指定数组中元素的个数，而不是该数组占有的内存字节数。由于一个数组的声明是一次性指定的，所以一个数组总是在内存中占有一个连续的存储单元区域，该区域占用字节的长度为：

```
数组长度 * sizeof(数据类型)
```

例如以下代码：

数组的声明

```
int a[10];
```

该代码声明了数组 a，该数组有 10 个元素，每个元素的数据类型是 int 类型。数组 a 在栈中静态分配，共占有 10 * sizeof(int) = 40 个字节的存储空间（假设 sizeof(int) 为 4 个字节），如图 13.1 所示。

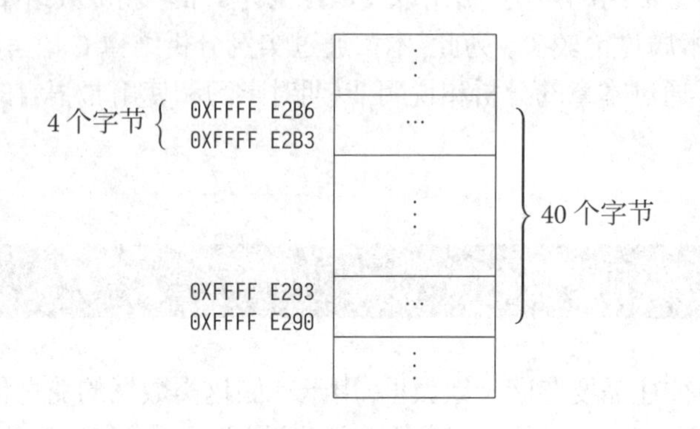

图 13.1　数组内存分布结构示意图

显然，为得到内存单元的具体大小，在申请内存时，必须明确知道一个数组所包含元素的个数和每一个元素的数据类型，所以 C89 及其以前的标准中，要求在声明数组时，数组的长度必须是整型常量或整型常量表达式。

在 C99 及其以后的标准中，允许使用整型变量或整型变量表达式指定数组声明中的数组长度，但由于在申请内存时要明确申请的内存大小，因此，在声明数组前，用于指定数组长度的整型变量或整型表达式的值必须已知。例如：

用有初值变量声明 C99 变长数组

```
int n = 10;
int a[n] //在此句之前,n 必须赋值
```

用输入变量值声明 C99 变长数组

```
int n;
scanf("%d", &n); //输入 n 的值
int a[n + 10]; //整型表达式必须有确定的值
```

在 C99 及其以后的标准中，采用整型变量或整型表达式声明的数组称为变长数组（Variable Length Array, VLA）。需要明确的是，虽然可以用整型变量或整型表达式作为数组声明的数组长度，但是在数组被声明后，变长数组的长度不能再改变。所以，不能将变长数组理解为动态数组。

13.3　数组名的内涵

声明数组，是在内存的栈中申请一块静态分配且指定大小的内存区域。为了访问这一内存区域，需要标记出其首地址 (由于数组元素的类型已知，因此，通过首地址加一个元素类型所占内存大小的偏移量就可以找到需要的元素)，数组名正是表示该首地址的符号。例如，int a[10] 声明的数组名含义如图 13.2 所示。

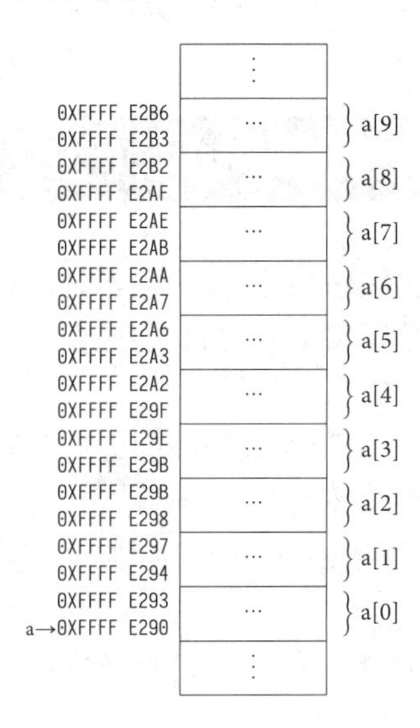

图 13.2　数组名含义示意图

在 C 语言中，一旦声明了数组，其地址和大小则无法再改变。因此，数组名表示的地址是常量，它是地址常量，类似于“#define N 10”定义的符号常量。数组名标识符是数组内存的首地址。需要注意的是，数组名符号的值不是首地址，数组名不是变量，数组名不能存储任何值，数组名标识符本身代表首地址。数组名是符号常量，这个符号常量表示地址常量。

由于数组名本身就是地址，是一个符号地址常量，而不是一个变量，因此不能将数组名称作为指针 (指针是变量，是左值)。数组名是一个右值，右值和左值不同[1]。

由于数组名是右值，因此为数组名赋值是非法的，例如：

数组不可以整体赋值

```
...
int a[10];
int b[10];
...
a = b; // 意图将 b 数组直接赋给 a 数组是错误的
...
```

因此，无法通过整体赋值实现数组的复制操作，若需要将一个数组复制给另一个数组，应该使用循环的方式逐个为元素赋值实现数组的复制操作。

[1] 左值既可以出现在赋值运算符左边也可以出现在右边，右值只能出现在赋值运算符右边。

由此可知，在一些论坛或文献里关于数组的如下描述都是错误的：

(1) 一维数组是一级指针；

(2) 二维数组是二级指针；

(3) 数组名可以作为指针使用；

(4) 数组名就是…… 类型的常量指针；

(5) 数组名就是…… 类型的指针常量。

实际上，由于指针是左值，因此数组名不可能是指针！

13.4 “[]”运算符和数组下标引用

在声明一个数组后，当访问数组中指定位置的元素时，需要使用“[]”运算符进行取下标运算。方括号中可以是整型常量、整型常量表达式、整型变量或整型表达式，表示该元素在数组中的位置(基数为0)。

实际上，数组只是为了便于组织和管理数据而创造的逻辑概念，而编译器并不能识别数组，编译器只能识别“[]”运算符。例如，对于数组声明“int a[10]”，使用“a[i]”，当遇到“[]”运算符时，编译器简单地把它转换为类似“*(a + i)”的内存地址，这与“a[i]”等价[1]。这是因为数组名“a”是一个符号地址常量。

由于这种等价关系的存在，会产生一些不常见的表达式，例如：

“[]”运算符

```
...
int a[10];
...
a[5] = 6; // 常规下标引用数组元素
6[a] = 7; // 等同于 *(6 + a),也就是 a[6]
(2 + 6)[a] = 8; // 等同于 *(2 + 6 + a),也就是 a[8]
...
```

“6[a]”和“(2 + 6)[a]”看似复杂，根据“[]”运算符的运算规则，编译器会将其解释为“*(6 + a)”，交换后是“*(a + 6)”，即“a[6]”，同样“(2 + 6)[a]”是“a[8]”。

“[]”运算符用于标记数组的下标，但同时也是一个返回结果为地址的双目运算符。其操作数一个是表示基地址的地址量，一个是表示偏移量的整型量，其中一个写在方括号之前，一个写在方括号之内。一般而言，写在方括号前的是基地址，写在方括号内的是数组下标，表示地址的偏移量。需要说明的是该偏移量是以数组元素的类型对应的长度为单位的，而不是以字节为单位。尽管C89标准对于数组引用(不是数组声明)规定为：带下标的数组引用后缀表达式，是后缀表达式后跟一个“[]”运算符中的整型表达式，但编译器并不总是严格要求这两个操作数出现的位置，所以在一些编译器中，这两个操作数出现的位置可以互换。

如果使用如下代码：

[1] “*”是取内容运算符，“*(a + i)”表示读写首地址为“(a + i)”的“sizeof(int)”个字节的内存中的内容。

用数组名初始化指针

```
1 ...
2 int a[10];
3 int *p =a; // 声明指针 p,将用 a(符号地址常量,只能做右值) 对其进行初始化
4 ...
```

则整型指针 p 中存储的是数组 a 的首地址。C 语言标准规定,“p[i]”可解释为“*(p + i)”,显然,其结果与“a[i]”的结果一样。因此,可以将数组的首地址 (数组名) 赋给类型相同的指针,再通过该指针操作数组中的各个元素。

再如对于“(p + 1)[2]”操作,由于“(p + 1)”的结果仍然是地址,因此,该操作也合法,编译器会将其解释为“*(p + 1 + 2)”,即“*(p + 3)”,从而访问数组元素“a[3]”。

要注意的是,后缀表达式是指向某类型的指针这个规定反过来讲是错误的。例如,可以用“p[i]”使用指针 p,这符合 C 语言标准,但指针 p 能够以“p[i]”的形式操作数组并不能说明 p 是一个数组。

另外,编译器会对“&*”进行优化。对于数组“int a[10]”,如果对其中一个元素取地址,如“&a[1]”,该表达式等价于“&*(a+1)”,编译器并不会先计算“*”再计算“&”,而是对“&*”运算符进行优化,同时去掉它们。由于取地址操作和取内容操作的作用是相反的,最后得到的是“&a[1]”的计算结果,即“(a + 1)”表达式,这是一个地址。

13.5　“&a”“a”和“&a[0]”

由图 13.2 可知,数组名“a”是数组的起始地址,“a[0]”是数组的第 1 个元素。因此,“&a[0]”仅是地址,表示“a[0]”的地址,“sizeof(&a[0])”的结果是 8[1]。在许多论坛和文献里都认为“&a[0]”是数组 a 的首地址,这显然是错误的。可以代表数组 a 的首地址的只有数组名 a 本身,“a”与“&a[0]”的含义完全不同,数组首地址是有数组类型的地址。“sizeof(a)”的结果是“N * sizeof(int)”,而不是地址宽度 8。由于“a[0]”元素的位置特殊,是数组 a 的第一个元素,所以它们的地址值相同。

“&a”是对数组名取地址,这在 C 标准里面没有定义。C89 规定“&”运算符的操作数必须有具体的内存空间,亦即左值,但数组名却是右值,根据“&”运算符的要求,“&a”是非法的。因此,早期的编译器通常规定“&a”是非法的,而现在的编译器一般会把“&a”定义成比“a”高一级的地址值,其值与“a”和“&a[0]”相同,因此,“sizeof(&a)”的结果是 8(64 位地址宽度)。

在 GCC 中,对于数组“int a[10]”,将“&a”定义为“int (*)[10]”类型的地址,这是数组类型的地址,表示一个有 10 个整型元素的数组的地址。在 Code::Blocks 中,可以通过“p”命令在 DEBUG 中查看各个量的值,如图 13.3 所示。

由图 13.3 可以看出,a 是右值,不是左值,因此当使用“p a”命令时,显示以该地址为首地址的数组中所有元素的值。“p &a[0]”显示数组元素“a[0]”的地址,是“int *”地址类型的地址。“p &a”显示“int (*)[10]”类型的地址,表示有 10 个整型元素的数组类型的地址。

[1] 这里使用 64 位 Linux 系统,GCC 是 64 位版本,因此地址的宽度是 8 个字节。

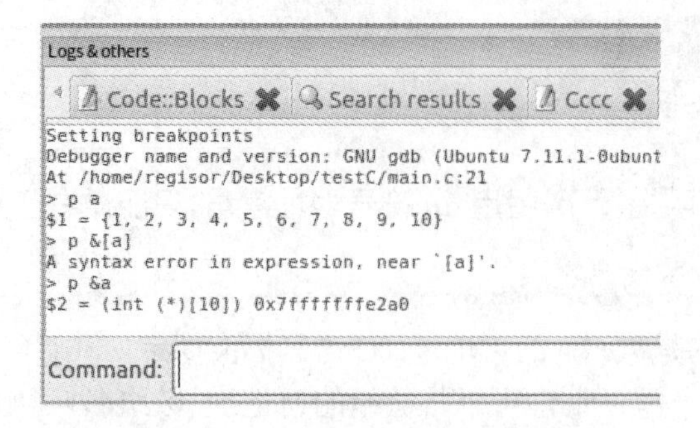

图 13.3　使用 DEBUG 查看各个量的地址值

继续执行图 13.4 中的“p”命令。当使用“p a + 1”时，地址加 4(十六进制)，这是下一个元素的地址。当使用“p &a + 1”时，地址加 28(十六进制)，这是跳过整个数组后的下一个字节的地址 (本例中它是一个无意义的地址，若直接使用这一地址，可能会引起程序的崩溃)。

可以看出，“&a”“a”和 “&a[0]”虽然值相等，但其含义完全不同，在逻辑上不可以等同使用。关于这一点，也可以使用 gdb 调试器的“whatis”命令进行分析，其结果如图 13.5 所示。

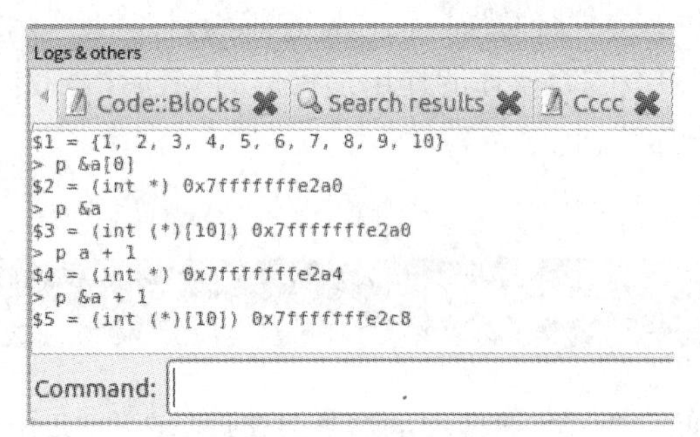

图 13.4　使用 DEBUG 查看地址值加 1 的操作

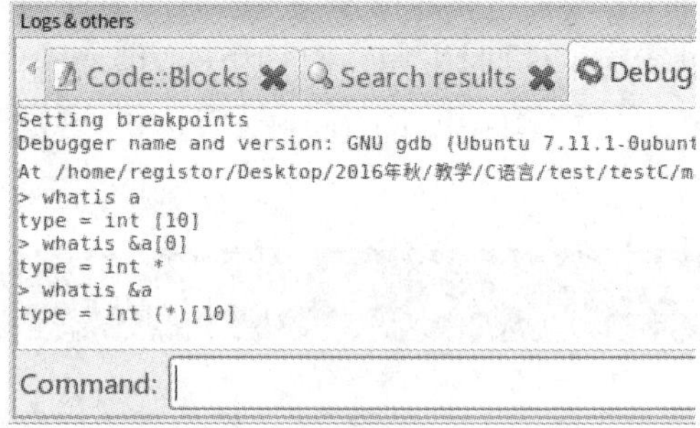

图 13.5　gdb 调试器的“whatis”命令

由图 13.5 可以看出，“&a”“a”和 “&a[0]”在逻辑上是完全不同的类型！但是，由于“&a”“a”和 “&a[0]”的地址值相同，因此可以通过强制类型转换进行相互转换。

13.6　数组惯用法

通过充分利用一维数组中各个地址之间的逻辑关系及一维数组所占内存连续性，可以方便地使用数组。

13.6.1　确定数组元素的长度

根据之前的分析，对于数组名执行“sizeof(a)”可以得到整个数组占用字节数。对每一个数组元素执行 “sizeof(a[0])”运算可以得到该元素所占用的字节数。因此，可以通过“sizeof(a) / sizeof(a[0])”得到数组的长度，在数组操作的循环中可以使用如下代码控制循环的次数。

获取数组长度

```
...
#define N 10
...
int a[N];
int i;
int sum;
...
for(i = 0; i < sizeof(a) / sizeof(a[0]); i++) //计算长度
{
  sum += a[i]; // 通过下标引用,求 a 数组中所有的元素的和
}
...
```

使用这种方式确定数组长度后，如果数组长度需要改变，不必改变计算数组长度的算法和代码，即可够得到正确的数组长度。

13.6.2 直接操作数组内存

数组的内存空间是连续的，并且数组名是这一内存空间的首地址，可以直接对数组内存进行操作。常用“<string.h>”中的“memset(...)”和“memcpy(...)”函数实现该操作，例如代码：

“mem...”系列函数直接操作数组内存

```
...
#include <string.h> // 包含有内存操作函数原型的头文件
#define N 10
...
int a[N];
int b[N];
...
memset(a, 0, N * sizeof(int)); // 将 0 存入以 a 地址开始的
                               // N * sizeof(int) 个字节中
memset(b, 20, N * sizeof(int)); // 将 20 存入以 b 地址开始的
                                // N * sizeof(int) 个字节中
...
memcpy(a, b, N * sizeof(int)); // 将 b 地址开始的 N*sizeof(int)
                               // 个字节复制到 a 地址开始的内存中
...
```

13.6.3 数组作为函数的形参

在 C 语言中，函数实参到形参的传递是单向的值传递，是值拷贝的过程。而数组是一组元素，数组名是右值，因此，直接将数组名作为形参无法实现数组实参到形参的传递。同时，

为了提高效率, C 语言不允许复制整个数组, 在需要向一个函数传入一个数组时, 应该传入这个数组的首地址, 被调函数根据该首地址在函数内部处理函数外部数组中的内容。

为此, 当需要为函数传入数组时, 其形参应该是指针, 通过该指针接收传入数组的首地址。同时, 由于数组的形参是指针, 通过该指针无法获得数组的长度, 因此, 当需要将数组首地址传入函数时, 需要传入该数组的长度, 此时的函数原型如下:

未命名形式的数组形参

```c
int sum(int [], int);
```

注意, 此处"int []"中的方括号不能省略, 并且必须留空, 它表示函数需要整型地址类型的指针形参。当然, 也可以给出形参的名称, 如下所示:

命名的数组形参

```c
int sum(int a[], int n);
```

此处"int a[]"中的方括号也不能省略, 同样也必须留空, 它声明了整型地址类型的指针形参。使用数组作为函数的形参的完整示例如代码13.1所示。

程序清单 13.1 数组形参

```c
#include <stdio.h>
#define N 10

int sum(int a[], int n);
int main(void)
{
    int arr[N] = {1, 2, 3, 4, 5, 6, 7, 8, 9, 10};

    printf("the sum is %d\n", sum(arr, N));

    return 0;
}
int sum(int a[], int n)
{
    int sum = 0;

    for(int i = 0; i < n; i++)
    {
        sum += a[i];
    }

    return sum;
}
```

如果在"sum()"函数中使用 "sizeof(a)"计算, 得到的结果是 8, 这说明函数中的形参 a 显然不是数组名, 因此在函数中使用"whatis a"和"p a"命令, 可以得到图 13.6 所示的结果。

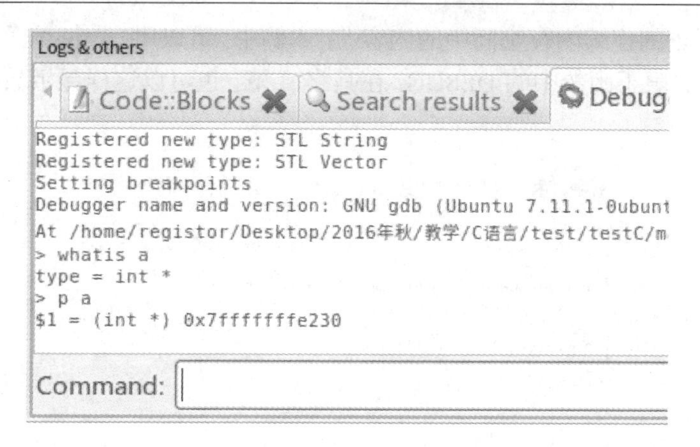

图 13.6　用 DEBUG 查看函数形参的性质

由图 13.6 可以看出，形参“a”的类型为“int *”类型，是整型地址类型的指针。

需要注意的是，在进行函数调用时，使用“sum(arr, N)”。注意，实参 arr 代表数组的首地址 (符号地址常量)。因此，函数形参 a 得到数组的首地址 (单向值传递)，此时，“a[i]”解释为“*(a + i)”，实际上操作的是函数外部的“arr[i]”。

此时，调用函数时不能使用类似“a[]”或“a[0]”的实参方式，因为它们不是地址，与形参不匹配。因此，在使用数组作为函数形参时，常常直接将其设计为指针，如代码13.2所示。

程序清单 13.2 指针用作数组形参

```c
#include <stdio.h>
#define N 10
int sum(int *pa, int n);
int main(void)
{
    int arr[N] = {1, 2, 3, 4, 5, 6, 7, 8, 9, 10};
    printf("the sum is %d\n", sum(arr, N));
    return 0;
}
int sum(int *pa, int n)
{
    int sum = 0;
    for(int i = 0; i < n; i++)
    {
        sum += pa[i];
    }
    return sum;
}
```

当函数的形参是指针时，并不要求实参也是指针，只是需要一个地址。显然，指针、地址常量和符号地址常量都可以作为实参，而数组名是符号地址常量，可以作为指针形参的实参。

由于数组形参是指针，数组长度用另一个参数传入，因此，在 DEBUG 时使用“p a”只能显示指针 a 的值，而无法显示指针 a 指向数组的所有元素的值，如图 13.6 所示。这显然使程序的调试不方便，因此，可以使用调试命令“p *base@length”显示以“base”为首地址，长度为“length”个元素的连续内存空间中的内容[1]。本例中，可以用“p *pa@n”显示传入数组中的所有数据 (不局限于函数中的 DEBUG，在其它情况下也可以这样显示数组的内容)，结果如图 13.7 所示。

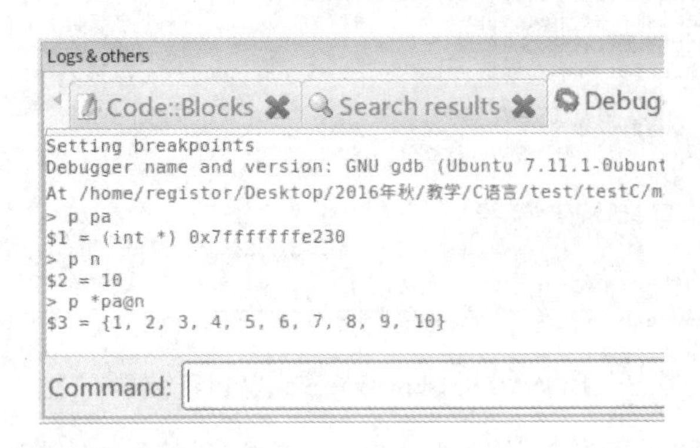

图 13.7　数组的 DEBUG 命令

13.6.4 字符串常量——另类数组

C 语言中没有字符串类型的变量，因此，C89 规定字符串常量是字符类型的数组。尽管字符串常量的外部表现形式与数组完全不同，但它的确是数组。实际上，字符串常量是该数组的首地址，并且具有数组类型，对一个字符串常量进行“sizeof("abcdefghi")”操作，其结果是 10，而不是地址宽度 8。字符串常量与一般数组的主要区别是字符串常量存放在静态存储区，而一般数组 (非 static) 在栈中静态分配。由于字符串常量是数组首地址，因此可以通过数组引用的形式使用字符串常量，例如：

用下标引用操作字符串的子字符串

```
1 printf("%s\n", &"abcdefghi"[4]);
```

其功能是打印出字符串 efghi，也可以使用：

地址偏移操作字符串的子字符串

```
1 printf("%s\n", "abcdefghi" + 4); // "abcdefghi" + 4 是剩下字符串的首地址
```

其功能也是打印出字符串 efghi。

实际上，“&"abcdefghi"[4]”被解释为“&*("abcdefghi exttt" + 4)”，优化后可去掉“&*”，从而得到“("abcdefghi" + 4)”。当然，也可以通过下标引用得到数组中的每一个字符，例如：

[1] 每个元素的类型由“base”的地址类型决定，例如，对于“int *”地址类型，每个元素为“int”类型。

用下标引用操作字符串的字符

```
1 printf("%c\n", "abcdefghi"[4]);
```

也可以通过字符地址类型的指针操作字符串中的数据，例如：

用指针操作字符串的字符

```
1 ...
2 char *pstr = "abcdefghi";
3 ...
4 printf("%c\n", pstr[4]);
5 ...
6 printf("%s\n", pstr + 4);
7 ...
```

13.7　小结

本章对一维数组内部构造进行了深入剖析。数组的内容极其丰富，数组、地址和指针是密切相关的，正因为这种关系，才形成数组多种多样的操作方式，也使得 C 语言中与数组相关的程序设计更加灵活多变。同时本章也分别介绍了“whatis”“p *base@length”等 gdb 调试器的调试命令，建议读者充分利用编译器的 DEBUG 工具，不断跟踪和分析程序中各个量的类型、值的变化及地址的变化，从而掌握数组和指针的相互转换和操作，提高程序设计的灵活性和效率。

第 14 章　多维数组的本质

在 C 语言中，多维数组通过数组的数组来实现。多维数组中各维之间的内在关系是一种鲜明的层级关系，高一维会把低一维看作数组，这是数组的嵌套。然而，目前多数 C 语言教材和文献主要讨论多维数组的声明、引用等内容，而对 C 语言中多维数组的本质较少提及。本章以二维数组为例，对 C 语言中多维数组的本质进行探讨。

14.1　多维数组的声明

C 语言语法要求，在使用变量时，必须遵循先声明后使用的原则，多维数组变量也不例外。在 C 语言中，声明变量是向系统申请内存的过程 (本章以二维数组为例)。

向系统申请内存，首先需要确定存储空间的大小，然后需要确定如何组织和使用该内存空间 (施加于这一内存区域上的操作)。在 C 语言中，声明多维数组的基本语法如下：

多维数组的声明

```
...
#define M 3
#define N 2
...
int a[M][N];
...
```

在数组声明中，一个“[]”表示一维，本例中声明的是二维数组。该二维数组的声明表示需要申请 M * N * sizeof(int) 个字节大小的内存空间。由于多维数组的声明是一次性指定的，所以多维数组总在内存中占有连续的存储单元区域。

在 C89 及其以前的标准中，表示数组大小的 M 和 N 必须是整型常量或常量表达式 (本例用“#define”定义符号常量)，在 C99 及其以后的标准中，要求数组大小是整型表达式 (即常量或变量)。要注意的是，在声明数组前，整型变量或整型表达式必须有确定的值，例如：

变量赋初值

```
...
int m = 3, n = 2;
...
int a[m][n]; //m,n 必须确定
...
```

输入变量值

```
...
int m, n;
scanf("%d%d", &m, &n);
int a[m][n];// m,n 必须确定
...
```

多维数组的数据类型可以是 C 语言中任意合法的类型 (包括 char、int、float 和 double 等内置类型，以及结构体、联合体等自定义的数据类型，还可以是地址类型)。数组名必须是合

法的 C 语言标识符。

本例中,“int a[M][N];”表示声明二维数组 a, 该数组具有 M * N = 3 * 2 = 6 个元素, 其中每个元素的数据类型都是 int 类型。数组 a 共占有 6 * sizeof(int) = 24 个字节的存储空间 (假设 sizeof(int) 的结果为 4 个字节), 如图 14.1 所示。

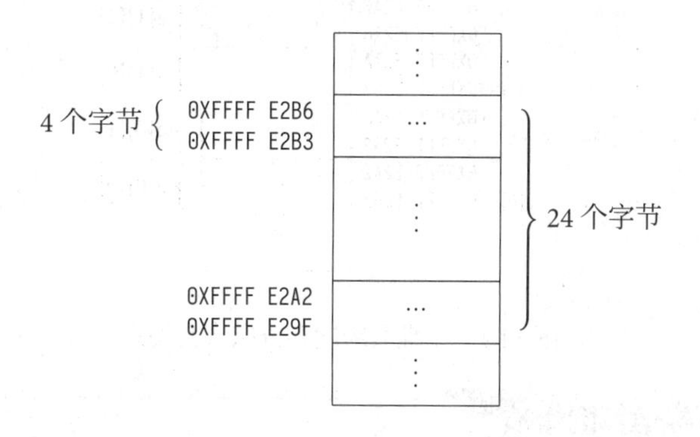

图 14.1　二维数组的内存分布结构示意图

在 C99 及其以后的标准中,通过整型变量或整型表达式声明的数组称为变长数组 (VLA)。需要注意的是, 虽然整型变量或整型表达式可以作为数组声明时的数组大小, 但是数组被声明后, 则其大小不可以再次更改。因此, 不可以将变长数组理解为动态数组。

14.2 多维数组数组名的层级关系

C 语言实现的并非真正的多维数组, 而是数组的数组。数组各维之间的内在关系是一种层级关系, 高一维总是将低一维看作下一级数组, 这是数组嵌套关系。当进行数组引用时, 需要层层解析, 直到最后一维, 例如:

声明多维数组

```
1 ...
2 #define M 3
3 #define N 2
4
5 ...
6
7 int a[M][N];
8 ...
```

其数组内存分布嵌套关系如图 14.2 所示。

由图 14.2 可知, 访问元素“a[2][1]”[1]首先要计算第一维索引值为 2 的地址“a + 2”, 即“a[2]”,“a + 2”的值代表一个二维数组, 其值是数组的首地址。假设用“addr1”表示该地址, 则“addr1 = *(a + 2)”。然后计算第二维的索引值 1, 其地址为“addr1 + 1”, 该地址中的值为“*(addr1 + 1)”, 代入“addr1”的值可得:

[1] 数组的引用采用下标引用, 其下标必须是整型常量、变量或表达式。

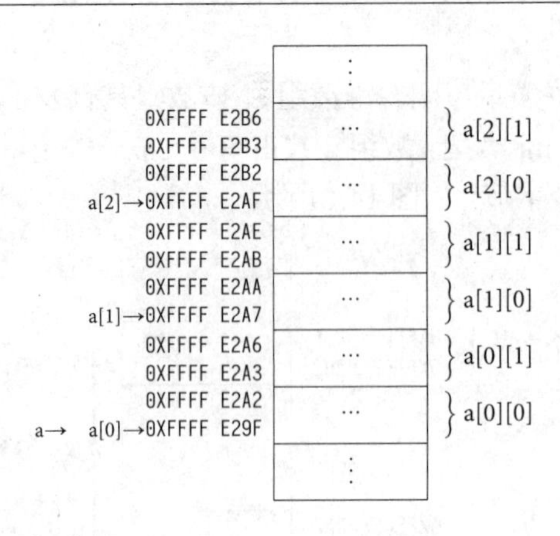

图 14.2 二维数组内存分布嵌套关系

二维数组下标运算的本质

```
*(*(a + 2) + 1);
```

进一步，对于如下三维数组：

三维数组的声明

```
...
int a[3][4][5];
...
```

访问元素"a[2][3][4]"首先要计算第一维索引值为2的地址"a + 2"，其值是数组的首地址，假设用"addr1"表示该地址，则"addr1 = *(a + 2)"。然后计算第二维的索引值3，其地址为"addr1 + 3"，该地址中的值为"*(addr1 + 3)"，是数组的首地址，可用"addr2"表示该地址，即"addr2 = *(addr1 + 3)"。对于第三维，其地址为"addr2 + 4"，这是具体元素的地址，代入"addr1"和"addr2"的值可得：

三维数组下标运算的本质

```
*(*(*(a + 2) + 3) + 4);
```

以上是二维数组引用"a[2][1]"和三维数组引用"a[2][3][4]"等多维数组引用中"[]"运算符的等价表达式。

14.3 多维数组数组名的内涵

与一维数组相同，多维数组的数组名也是数组首地址的符号。在C语言中，一旦声明了一个数组，其地址和大小无法再改变。因此，数组名表示的地址是不可修改的常量，即地址常量，类似于“#define N 10”定义的符号常量。数组名标识符代表了所分配的内存的首地址。需要注意的是，数组名符号的值不是首地址，数组名不是变量，数组名不能存储任何值，数组名标识符代表首地址。数组名是符号常量，该符号常量表示地址常量。

由于数组名是地址，即符号地址常量，而不是变量，因此就不能将数组名称作为指针（指针是变量，也是左值）。数组名是右值，右值不是左值[1]。

由于数组名是右值，因此为数组名赋值是非法的，例如：

通过二维数组名无法整体赋值

```
...
int a[3][2];
int b[3][2];
...
a = b; // 意图将 b 数组直接赋给 a 数组是错误的
...
```

需要注意的是，指针是左值，数组名不是指针。

14.4　数组类型

由图 14.2 可知，二维数组中数组名“a”表示整个数组的首地址，“a[0]”“a[1]”和“a[2]”分别表示该行的首地址，这种类型的地址称为数组类型地址。

数组类型地址与一般类型地址的主要区别是长度不同，对一般类型地址进行“sizeof()”运算，其结果为 8 个字节[2]。而“a”代表二维数组，因此，“sizeof(a)”的结果为 24(6 个整型)，“a[0]”代表一维数组，因此，“sizeof(a[0])”的结果为 8(2 个整型)。但“a[0][0]”代表二维数组的一个元素，它是整型类型，不再是数组类型，“sizeof(a[0][0])”的结果为 4(1 个整型)。当然，使用 gdb 调试器的“whatis”命令，也可以发现这些不同的数组类型，其结果如图 14.3 所示。

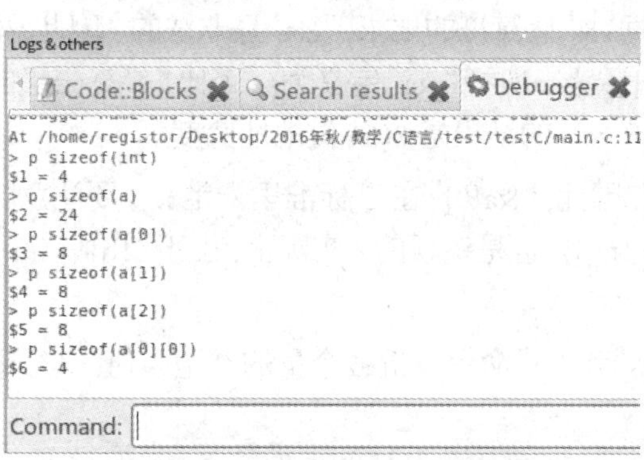
Logs & others
Code::Blocks
Search results
Debugger
At /home/registor/Desktop/2016年秋/教学/C语言/test/testC/main.c:11
> p sizeof(int)
$1 = 4
> p sizeof(a)
$2 = 24
> p sizeof(a[0])
$3 = 8
> p sizeof(a[1])
$4 = 8
> p sizeof(a[2])
$5 = 8
> p sizeof(a[0][0])
$6 = 4
Command:

(a) 使用 sizeof 运算查看各个量大小

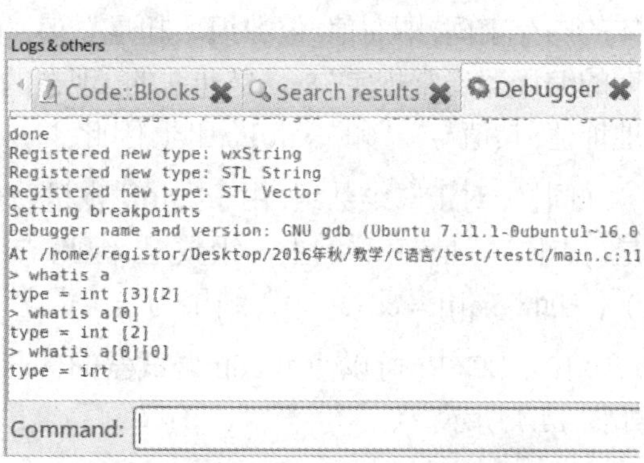
Logs & others
Code::Blocks
Search results
Debugger
done
Registered new type: wxString
Registered new type: STL String
Registered new type: STL Vector
Setting breakpoints
Debugger name and version: GNU gdb (Ubuntu 7.11.1-0ubuntu1~16.0
At /home/registor/Desktop/2016年秋/教学/C语言/test/testC/main.c:11
> whatis a
type = int [3][2]
> whatis a[0]
type = int [2]
> whatis a[0][0]
type = int
Command:

(b) 使用“whatis”命令查看地址类型

图 14.3　数组的地址类型

[1] 左值既可以出现在赋值运算符左边也可以出现在右边，右值只能出现在赋值运算符右边。

[2] 本章使用 64 位 Linux 系统，GCC 是 64 位版本，因此地址的宽度是 8 个字节。

数组类型在数组的声明与引用中具有非常重要的作用，它可以用来识别标识符或表达式是否是数组。数组的数组名是一个具有数组类型的符号地址常量，它的长度是整个数组的长度，并非一般地址的长度。如果一个标识符不具备数组类型，那么它就不是数组。该结论对n维数组同样适用，例如：

多维数组的下标符号

```
...
int a[3][4][5];
...
a[i][j][k] = 10;
...
```

其中，"a""a[i]"和"a[i][j]"都是具有数组类型的符号地址常量，且都是右值，不能被赋值。而"a[i][j][k]"是int类型的变量，可以是左值，也可以被赋值。

14.5 "a""&a""a[0]""&a[0]"和"&a[0][0]"

根据图14.2可知，一个二维数组的数组名"a"是二维数组的起始地址，"a[0]"是数组第1行的首地址，"a[0][0]"是二维数组的第1个元素。

因此，"&a[0][0]"表示元素"a[0][0]"的地址，"sizeof(&a[0][0])"的结果是8。在许多论坛和资料里把"&a[0][0]"当作数组a的首地址，这显然是错误的。能代表数组a的首地址的只有数组名a，"a"与"&a[0][0]"的含义完全不同，数组首地址是数组类型的地址，"sizeof(a)"的结果是"M * N * sizeof(int)"，而不是地址宽度8，由于"a[0][0]"元素的位置是数组a的第一个元素，所以它们的地址值相同。

"&a"是对数组名取地址，在C标准里面未定义。C89规定"&"运算符的操作数必须有具体的内存空间，即左值，但数组名却是右值，根据"&"运算符的要求，"&a"是非法的。因此，早期的编译器通常规定"&a"是非法的，现在的编译器一般把"&a"定义为一个比"a"高一级的地址值，其值与"a"和"&a[0]"相同，因此，"sizeof(&a)"的结果是8(64位地址宽度)。

同样，对于二维数组，由于"a[0]"也是右值，因此，"&a[0]"在C标准里未定义。要注意的是，由于"a"是"a[j]"的上一级数组，因此，"a = &a[j]"也是错误的。实际上，由于"a[j] = *(a + j)"，因此"&a[j] = &*(a + j)"，结果为"a + j"。

在GCC中，可以使用gdb调试器的"whatis"和"p"命令分析各个量的类型与值，其结果如图14.4所示。

由图14.4可以看出，"a""&a""a[0]""&a[0]"和"&a[0][0]"在逻辑上是完全不同的类型。但是，由于"a""&a""a[0]""&a[0]"和"&a[0][0]"的地址值相同，因此，可以通过强制类型转换进行相互转换。

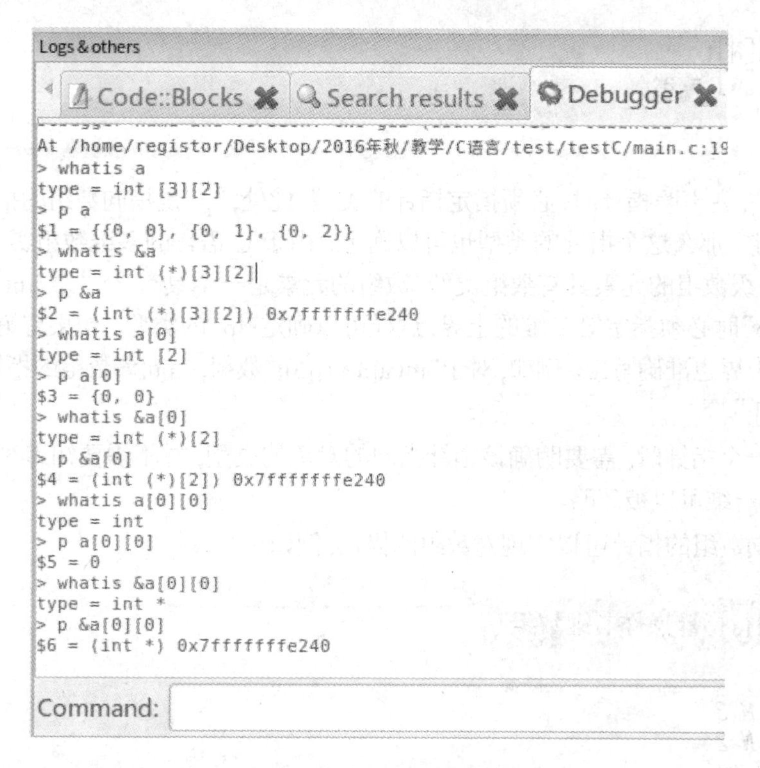

图 14.4　用 gdb 调试器命令分析各类地址和值

14.6　指向数组的指针

由图 14.4 可知，在 C 语言中，存在“int (*)[3][2]”和“int (*)[2]”这样的数据类型，它们与“int *”整型地址类型不同，表示的是数组的地址类型。使用该类型可以声明指向数组的指针，例如：

数组指针

```
1 int (*p)[2];
```

将“p”声明为指向第二维长度为 2 的整型二维数组的指针。此处的“()”不能省略，如果省略，由于“[]”运算符的优先级比“*”高，“p”会先与“[]”结合，这样“p”就变成了一个指针数组（有 2 个元素，每个元素都是“int *”型的指针），而不是指向数组的指针。

可以将二维数组名（符号地址常量）赋给指向数组的指针，例如：

指针二维数组行的数组指针（行指针）

```
1 ...
2 #define M 3
3 #define N 2
```

```
4 ...
5 int a[M][N];
6 int (*p)[N] = a;
7 ...
```

C 语言中, 在声明指针时, 必须指定指针的类型, 此处, "p"是指向数组的指针, 如果数组元素类型确定, 那么这个指针的类型也可以确定。由于 C 语言的多维数组实质上是数组嵌套, 所以高一级数组的元素具有数组类型, 数组的元素是一个具有 "N" 个"int"元素的数组。因此, 声明"p"时必须指定第二维的上界, 这样可以确定 "p"的类型。如果有第三维, 则需要把第三维的上界也准确写出。例如, 对于"int a[3][4][5];"数组, 指向该数组的指针应该声明为"int (*p)[4][5];"。

在声明一个指针时, 需要明确该指针指向的对象的类型, 并不需要知道对象的大小, 因此, 数组的第一维可以被忽略。

通过指向数组的指针可以实现对数组的操作, 例如:

利用行指针操作二维数组

```
1  ...
2  #define M 3
3  #define N 2
4  ...
5  int a[M][N];
6  int (*p)[N] = a;
7
8  for(i = 0; i < M; i++)
9  {
10   for(j = 0; j < N; j++)
11   {
12     p[i][j] = (i + 1) * (j + 1);
13   }
14 }
15 ...
```

通过指向数组的指针还可以实现对数组指定列的操作, 例如:

利用行指针操作二维数组的列元素

```
1 ...
2 j = 1;
3
4 for(p = &a[0]; p < &a[M]; p++) // p++,指向一下行
5 {
6   (*p)[j] = 2; //注意必须有 (),否则由于 [] 的优先级高,会解释为 *(p[j])
7 }
8 ...
```

14.7 多维数组惯用法

利用多维数组中各种地址之间的逻辑关系及多维数组所占内存连续性的特征，能够更加方便地使用多维数组。

14.7.1 二维数组的一维数组操作模式

数组是逻辑概念，编译器并不能识别数组，只能通过“[]”运算符将数组的下标访问转换为类似“*(*(a+i)+j)”的等价表达式，例如：

声明二维数组

```
a[2][1];
```

访问该元素本质上是执行类似“*(*(a + 2) + 1)”的等价操作。

多维数组各维之间其实不应该存在复杂的层级关系。元素在内存中的地址应该是数组的首地址“a”加偏移量“(2 * N + 1) * sizeof(int)”，即通过“*(a + (2 * N + 1) * sizeof(int))”访问“a[2][1]”(此处“#define N 2”)。

当然，在 C 语言中并不允许采用这种方式访问多维数组。但从内存的角度来看，并不存在多维数组的概念，所有数组在内存中都表现为连续的存储空间，因此如果已有这一连续存储空间的首地址，再结合要访问的元素的偏移量，就可以找到需要访问的元素的首地址，然后根据元素的数据类型，可以确定需要读写的字节单元。根据这一事实，可以将多维数组看作一维数组，并对其进行操作，如代码14.1。

程序清单 14.1 二维数组的一维操作

```c
#include <stdio.h>
#include <stdbool.h>

#define M 3
#define N 2

int main(void)
{
    int i, j;
    int a[M][N]; // 数组声明
    int *p = (int *)a; // 整型指针,通过强制类型转换指向数组的起始地址
    int *pTemp; // 整型指针
    int sum1 = 0, sum2 = 0;

    // 数组赋值 (双重循环,常规操作)
    for(i = 0; i < M; i++)
    {
        for(j = 0; j < N; j++)
```

```
19          {
20              a[i][j] = (i + 1) * (j + 1);
21          }
22      }
23  
24      // 按一维方式操作二维数组（注意偏移量的计算）
25      for(i = 0; i < M; i++)
26      {
27          for(j = 0; j < N; j++)
28          {
29              sum1 += *(p + i * N + j); // 得到第 i 行,第 j 列的偏移
30          }
31      }
32  
33      // 按一维方式操作二维数组（注意偏移量的计算）
34      for(i = 0; i < M; i++)
35      {
36          pTemp = p + i * N; // 指向第 i 行的首地址
37          for(j = 0; j < N; j++)
38          {
39              sum2 += *(pTemp + j); // 第 j 列的偏移
40          }
41      }
42  
43      printf("%d\n", sum1);
44      printf("%d\n", sum2);
45  
46      return 0;
47  }
```

该代码的第 16～22 行通过常规方式，利用双重循环，采用下标引用的方式访问二维数组各个元素。第 25～31 行则将二维数组的内存区看作一个一维数组，利用双重循环，通过指针偏移计算出各个元素的首地址，然后间接访问各个元素，其内存结构如图 14.5 (a) 所示。第 34～41 行也是二维数组的一维操作，只是在双重循环的外层循环记录了二维数组每一行的首地址，然后在内层循环通过偏移计算各个元素的首地址后进行访问，其内存结构如图 14.5 (b) 所示。

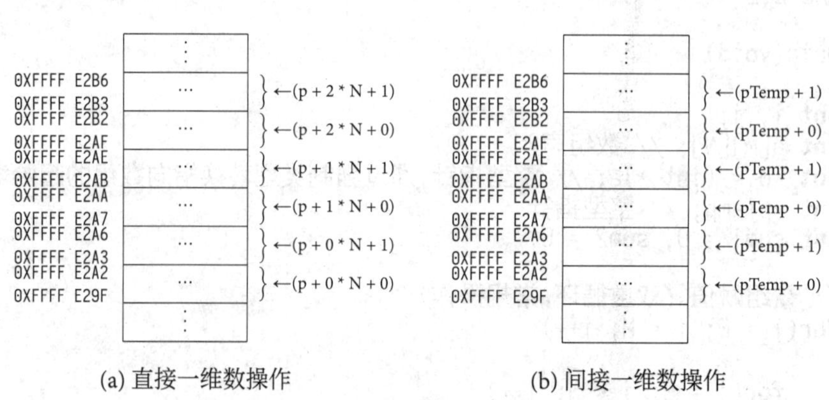

(a) 直接一维数操作　　(b) 间接一维数操作

图 14.5　二维数组的一维访问

14.7.2 直接操作数组内存

多维数组的内存空间是连续的，并且数组名是该内存空间的首地址，因此可以直接操作内存，实现相应数组元素的引用。常用的方法是使用“<string.h>”中的“memset(...)”和“memcpy(...)”函数，例如：

用“mem...”系列函数直接操作二维数组内存

```
...
#include <string.h> // 包含有内存操作函数原型的头文件
#define M 3
#define N 2
...
int a[M][N];
int b[M][N];
...
memset(a, 0, M * N * sizeof(int)); // 将 0 存入以 a 地址开始的
                                   // M * N * sizeof(int) 个字节中
memset(b, 20, M * N * sizeof(int)); // 将 20 存入以 b 地址开始的
                                    // M * N * sizeof(int) 个字节中
...
memcpy(a, b, M * N * sizeof(int)); // 数组的复制
...
```

14.7.3 作为函数的形参

在 C 语言中，函数实参到形参的传递是单向的值传递，即值拷贝的过程。而数组是一组元素，数组名是右值，因此，直接将数组名作为形参，无法实现数组实参到形参的传递。同时，为了提高效率，C 语言不允许复制整个数组，在需要向函数传入数组时，应该传入该数组的首地址，被调函数在函数内部根据该首地址处理来自函数外部的数组。

因此，当需要为函数传入多维数组时，其形参应该是指向数组的指针，通过这一指针接收传入数组的首地址。同时，由于指向数组的指针会省略第 1 维的长度，因此通过该指针无法获得数组第 1 维的长度。当需要将多维数组首地址传入函数时，应该传入该数组第 1 维的长度，此时的函数原型可表示如下：

无名二维数组作为函数形参

```
int sum(int [][N], int);
```

注意，此处的“int [][N]”中第 1 维的方括号不可省略，并且必须留空，其表示函数需要指向数组的指针形参。同时，也可以给出形参的名称如下：

命名二维数组作为函数形参

```c
int sum(int a[][N], int);
```

此处的“int a[][N]”中第1维的方括号也不可省略，必须留空，它声明了数组类型的指向数组的指针形参。将多维数组作为函数形参的完整示例如代码14.2所示。

程序清单 14.2 指针形参

```c
#include <stdio.h>
#include <stdbool.h>
#define M 3
#define N 2

int sum(int a[][N], int m);

int main(void)
{
    int i, j;
    int a[M][N];

    for(i = 0; i < M; i++)
    {
        for(j = 0; j < N; j++)
        {
            a[i][j] = (i + 1) * (j + 1);
        }
    }

    printf("%d\n", sum(a, M));

    return 0;
}

int sum(int a[][N], int m)
{
    int i, j;
    int sum = 0;

    for(i = 0; i < m; i++)
    {
        for(j = 0; j < N; j++)
        {
            sum += a[i][j];
        }
    }

    return sum;
}
```

如果此时在“sum()”函数中使用“sizeof(a)”运算符，得到的结果是8，这说明函数中的形参“a”显然不是数组名, 在函数中使用“whatis a”和“p a”命令, 可以得到如图 14.6 所示的结果。由图 14.6 的结果可以看出, 形参“a”的类型为“int (*)[2]”类型, 是指向数组的指针。

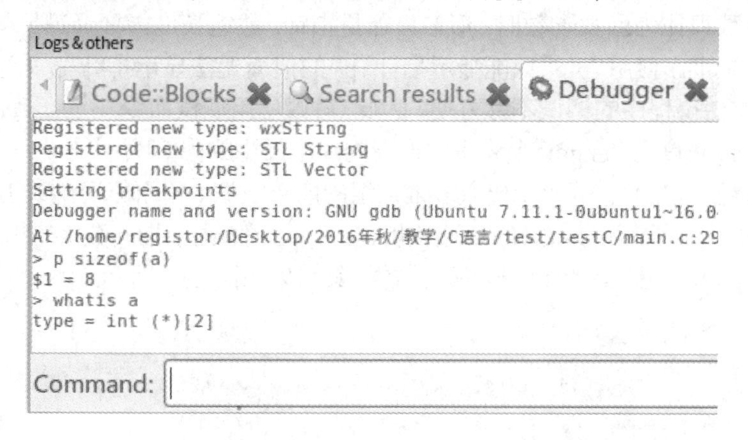

图 14.6　在函数中使用 gdb 调试器命令分析指针的类型

在进行函数调用时, 使用“sum(a, M)”, 此处实参“a”代表二维数组的首地址 (符号地址常量)。因此, 函数形参“a”得到二维数组的首地址 (单向值传递), 此时, “a[i][j]”可解释为“*(*(a + i)+j)”, 实际操作的是函数外部的“a[i][j]”。

需要注意的是, 调用函数时不能使用类似“a[][N]”或 “a[0][0]”的表达方式, 因为它们不是地址, 与形参不匹配。因此在使用数组作为函数实参时, 对应的函数形参也可以设计为指向数组的指针, 如代码14.3。

程序清单 14.3 指向数组的指针作函数形参

```c
#include <stdio.h>
#include <stdbool.h>
#define M 3
#define N 2

int sum(int (*p)[N], int n);
...
int sum(int (*p)[N], int n)
{
    int i, j;
    int sum = 0;

    for(i = 0; i < M; i++)
    {
        for(j = 0; j < N; j++)
        {
            sum += p[i][j];
        }
    }

    return sum;
}
```

当函数的形参是指针时, 并不要求实参也是指针, 它只需要一个地址, 显然, 指针、地址常量和符号地址常量都能满足该要求，而数组名作为符号地址常量正是指针形参所需要的地址，这个过程类似于把一个整数赋值给一个整数变量。

在用多维数组作为函数参数时，形参只能是指针，数组长度需要通过另外的参数传入。因此，在 DEBUG 时，使用"p p"只能显示指针"p"的值而无法显示指针"p"指向的数组的所有元素的值，这使得程序的调试不够方便。为此，可以使用调试命令"p *base@length"显示以"base"为首地址，长度为"length"个元素的连续内存空间中的内容[1]。

由此，可以使用"p *p@n"显示传入多维数组的所有数据 (不局限于函数的 DEBUG，只要是需要 DEBUG 的场合就可以这样显示数组的内容)。当然，由于指向数组的指针的第 2 维已知，因此通过"p p[0]"可显示一行中的所有数据，其结果如图 14.7 所示。

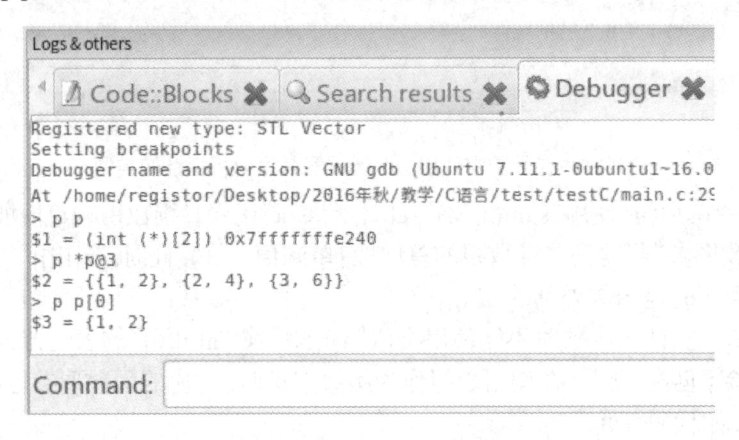

图 14.7　使用 gdb 调试器命令分析数组数据

14.8　小结

本章以二维数组为例，通过对多维数组内部构造的深入解剖，分析了 C 语言中多维数组的层级关系，明确了多维数组是数组的嵌套这一事实，并对数组的声明、访问、数组类型、指向数组的指针等细节进行了分析和讨论。重点强调了对多维数组的一维操作方式、多维数组的内存操作、多维数组作为形参等问题。结果表明，利用 DEBUG 对程序进行剖析是理解和掌握地址、指针、数组等概念和技术的必备工具。另外，计算机内部本质上并不存在数组的概念，数组只是为了便于管理和理解数据结构而创造的逻辑概念。任何数组在内存中都是连续的存储空间，可以将多维数组看作一维数组，并通过一维数组的操作方式读写该内存区域。

[1] 每个元素的类型由"base"的地址类型决定，例如，如果是"int *"地址类型，则每个元素为"int"类型。

第 15 章　二级指针和二维数组

在 C 语言中, 容易将多维数组与多级指针混淆, 例如, 一些论坛上和文献中存在这样的观点: 二维数组是二级指针, 是指针的指针。针对这一错误的理解, 本章以二维数组为例, 采用 DEBUG 的方式对 C 语言中的二维数组与二级指针的关系进行剖析和说明。

15.1 概述

在 C 语言中, 一种常见的错误理解是认为多维数组是多级指针。例如, 认为二维数组是二级指针, 这是错误的。

这种错误源于以"p[i][j]"的形式使用二级指针 "int **p"。首先, 要明确对于任何维数的数组, 其数组名总是符号地址常量, 它是右值, 右值不是指针。其次, 在 C 语言标准对数组引用 (下标引用) 的规定中, 并没有规定引用数组时"[]"运算符的左边必须是数组名, 可以是表达式, 但不能因为以"p[i][j]"的形式使用指针, 就认为指针 p 是二维数组。然后, 对于二维数组 "int a[M][N]", C 语言根据数组的嵌套, 把"[]"运算符等价为 "*(*(a + i) + j)" 运算, 这与二级指针的运算 "p[i][j]" 产生了巧合, 二者具有同样的形式。最后, 如果使用 "sizeof(p)" 和 "sizeof(p[i])", 其值为地址宽度 8 个字节 (64 位系统), 显然不是数组类型。

实际上, "int **p" 声明一个指向一维指针数组的指针, 而不是指向二维数组的指针。同样地, 对于 n 级指针, 可以看作指向一维指针数组的指针, 这个指针数组的元素都是 n−1 级指针。

15.2 二级指针指向二维数组

例如有代码15.1。

程序清单 15.1 二级指针指向二维数组

```c
#include <stdio.h>

#define M 3
#define N 2

int main(void)
{
    int a[M][N] = {{1, 2}, {3, 4}, {5, 6}};
    int **p;

```

```
11      ....
12
13      return 0;
14 }
```

在 Code::Blocks 中使用 gdb 调试器的调试命令“whatis”，可以得到程序中各个量的类型，如图 15.1 所示。

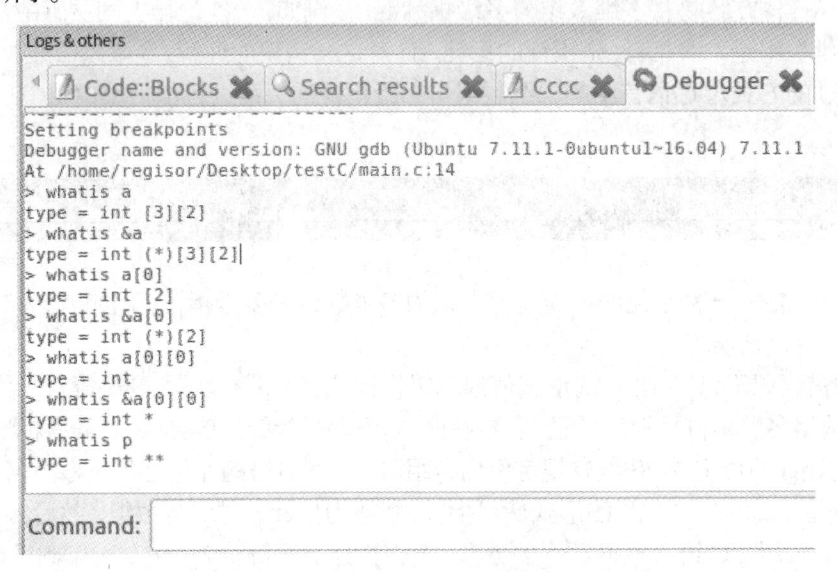

图 15.1　二维数组和二级指针的类型

显然，在图 15.1 中，“a”“&a”“a[0]”“&a[0]”“a[0][0]”和 “&a[0][0]”都无法与“p”的类型相匹配。由此可见，二级指针并不是二维数组，二者的概念完全不同，且无等价关系。

尽管二级指针和二维数组无等价关系，但是，可以通过强制类型转换将数组名 (符号地址常量) 赋给二级指针，如代码15.2。

程序清单 15.2 数组名的强制类型转换

```c
1  #include <stdio.h>
2  #define M 3
3  #define N 2
4  int main(void)
5  {
6      int a[M][N] = {{1, 2}, {3, 4}, {5, 6}};
7      int **p = (int **)a; // 强制类型转换
8      int i, j;
9
10     for(i = 0; i < M; i++)
11     {
12         for(j = 0; j < N; j++)
13         {
14             printf("%d ", p[i][j]); // *(*(p + i ) + j)
15         }
16         printf("\n");
```

```
17        }
18
19        return 0;
20 }
```

在代码15.2第 7 行，通过强制类型转换，将二维数组的首地址“a”强制转换为“int **”类型，然后赋给二级指针 p，该操作使得指针指向数组 a 的首地址。在代码的第 10 行到第 17 行，通过两层循环的嵌套以“p[i][j]”的方式访问“p”指向的数组 a。

编译该代码，没有任何错误与警告，能够成功生成可执行文件。但运行编译后的程序，则会出现崩溃，如图 15.2 所示。

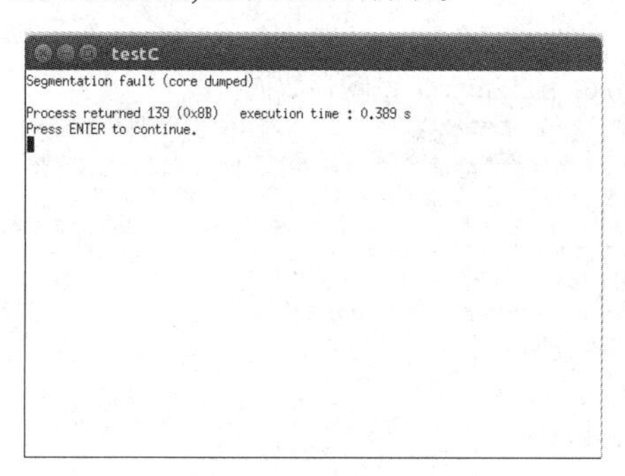

(a) Linux 平台

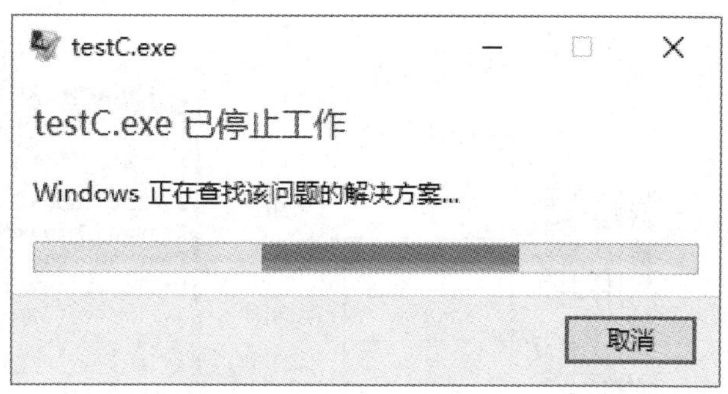

(b) Windows 平台

图 15.2 数组访问越界引起的程序崩溃

显然，本例中程序运行崩溃由数组访问越界造成。在代码第 7 行通过“int **p = (int **)a;”将指针 p 指向了数组 a 的首地址。根据“[]”运算规则，“p[i][j]”被解释为“*(*(p + i) + j)”。由于 p 是“int **”的二级指针，因此，“p + i”使指针“p”指向首地址为“p + i * sizeof(int *)”，大小为“sizeof(int *)”的内存单元，然后进行读写操作，该单元中保存一个“int *”类型的指针。接下来，“*(p + i) + j”将定位到一个“int”类型的内存单元首地址，然后对其进行读写操作（“sizeof(int)”个字节）。通过这些地址，使用 gdb 调试器的“p *base@length”命令，可以查看内存中的数据。

需要注意的是，在 64 位环境下，“sizeof(int *)”的值为 8，在 32 位环境下，“sizeof(int *)”的值为 4。在不同的平台下，指针 p 的指向结果和内存数组如图 15.3 所示。

由图 15.3 (a) 和图 15.3 (b) 可知，当地址为 64 位时，指针 p 指向 a 后，将 a[0][0] 和 a[0][1] 看作一个整体，构成“int *”类型的地址 (0x200000001)。当然，由于无法确定能否操作该内存单元，通过该地址访问“int”型的内存单元时就会出错，在执行“p *p[0]@2”命令时，会出现“Cannot access memory at address 0x200000001”的错误。

同样，由图 15.3 (c) 和图 15.3 (d) 可知，当地址为 32 位时，指针 p 指向 a 后，将 a[0][0] 的内容看作一个 int * 型的地址 (0x1)，当然，由于无法确定能否操作该内存单元，通过该地址访问“int”型的内存单元时就会出错，在执行“p *p[0]@2”命令时，会出现“Cannot access memory at address 0x1”的错误。注意，如果不使用 gdb 调试器的命令进行 DEBUG，仅仅通过类似“printf("%d\n", p[i]);”的形式显示“p[i]”的值，则会得到“1、2、3、4、5、6”这样的结果，这是因为在 32 位系统里，地址宽度和整型宽度恰好同为 4 个字节。如果不认真剖析程序，则很可能会被这种巧合现象迷惑。

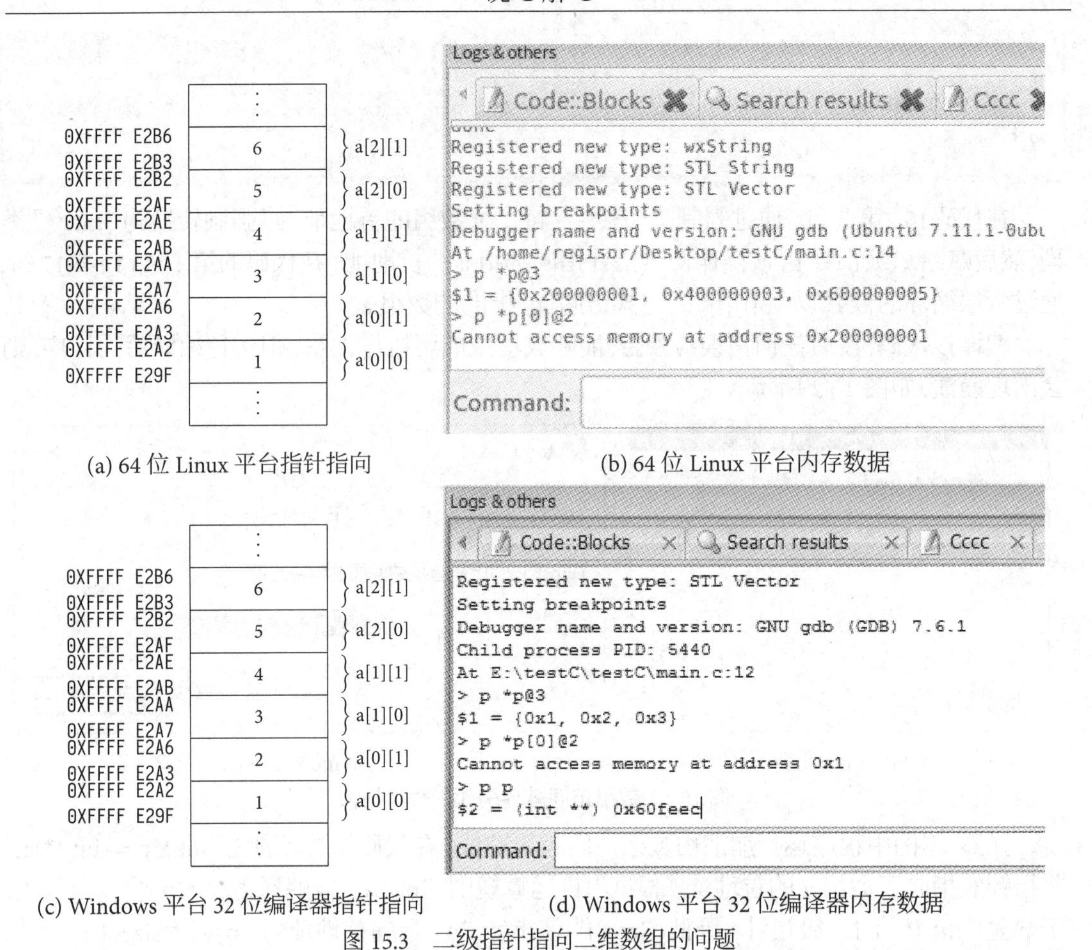

(a) 64 位 Linux 平台指针指向　　(b) 64 位 Linux 平台内存数据

(c) Windows 平台 32 位编译器指针指向　　(d) Windows 平台 32 位编译器内存数据

图 15.3　二级指针指向二维数组的问题

综上所述，正是由于指针指向的错误，以及将不是地址的数据看成地址数据，从而造成了内存读写错误，进而导致程序崩溃。

15.3　通过二级指针操作二维数组

由15.2节的分析可知，二级指针和二维数组无等价关系，虽然能够通过强制类型转换将二维数组名（符号地址常量）赋给二级指针，但通过该二级指针无法实现二维数组中数据的操作。但是，与一级指针可以指向一维数组相同，二级指针可以指向指针数组（其每个元素都是指针）。例如，可以声明一个指针数组，并将二维数组各行的首地址赋给该指针数组的各个元素（每个元素指向二维数组的对应行），然后通过该指针数组操作二维数组。

代码15.3[1]将一个指针数组的数组名作为实参（符号地址常量，具备“int **”类型），将其传入一个以二级指针作为形参的函数，在函数内部通过该指针操作函数外部的二维数组（注意，C 语言函数采用单向值传递的参数传递方式）。

[1] 此处略去相关的内存结构示意图，读者可以绘制程序的内存结构示意图，以加深对这些问题的认识和理解。

程序清单 15.3 将二维数组名传入函数

```c
#include <stdio.h>

#define M 3
#define N 3

// 函数声明
void printarray(int **p, int row, int col);

int main()
{
    // 指针数组，即是一个存放指针元素的数组，
    // 声明后即会有含有 M 个指针元素的数组，
    // 但是每个指针元素并没有初始化
    int *pointer_array[M];
    // 声明一个二维数组
    int bi_array[M][N] = {{1, 2, 3}, {4, 5, 6}, {7, 8, 9}};

    for(int i = 0; i < M; i++)
    {
        // 将每行首地址赋给指针数组元素
        pointer_array[i] = bi_array[i];
    }

    // 以指针数组名作为实参,调用函数
    // 从逻辑上来讲,将一个二维数组传入了函数
    // 实际上,还是在函数内部通过指针操作函数外部的内存
    printarray(pointer_array, M, N);

    return 0;
}

/*
  用二级指针 ** 作为形参，
  可以接受：二级指针 **p、指针数组 *p[] 作为实参,以实现二维数组的传递
*/
void printarray(int **p, int row, int col)
{
    int i = 0, j = 0;

    for(i = 0; i < row; i++)
    {
        for(j = 0; j < col; j++)
        {
            printf("%d\t", p[i][j]); // *(*(p + i) + j)
        }
        // 在每行后输出\n
        printf("\n");
    }
}
```

15.4 小结

通过本章的分析，对于二级指针和二维数组需要注意以下几点：

(1) 二维指针和二维数组不等价，不可以将二维数组名直接赋给二级指针；

(2) 指针数组“*[]”与二级指针“**”相互等价，可以将指针数组名赋给二级指针；

(3) 可以通过强制类型转换进行赋值操作，为指针赋不同类型的地址，但可能会造成程序崩溃；

(4) 通过二级指针“**p”或指针数组“*p[]”可以为函数传递二维数组，但在传入实参前，要确保各指针指向正确。

第 16 章　指 针

在学习C语言时,指针是一个不可逾越的障碍。初学者一般很难全面掌握计算机体系结构、操作系统和内存管理等方面的知识基础, 同时, 用一般的思维习惯不太容易理解指针的原理和使用方式,所以造成了学习和掌握指针的困难。本章从指针的声明、指针的类型、指针所指向对象的类型、指针的值 (指针所指向的内存区)、指针所占据的内存区等方面对指针进行说明, 以期帮助读者掌握指针。

16.1　指针声明

指针是变量, 与其它类型的变量相同, 根据 C 语言的语法要求, 使用指针时, 必须先声明后使用。

在 C 语言中, 指针的声明往往涉及复杂的数据类型, 理解复杂数据类型需要根据类型里可能出现的运算符的优先级, 从变量名处开始根据运算符优先级和结合顺序进行分析和理解。

"int p"是一个简单的整型变量声明, 首先从"p"处开始, 与 "int"结合后构成整个声明, 声明"p"是整型变量。

"int *p"首先从"p"处开始与"*"结合, 说明"p"是指针, 然后再与"int"结合, 说明"p"指向的对象类型为 "int"类型。所以,"p"是指向整型数据的指针, 指针 p 中保存整型地址类型的地址。

"int p[3]"首先从"p"处开始与"[]"结合, 说明"p"是一个长度为 3 的数组, 然后再与"int"结合, 说明数组里的每个元素都是整型数据类型, 所以"p"是由整型数据类型的 3 个元素组成的数组。

"int *p[3]"首先从"p"处开始与"[]"结合, 因为其优先级比"*"高, 所以"p"是一个长度为 3 的数组, 然后再与"*"结合, 说明数组里的元素是地址类型, 最后与"int"结合, 说明指针所指向的对象的类型是整型, 所以"p"是由 3 个指向整型数据的指针构成的指针数组。

"int (*p)[3]"从"p"处开始, 由于"()"的优先级高, 因此先与"*"结合, 说明"p"是指针, 然后再与"[]"结合, 说明指针所指向的对象是一个长度为 3 的数组, 最后与"int"结合, 说明数组里的元素是整型的。所以"p"是指向由 3 个整型数据组成的数组的指针, 即数组指针。

"int **p"首先从"p"开始与"*"结合, 说明 "p"是一个指针, 然后再与"*"结合, 说明指针所指向的元素是指针, 最后与"int"结合, 说明该指针是指向整型数据的指针, 是二级指针。

"int p(int)"从"p"处起, 先与"()"结合, 说明"p"是一个函数, 然后进入"()"与"int"结合, 说明该函数有一个整型变量的形参, 最后与外面的"int"结合, 说明函数的返回值的类型是整型。"int (*p)(int)"从"p"处开始, 先与第一个"()"中的 "*"结合, 说明"p"是指针, 然后与第二个

“()”结合, 说明指针指向一个函数, 然后再与 “()”里的“int”结合, 说明函数有一个 “int”类型的形参, 最后与最外层的“int”结合, 说明函数的返回值的类型是整型, 所以“p”是一个指向有整型形参且返回值类型为整型的函数的指针。

“int *(*p(int))[3]”从“p”开始, 先与内层的“()”结合, 说明“p”是函数, 然后进入内层“()”里面, 与“int”结合, 说明函数有一个整型形参, 然后再与外面的“*”结合, 说明函数返回的是一个指针。在最外面一层, 先与“[]”结合, 说明返回的指针指向一个长度为 3 个元素的数组, 然后再与“*”结合, 说明数组里的元素是指针, 最后与“int”结合, 说明指针指向的对象是整型。所以“p”是一个形参为整型数据的函数, 并且返回一个指针, 该指针指向由整型指针变量组成的长度为 3 的数组。

解析 C 语言的声明, 要建立声明嵌套的概念, 因为 C 语言中所有复杂的指针声明, 都由各种声明嵌套构成。但需要注意的是, 不可以构造过于复杂的声明嵌套, 否则会大大降低程序的可读性, 需慎用复杂的声明嵌套。

16.2 指针的内涵

从 C 语言的角度来看, 指针并不特殊, 它是一个变量, 其特殊性在于它存储的内容可被解释为内存单元的地址。因此, 指针是地址类型的变量。在使用指针时, 需要确定四点: 指针的类型、指针所指向的对象的类型、指针的值 (或者称为指针所指向的内存区域) 和指针本身所占据的内存区。

16.2.1 指针的类型

确定指针的类型实际上是确定指针所存储的地址的类型。在 C 语言语法中, 只要删除指针声明语句里的指针标识符, 剩下的就是指针的类型, 即声明指针变量的地址类型, 例如:

指针变量的地址类型

```
1 ...
2 int* ptr;        //声明指针的地址类型是 int*
3 char* ptr;       //声明指针的地址类型是 char*
4 int** ptr;       //声明指针的地址类型是 int**
5 int(*ptr)[3];    //声明指针的地址类型是 int(*)[3]
6 int* ptr[3];     //声明指针的地址类型是 int*[3]
7 int*(*ptr)[4];   //声明指针的地址类型是 int*(*)[4]
8 ...
```

如果对这些地址类型执行 “sizeof()” 运算, 在 64 位系统里, 得到的结果为 8 个字节, 如图 16.1 所示。

```
Logs & others
Code::Blocks  Search results  Cccc
> p sizeof(int*)
$2 = 8
> p sizeof(char*)
$3 = 8
> p sizeof(int**)
$4 = 8
> p sizeof(int (*)[3])
$5 = 8
> p sizeof(int* (*)[4])
$6 = 8
Command:
```

图 16.1　对地址类型执行“sizeof()”运算

16.2.2 指针所指向的对象的类型

指针只能存储内存区域的首地址，当通过指针访问指针所指向的内存区时，需要知道该内存区域的大小。指针所指向对象的类型决定了该内存区域的大小，编译器将根据指针指向的对象的类型使用该内存区域。在 C 语言的语法中，只需把指针声明语句中的指针标识符和其左边的指针声明符“*”删除，剩下的就是指针所指向的对象的类型，例如：

指针指向对象的类型

```c
int* ptr;       //指针指向的对象的类型是 int
char* ptr;      //指针指向的对象的类型是 char
int** ptr;      //指针指向的对象的类型是 int*
int(*ptr)[3];   //指针指向的对象的类型是 int()[3]
int*(*ptr)[4];  //指针指向的对象的类型是 int*()[4]
```

如果对这些对象的类型执行“sizeof()”运算，其结果如图 16.2 所示。

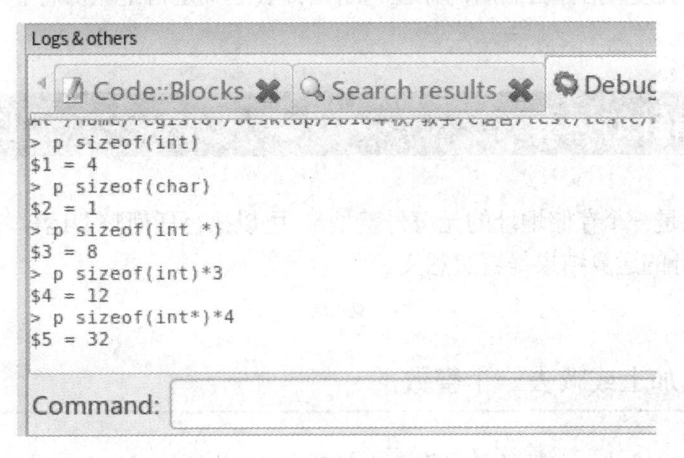

图 16.2　对指针所指向的类型执行“sizeof()”运算

指针的类型是"*"表示的地址类型(地址类型可以用int等类型进行修饰,从而构成不同的地址类型),而指针所指向的对象的类型表示指针指向的数据类型,指针变量的算术运算基于指针所指向的对象的类型所占有的字节大小。可以将与指针相关的"类型"的概念分解为指针的类型和指针所指向的对象的类型,这是精通指针的关键点之一。

16.2.3 指针的值

指针的值是指针变量存储的数值,它的本质是无符号整数。当然,编译器会将该指针的值看作内存单元的地址,而不是一般的无符号整数。对于32位的程序,各种类型的地址即各种类型的指针,其指针的值都是32位的无符号整数(4个字节);对于64位的程序,该值是64位的无符号整数(8个字节)。指针的值是指针所指向的内存区域的首地址,该区域的长度是"sizeof(指针所指向的对象的类型)"。

当指针的值是"XX"时,该指针指向以"XX"为首地址的内存区域,或者说当指针指向某块内存区域时,该指针的值是该内存区域的首地址。指针所指向的内存区域和指针所指向的对象的类型完全不同,如16.2.2小节的示例代码中,指针所指向的对象的类型已经确定,但由于指针还未初始化,此时指针的值不确定,所以它们指向的内存区域不存在,或者指向的内存区域不可操作,且是无意义的。直接使用未初始化的指针往往会引起程序的崩溃。

对于指针要明确:指针的类型是什么?指针所指向的对象的类型是什么?该指针指向了哪里?

16.2.4 指针本身所占据的内存区

指针是地址类型的变量,需要在内存中为指针分配内存,其大小由系统的地址宽度决定,可以通过"sizeof()"运算符进行计算。对于32位系统,指针占4个字节长度,对于64位系统,指针占8个字节长度。指针占据的内存在判断指针表达式是否是左值时非常有用。

16.3 指针的运算

指针本质上是一个存储地址的无符号整型量,可以执行任何整型运算。但由于地址的特殊性,要注意指针的运算结果是否有意义。

16.3.1 指针加上或减去一个整数

指针p可以加或减一个整数值"n",需要注意的是,此处加减的是n个类型单位。若转换为字节单位,则是"n * sizeof(type)",例如:

指针加减整数

```c
char str[11] = "abcdefghij";
char *pstr = str;
pstr += 4;
printf("%c", *pstr);
```

该例中, 指针 pstr 的类型是“char *”, 它指向的对象的类型是“char”, 被初始化为字符数组 str 的首地址 (如图 16.3 (a) 所示)。“pstr += 4;”是给指针“pstr”加 4, 实际是给指针 pstr 的值加“4 * sizeof(char)”个字节, 本例中,“sizeof(char)”的值为 1。由于地址以字节为单位, 所以“pstr”所指向的地址由原来的数组的“str”首地址向高地址方向增加 4 个字节, 从而指向了数组 str 的第 4 号单元开始的 1 个字节 (如图 16.3 (b) 所示), 因此后续的“printf("%c", *pstr);”将会输出“e”。

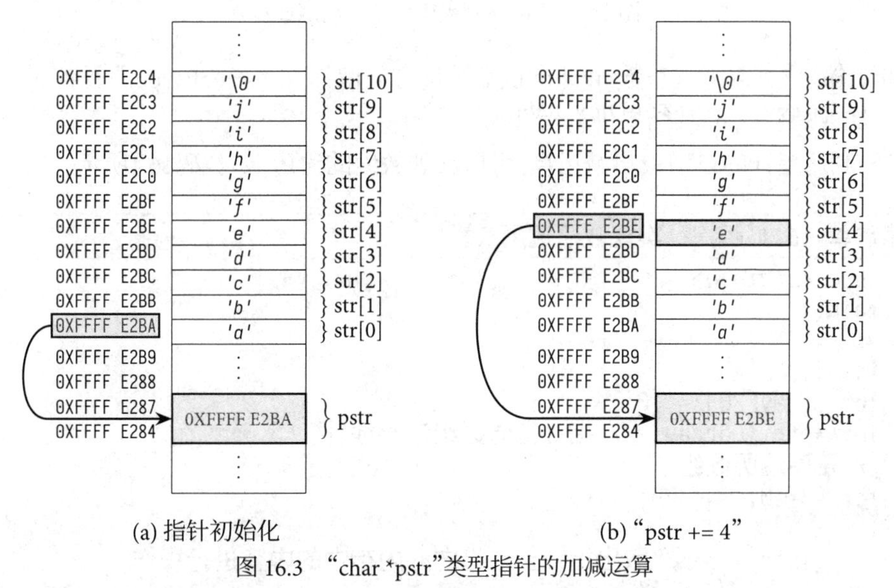

(a) 指针初始化　　(b)“pstr += 4”

图 16.3　“char *pstr”类型指针的加减运算

又如代码:

指针加减整数的字节数

```c
char str[11] = "abcdefghij";
int *pn = (int *)str;
pn++;
printf("%d", *pn);
```

在该例中, 指针 pn 的类型是“int *”, 它指向的对象的类型是“int”, 通过强制类型转换被初始化为字符数组 str 的首地址 (如图 16.4 (a) 所示)。“pn++;”使指针 pstr 加 1, 实际上 pn 的值加了“1 * sizeof(int)”个字节, 其中,“sizeof(int)”的值为 4。由于地址以字节为单位, 所以“pn”所指向的地址由原来的数组 str 的首地址向高地址方向增加 4 个字节, 即指向数组 str 的第 4 号单元开始的 4 个字节 (如图 16.4 (b) 所示), 因此后续的“printf("%d", *pn);”将'e'、'f'、'g' 和'h'4 个字符 (各占 1 个字节) 拼成一个整型 (4 个字节), 输出为“1751606885”。

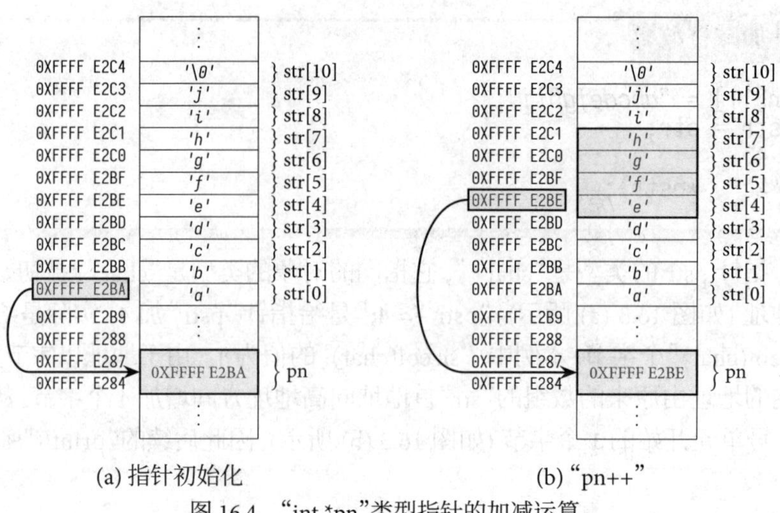

图 16.4 “int *pn”类型指针的加减运算

对指针 p，也可以减去整数 n，即向低端地址方向偏移“n * sizeof(type)”个字节。因此，一个指针 p 加或减整数 n，其结果仍为指针。

另外，利用指针的自增或自减运算，可以实现数组的遍历，如代码16.1所示。

程序清单 16.1 用指针实现数组遍历

```c
#include <stdio.h>
int main()
{
    int i;
    int array[20] = {0};
    int *ptr = array; // 指针指向数组起始地址
    // 正序遍历数组
    for(i = 0; i < 20; i++)
    {
        (*ptr)++; // 取出指针当前指向的内存中的内容进行操作
        ptr++; // 调整指针指向
    }
    ptr = &array[19]; // 指针指向数组最后一个元素
    // 倒序遍历数组
    for(i = 0; i < 20; i++)
    {
        (*ptr)--; // 取出指针当前指向的内存中的内容进行操作
        ptr--; // 调整指针指向
    }
    // 下标遍历数组
    for(i = 0; i < 20; i++)
    {
        printf("%d\t", array[i]); // 下标引用
    }
    printf("\n");
    return 0;
}
```

在该例中，每次循环根据需要将执行"ptr++"或"ptr--"，即偏移 1 个类型单位。

当指针加或减整数 n 时，需要注意的是，在加减后，指针必须指向可以操作的内存，否则会造成程序的崩溃，例如：

指针加减整数引起的错误

```
char str[20] = "You_are_a_girl";
int *ptr = (int *)str;
ptr += 5;
```

在该例中，执行"ptr += 5;"可使指针"ptr"加"5 * sizeof(int)"个字节，即向高端地址偏移 20 个字节（设"sizeof(int)"的结果为 4 个字节）。由于 ptr 被初始化为指向字符型数组 str，当加 5 后，指针 ptr 指向的位置已超过字符数组 str 的范围，此时可能会造成非法内存的访问，导致程序崩溃。

虽然这种指针指向产生的数组越界在应用上会出问题，但其语法是正确的，在编译时不会产生任何错误和警告信息，这也体现了 C 语言中指针的灵活性。

16.3.2 两个指针相减

在指针运算中，两个指针的加法运算没有意义，因为相加后，得到的结果会指向不确定的内存单元。两个指针可以进行减法运算，但在执行两个指针的减法时，必须保证两个指针的类型相同。

当两个指针相减时，结果为指针之间的距离（一般用于数组的操作中，通过数组元素的个数来度量）。因此，如果指针 p 指向"a[i]"，指针 q 指向"a[j]"，则"p - q"的结果是"i - j"，例如：

指针相减

```
p = &a[5];
q = &a[1];
i = p - q; // i 的结果是 4
i = q - p; // i 的结果是-4
```

需要注意的是，在不指向任何数组元素的指针上执行算术运算，会导致未定义的行为。同时，只有两个指针指向同一数组时，它们相减的结果才有意义。

16.3.3 指针的比较

可以用关系运算符（<、<=、> 和 >=）和判等运算符（== 和!=）进行指针的比较运算。同样，只有两个指针指向同一数组时，用关系运算符进行的指针比较才有意义。比较的结果依赖于数组中两个元素的相对位置，例如：

指针的比较

```
p = &a[5];
q = &a[1];// 则,p <= q 的结果是假,p >= q 的结果是真
```

利用指针的关系运算，同样也可以实现数组的遍历操作，例如：

利用指针的比较遍历数组

```
int i, sum;
int array[20] = {0};
int *p; // 声明指针
for(p = &array[0]; p < &array[20]; p++)
{
    sum += *p;
}
```

16.4 & 和 * 运算符

在 C 语言中，“&”是取地址运算符，“*”是取内容间接运算符。“&a”的运算结果是地址，地址的类型由“a”的类型后加个“*”所构成。若将该地址赋给指针，则指针指向的对象的类型是“a”的类型，指针指向的地址是“a”的地址。

“*p”的运算结果比较复杂，其结果是“p”所指向的内存单元中的内容，该内存单元的类型是“p”指向的对象的类型，其地址是“p”指向的地址，例如：

取地址和取内容操作

```
int a = 12, b, *p, **ptr;
p = &a;      // &a 是 int* 类型的地址,p 指向 a,p 指向的对象的类型是 int
*p = 24;     // *p 是 p 指向的对象,其地址是 p 的值,*p 就是变量 a
ptr = &p;    // &p 是 int** 类型的地址,赋值使 ptr 指针指向 p
*ptr = &b;   // *ptr 是 ptr 指向的对象,&b 的结果是一个 int* 类型的地址,
             // 两者的类型是一样的,所以可以用 &b 为 *ptr 赋值
**ptr = 34;  // *ptr 是 ptr 所指向的内存中的内容,是一个 int * 类型的地址,
             // 对 *ptr 指针再进行 * 运算,取 *ptr 指向的内存中的内容
```

16.5 指针和 const

“const”是“constant”的缩写，该关键字可使它所修饰的对象成为常量。需要注意“const int * p;”与“int * const p;”的区别，第一个声明中的“const”属于声明说明符，它与“int”共同来

说明“*p”, 因此“const”修饰 “p”指向的对象, 但“p”仍然是可变的, 即“p”是指向常量的指针, 称为常量指针。第二个声明中的“const”是声明符的一部分, 它修饰 “p”, 因此“p”的类型是“const”且是地址类型的常量, 称为指针常量。指针常量也被称为常指针或常指针变量, 例如:

常量指针和指针常量

```
...
int a = 10, b = 20;
const int *p = &a;
int * const q = &a;

p = &b;  // OK: 可以调整指针指向的对象
*p = 30; // error: assignment of read-only location '*p'
q = &b;  // error: assignment of read-only variable ‘q’
*q = 40; // OK: 可以修改指针指向对象的内容
...
```

16.6　函数指针

函数的代码在内存中需要内存空间进行存储, 一段函数代码所占用的内存区域具有首地址, 该地址也可以称为“函数地址类型的地址”。既然指针可以用来存储地址, 那么可以使用函数地址类型声明指针变量, 再利用指针存储函数的首地址。

具备函数地址类型的指针称为函数指针, 函数指针用于存储函数的首地址, 可以指向函数, 例如:

函数指针

```
...
int fun(char *, int); // 声明函数原型
...
int (*pf)(char *, int); //声明函数指针

pf = fun1; // 为函数指针赋值 (函数名是函数的首地址,是符号地址常量)

int result = pf("abcdefg", 7); //通过函数指针调用函数
// 或
int result = (*pf)("abcdefg", 7); //通过函数指针调用函数
...
```

函数的函数名与数组名类似, 它是函数的首地址, 也是符号地址常量。本例中函数指针的赋值与指向关系如图 16.5 所示。

通过函数指针调用函数时, 通常有 “pf();”和“(*pf)();”两种形式的语法, 这两种方式都合法, 结果一样。建议使用“pf();”的形式, 因为这种形式简洁明了, 同时也符合函数的一般调用形式。

函数指针本质上是指针变量，因此能够使用指针的情况，都可以使用函数指针。采用函数指针作为函数形参，可以将一个函数传入另一个函数。函数指针有助于设计通用化的程序，提高代码的可重用性。

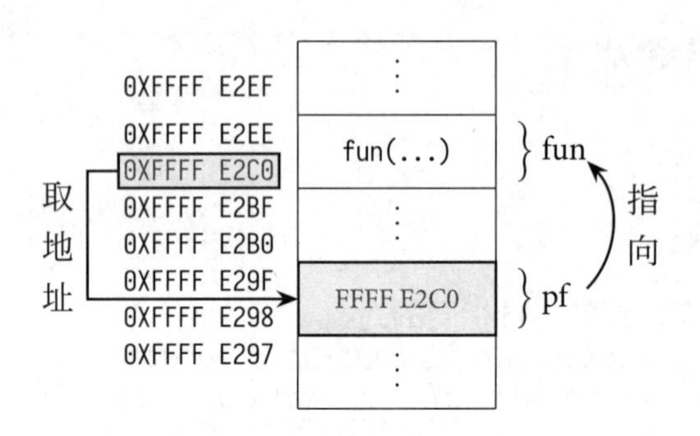

图 16.5　函数指针及其指向

例如，可声明函数指针 "double (*p)(double);" 用于指向具有 "double" 类型的形参，返回值为 "double" 类型的函数，然后通过指针 p 指向不同的函数实现对函数的调用，如代码16.2所示。

程序清单 16.2 通过函数指针调用函数

```c
#include <stdio.h>
#include <math.h> // 数学函数头文件

int main()
{
    double (*p)(double); // 声明函数指针

    p = sin; // p 指向 sin 函数
    printf("%f\n", p(1.57)); // 通过函数指针调用函数

    p = cos; // p 指向 cos 函数
    printf("%f\n", p(1.57)); // 通过函数指针调用函数

    return 0;
}
```

例如，通过梯形法求解定积分的示意图如图 16.6 所示。梯形法求积分的算法如下：

$$\int_a^b f(x)\,\mathrm{d}x \approx \frac{1}{2}\left(f(x_0)+f(x_1)\right)h+\ldots+\frac{1}{2}\left(f(x_{n-1})+f(x_n)\right)h$$

$$= h\left[\frac{f(a)+f(b)}{2}+\sum_{i=1}^{n-1} f(a+ih)\right]$$

可设计"double (*)(double)"函数地址类型，用于通用定积分计算，如代码16.3。

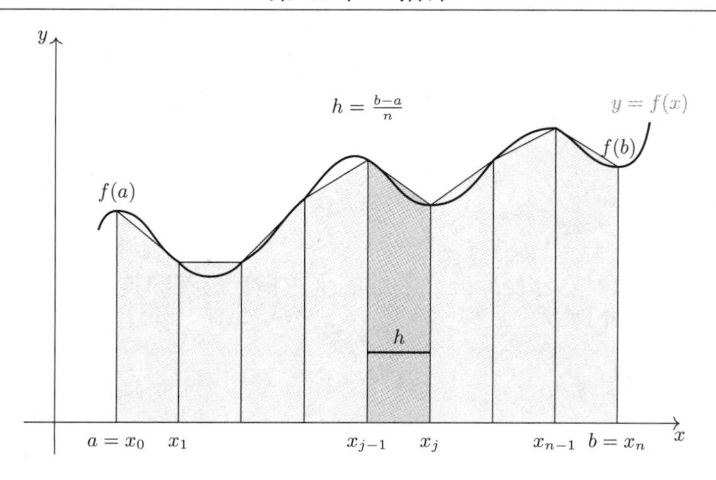

图 16.6　求解定积分示意图

程序清单 16.3 计算定积分

```c
#include <stdio.h>
#include <math.h>
// 函数原型 (注意函数指针形参)
double integrate(double (*pf)(double), double a, double b, int n);
double my_fun(double x); // 需要注意与函数指针形参类型保持一致
int main()
{
    double a, b;
    int n;

    printf(" 积分上限: a = ");
    scanf("%lf", &a);
    printf(" 积分下限: b = ");
    scanf("%lf", &b);
    printf(" 分割段数: n = ");
    scanf("%d", &n);

    // pf 指向 sin(x) 函数
    printf("sin 函数积分值: %f\n", integrate(sin, a, b, n));
    // pf 指向 cos(x) 函数
    printf("cos 函数积分值: %f\n", integrate(cos, a, b, n));
    // pf 指向 my_fun(x) 函数
    printf("x^2 积分值: %f\n", integrate(my_fun, a, b, n));

    return 0;
}
// 用梯形法计算定积分,使用函数指针形参,可实现计算不同函数的定积分
double integrate(double (*pf)(double), double a, double b, int n)
{
    int i;
    double h = (b - a) / n;
    double s = (pf(a) + pf(b)) / 2; // 通过函数指针调用函数

```

```
34     for(i = 1; i <= n - 1; i++)
35     {
36         s += pf(a + i * h); // 通过函数指针调用函数
37     }
38     s = h * s;
39 
40     return s;
41 }
42 // 自定义函数,注意与 integrate 函数的函数指针形参的类型一致
43 double my_fun(double x)
44 {
45     return x * x;
46 }
```

程序运行中,函数指针的指向关系如图 16.7 所示。

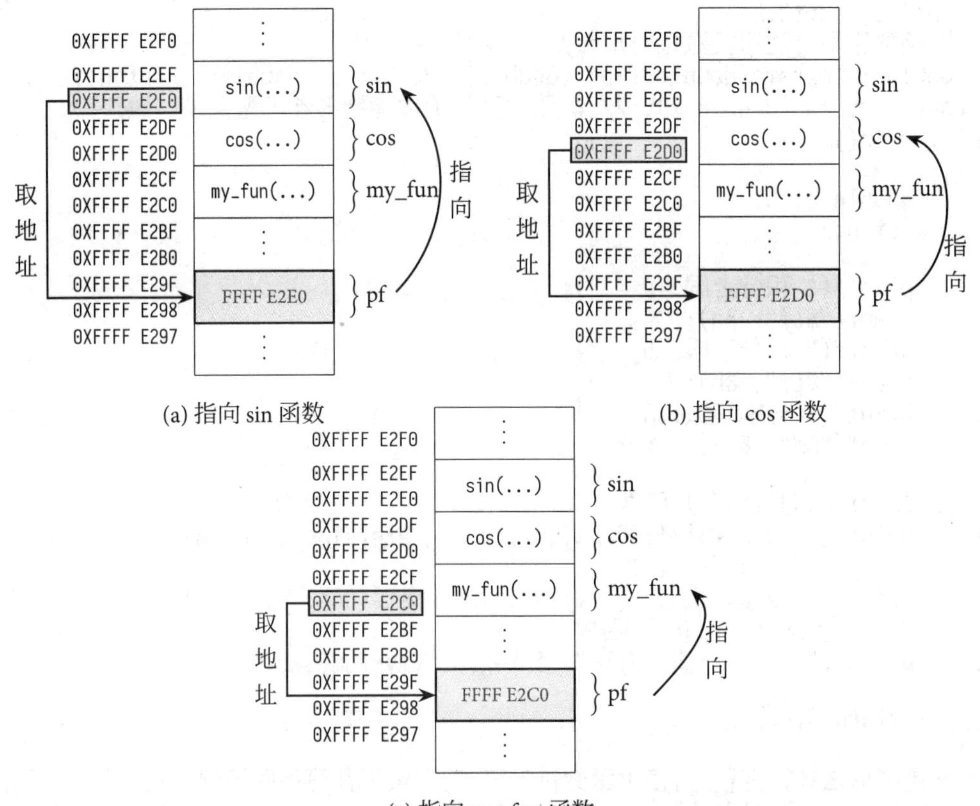

(a) 指向 sin 函数　(b) 指向 cos 函数

(c) 指向 my_fun 函数

图 16.7　计算定积分时函数指针的指向关系

同样,采用函数指针也可以得到选择排序函数,调用该排序函数时,可以根据与函数指针结合的实参,调用不同的比较函数,从而实现降序或升序排序的控制,如代码16.4。

程序清单 16.4 利用函数指针控制数组排序方式

```c
#include <stdio.h>

#define N 5

// 函数原型
int greater(int x, int y); // 比较函数,若 x>y,返回真
int lesser(int x, int y); // 比较函数,若 x<y,返回真
// 注意函数指针形参
void selection_sort(int a[], int n, int (*pfcomp)(int, int));

// 程序入口 main 函数
int main()
{
    int a[N] = {88, 84, 83, 87, 61};
    int i;

    // 降序排序
    selection_sort(a, N, greater); // 使用 greater 函数名传入函数地址
    for (i = 0; i < N; i++)
    {
        printf("%d ", a[i]);
    }
    printf("\n");

    // 升序排序
    selection_sort(a, N, lesser); // 使用 lesser 函数名传入函数地址
    for (i = 0; i < N; i++)
    {
        printf("%d ", a[i]);
    }
    printf("\n");

    return 0;
}

// 比较函数,若 x>y,返回真
int greater(int x, int y)
{
    return x > y;
}
// 比较函数,若 x<y,返回真
int lesser(int x, int y)
{
    return x < y;
}

// 选择排序,注意函数指针形参 int (*pfcomp)(int, int) 的使用
void selection_sort(int a[], int n, int (*pfcomp)(int, int))
{
    int i, j;
```

```
51      int temp, k;
52      for (i = 0; i < n - 1; i++)
53      {
54          k = i;
55
56          for ( j = i + 1; j < n; j++)
57          {
58              // 通过函数指针调用传入的函数,实现 a[j] 和 a[k] 的比较
59              if (pfcomp(a[j], a[k]))
60                  k = j;
61          }
62
63          if ( k != i )
64          {
65              temp = a[i];
66              a[i] = a[k];
67              a[k] = temp;
68          }
69      }
70  }
```

另外,在“<stdlib.h>”中声明了快速排序函数,其原型为:

qsort 函数原型

```
1 void qsort(void *base, size_t nmemb, size_t size,
2            int(*compar)(const void *, const void *));
```

该函数能够实现任意类型数组的升序或降序排序。数组的元素可以是任何类型,甚至是结构体或联合体类型,所以必须让函数 qsort 明确数组中的两个元素的大小关系。通过加入比较函数可以为函数 qsort 提供这些信息。

当给定两个指向数组元素的指针 p 和 q 时,比较函数必须返回整数。如果“*p < *q”,则返回负数;如果“*p == *q”,则返回 0;如果“*p > *q”,则返回正数。

在“qsort”的形参中,“base”必须指向数组中的第一个元素,通常传入形参 base 的实参就是需要排序的数组的名称 (符号地址常量)。“nmemb”是要排序元素的数量 (不一定是数组中所有元素的数量)。“size”是数组中每个元素的以字节为单位的大小,可以用“sizeof()”运算符进行计算。“compar”是指向比较函数的指针。当调用 qsort 函数时,如果需要比较数组元素,就需要调用该比较函数,如代码16.5所示。

程序清单 16.5 利用 qsort 函数排序整型数组

```
1 #include <stdio.h>
2 #include <stdlib.h>
3 #define N 5
4 // 比较函数的原型
5 int greater(const void *x, const void *y); // 降序
6 int lesser(const void *x, const void *y);  // 升序
```

```
7
8 int main()
9 {
10     int a[N] = {88, 84, 83, 87, 61};
11     int i;
12
13     qsort(a, N, sizeof(int), greater); // 传入比较函数的首地址
14     for (i=0; i<N; i++)
15         printf("%d ", a[i]);
16     printf("\n");
17     qsort(a, N, sizeof(int), lesser); // 传入比较函数的首地址
18     for (i=0; i<N; i++)
19         printf("%d ", a[i]);
20     printf("\n");
21
22     return 0;
23 }
24
25 // 降序排序的比较函数
26 int greater(const void *x, const void *y)
27 {
28     const int *p = x, *q=y;
29     return (*p < *q);
30 }
31
32 // 升序排序的比较函数
33 int lesser(const void *x, const void *y)
34 {
35     const int *p = x, *q=y;
36     return (*p > *q);
37 }
```

若需要对“double”型数组排序，只需要修改相应类型即可，并不需要重新编写代码，如代码16.6所示。

程序清单 16.6 利用 qsort 函数排序双精度浮点型数组　C

```
1 #include <stdio.h>
2 #include <stdlib.h>
3 #define N 5
4
5 // 比较函数的原型
6 int greater(const void *x, const void *y); // 降序
7 int lesser(const void *x, const void *y);  // 升序
8
9 int main()
10 {
11     double a[N] = {88.8, 88.9, 83.5, 87.2, 61.5};
12     int i;
13
14     qsort(a, N, sizeof(double), greater); // 传入比较函数的首地址
```

```
15
16      for (i=0; i<N; i++)
17          printf("%f ", a[i]);
18      printf("\n");
19
20      qsort(a, N, sizeof(double), lesser); // 传入比较函数的首地址
21
22      for (i=0; i<N; i++)
23          printf("%f ", a[i]);
24      printf("\n");
25
26      return 0;
27  }
28
29  // 降序排序的比较函数
30  int greater(const void *x, const void *y)
31  {
32      const double *p = x, *q=y;
33      return (*p < *q);
34  }
35
36  // 升序排序的比较函数
37  int lesser(const void *x, const void *y)
38  {
39      const double *p = x, *q=y;
40      return (*p > *q);
41  }
```

注意, 对函数指针执行指针的运算没有意义, 这样可能让指针指向不可访问的内存, 从而造成程序的崩溃。

16.7 小结

理解指针的本质, 时刻对指针的类型、指针所指向的对象的类型、指针的值 (或者叫指针所指向的内存区域)、指针本身所占据的内存区这四个方面的内容保持清晰的认识, 这是使用指针的核心。

在使用指针时, 必须要明确指针指向了哪里? 在用指针访问数组的时候, 不要超出数组的低端和高端界限, 否则也会造成数组越界的错误, 导致程序的崩溃。

第 17 章　结构体类型

结构体类型是 C 语言中重要的聚合 (agrregate) 类型，它能够将类型相同或不同的数据聚合为一个整体，从而使代码对数据和算法的描述更自然、更有条理。结构体类型广泛应用于网络协议、通信控制、嵌入式系统和驱动程序开发等场合，不但可以用于普通变量的声明，也可以用于指针、函数形参和函数返回类型等。结构体类型是 C 语言中包容性最强的类型，使用结构体类型几乎可以描述所有的数据结构。本章通过对结构体类型的分析，全面介绍了结构体及其应用。

17.1　结构体类型概述

17.1.1　结构体类型的定义

结构体类型是 C 语言中的自定义类型，定义一个结构体类型时，需要完成：

(1) 为这种新的自定义类型命名；

(2) 描述这种自定义类型中成员的个数和类型；

(3) 为各个成员命名。

结构体类型定义的语法为：

```
struct 结构体标记
{
  成员 1 的类型  成员 1 的名称;
  成员 2 的类型  成员 2 的名称;
          ⋮
  成员 n 的类型  成员 n 的名称;
};
```

例如，一个由时、分和秒构成的时间结构体类型可以定义为：

定义结构体类型

```c
struct time
{
  int hour;
  int minute;
  int second;
};
```

其中，“time”是根据标识符命名规则为所要定义的结构体类型所取的特定标记 (Tag)。要注意的是，结构体类型的完整名称是“struct time”，而不是“time”，这个名称与 C 语言的内置类型的名称 (例如“int”) 具有同样的语法地位，可以用它声明变量，进行类型转换或进一步构造数组、结构体、联合体等新的数据类型。

结构体类型中的“{}”中的内容是对这种类型的各成员及其名称的描述，本例中定义了“struct time”结构体类型，它有 3 个“int”类型的数据成员，数据成员的名称分别是“hour”“minute”和“second”。

定义结构体类型时，在“{}”后要有“;”，表示结构体定义结束，同时在结构体内部每个成员声明的最后也要使用“;”，表示对该成员声明的结束。

需要注意的是，结构体类型的定义只是制定了使用内存的规划，仅完成了结构体类型的定义，没有执行向系统申请内存的操作。例如上例中，完成该结构体类型的定义后，其内存使用规划如图 17.1 所示 (并没有分配内存，无地址标识)。

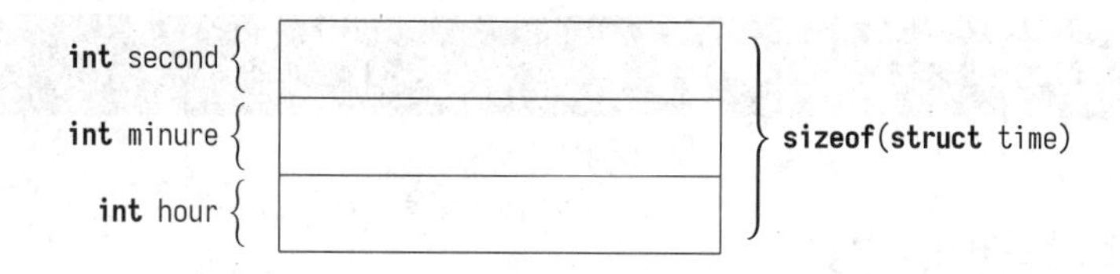

图 17.1　结构体类型的内存使用规划

在这一内存使用规划中，结构体类型所占有的字节数一般大于或等于“成员”所占空间的和。C 语言只规定了这些成员在内存中的先后顺序，并不要求它们必须紧邻，出于运行速度方面的考虑，大多数系统会对内存的使用进行“对齐”处理，所以，在各个成员之间可能会有不被使用的内存空隙 (但整体上结体体类型占有的内存空间是连续的)。因此，不可以主观臆断地认为结构体类型占用的内存大小就是各成员占有内存大小的和。如果代码中需要知道结构体类型占有内存的大小，需要使用“sizeof()”进行计算。

17.1.2 声明结构体类型的变量

完成结构体类型的定义后，类似于“int”类型，可以使用该类型进行变量声明，例如代码：

声明结构体类型变量

```
1 struct time start, steps, *ptime = &start;
```

声明了两个“struct time”类型的变量 start 和 steps 以及一个“struct time *”类型的指针变量 ptime[1]，此时，向系统申请的内存结构如图 17.2 所示。需要注意的是，完整的结构体类型的名称是“struct time”，在使用中不可忽略“struct”关键字。

[1]“ptime”指针可以指向“struct time”类型的变量，注意其占有的字节数是“sizeof(struct time *)”，而不是“sizeof(struct time)”，本章使用 64 位的 GCC 编译器，因此，sizeof(struct time *) 的值为 8。

17.1.3　结构体成员的基本操作

访问一个结构体成员的基本操作是“.”和“->”运算，当通过普通结构体类型的变量访问其成员时，使用“.”运算符，当通过结构体类型的指针访问其指向的结构体类型变量的成员时，使用“->”运算符。例如：

结构体成员的操作

```
1 struct time start, steps, *ptime = &start;
2 ptime->hour = 21;
3 ptime->minute = 36;
4 ptime->second = 23;
5
6 steps.hour = 3;
7 steps.minute = 28;
8 steps.second = 47;
```

此时内存中的数据如图 17.3 所示。

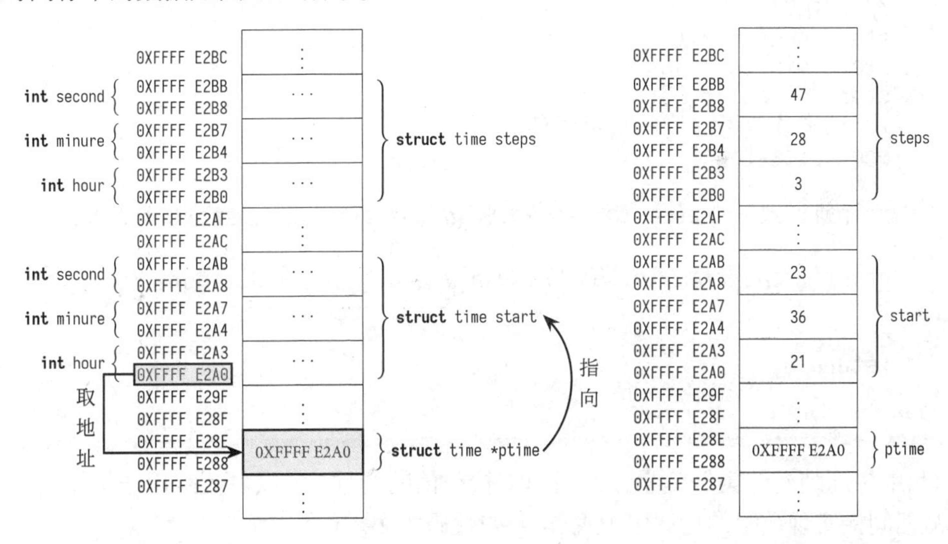

图 17.2　结构体类型变量的内存结构　　图 17.3　结构体成员赋值

17.1.4　结构体类型变量的整体赋值

对于两个相同的结构体类型变量，可以采用逐个成员依次赋值的方式，将一个结构体类型变量中各成员的值赋给另一个相同结构体类型变量的各个成员。这种操作虽然确保了赋值操作的正确性，但并不是最优的方法。

实际上，C 语言在相同类型的变量之间进行赋值时，直接进行内存复制操作。因此，对于相同的结构体类型变量，可以直接进行赋值操作，而无需采用逐个成员依次赋值的方式进行赋值，如代码17.1所示。

程序清单 17.1 结构体变量整体赋值

```c
#include <stdio.h>

#define MAX_SEC 60 // 秒数的上限
#define MAX_MIN 60 // 分数的上限
#define MAX_HOUR 24 // 时数的上限

// 结构体类型定义
struct time
{
    int hour;
    int minute;
    int second;
};

int main()
{
    // 声明结构体类型变量
    struct time start, end;

    // 起始时间
    start.hour = 21;
    start.minute = 36;
    start.second = 23;
    // 结构体变量之间的直接赋值
    end = start;

    printf("start time is: %d:%d:%d\n", start.hour, start.minute,
                                         start.second);
    printf("end time is: %d:%d:%d\n", end.hour, end.minute,
                                       end.second);

    return 0;
}
```

利用相同结构体类型变量之间可以直接赋值的特性，可以对数组用结构体类型进行封装，从而间接实现数组的拷贝赋值操作[1]，如代码17.2所示。

程序清单 17.2 通过结构体封装实现数组的整体赋值

```c
#include <stdio.h>

#define MAX_SEC 60 // 秒数的上限
#define MAX_MIN 60 // 分数的上限
#define MAX_HOUR 24 // 时数的上限

// 结构体类型定义
struct data
```

[1] 由于数组名是符号地址常量，是一个右值，故直接使用数组名将一个数组赋值给另一个数组是非法的操作。

```
9 {
10     int arr[5];
11 };
12
13 int main()
14 {
15     // 声明结构体类型变量
16     struct data d1 = {{1,2,3,4,5}}, d2;
17     int i;
18
19     // 利用结构体变量之间的直接赋值间接实现数组的复制操作
20     d2 = d1;
21
22     for(i = 0; i < 5; i++)
23     {
24         printf("%d ",d2.arr[i]);
25     }
26     printf("\n");
27
28     return 0;
29 }
```

但是，结构体类型变量之间的赋值操作需要在同一个结构体类型变量之间进行，不同的结构体类型变量之间无法实现这一操作，即便是具有相同结构的不同结构体类型，如代码17.3所示。

程序清单 17.3 非同一类型结构体变量无法整体赋值

```
1 #include <stdio.h>
2
3 #define MAX_SEC 60 // 秒数的上限
4 #define MAX_MIN 60 // 分数的上限
5 #define MAX_HOUR 24 // 时数的上限
6 // 结构体类型定义
7 struct time1
8 {
9     int hour;
10    int minute;
11    int second;
12 };
13 struct time2
14 {
15     int hour;
16     int minute;
17     int second;
18 };
19
20 int main()
21 {
22     // 声明结构体类型变量
23     struct time1 start;
```

```
24     struct time2 end;
25 
26     // 起始时间
27     start.hour = 21;
28     start.minute = 36;
29     start.second = 23;
30     // 结构体变量之间的直接赋值
31     end = start; // error: incompatible types
32                  // when assigning to type 'struct time2'
33                  // from type 'struct time1'
34     printf("start time is: %d:%d:%d\n", start.hour, start.minute,
35                                         start.second);
36     printf("end time is: %d:%d:%d\n", end.hour, end.minute,
37                                       end.second);
38 
39     return 0;
40 }
```

相同结构体类型变量之间可以直接进行赋值操作, 可以使用结构体类型定义函数的形参和返回值类型, 从而实现将相同结构体类型的实参以单向值传递的方式传递到形参, 并能够将结构类型的值返回, 赋值给相同结构体类型的变量。采用这种方式, 通过合理的结构体类型封装, 可以间接地实现返回多个数据。

17.1.5 结构体类型的综合应用实例

使用结构体类型组织程序中的数据, 可以使得数据和算法的描述更加自然、有条理。

例如: 编程计算 21 点 38 分 23 秒再过 3 小时 28 分 47 秒后是几点几分几秒。

对于该问题, 可以使用前述的"struct time"结构体类型组织数据和实现算法, 其实现方法如代码17.4所示。

程序清单 17.4 计算时间

```c
1  #include <stdio.h>
2 
3  #define MAX_SEC 60 // 秒数的上限
4  #define MAX_MIN 60 // 分数的上限
5  #define MAX_HOUR 24 // 时数的上限
6 
7  // 结构体类型定义
8  struct time
9  {
10     int hour;
11     int minute;
12     int second;
13 };
14 
15 // 函数原型
16 struct time getCurrentTime(struct time, struct time);
```

```
17 void getCurTime(struct time, struct time, struct time*);
18
19 int main()
20 {
21     // 声明结构体类型变量
22     struct time start, steps, result;
23
24     // 起始时间
25     start.hour = 21;
26     start.minute = 36;
27     start.second = 23;
28     // 时间增量
29     steps.hour = 3;
30     steps.minute = 28;
31     steps.second = 47;
32
33     printf("%d:%d:%d passed ", start.hour, start.minute,
34                                start.second);
35     printf("%d:%d:%d is ", steps.hour, steps.minute, steps.second);
36
37     // 调用函数
38     result = getCurrentTime(start, steps);
39
40     printf("%d:%d:%d\n", result.hour, result.minute, result.second);
41
42     // 另一算法，注意 &result 的使用
43     getCurTime(start, steps, &result);
44
45     printf("another result %d:%d:%d\n", result.hour, result.minute,
46                                          result.second);
47
48     return 0;
49 }
50
51 // 根据起始时间和时间增量计算最终时间
52 // 注：函数中的变量（包括形参）是局部变量，
53 //     不会与其它函数中的同名变量发生冲突
54 struct time getCurrentTime(struct time start, struct time steps)
55 {
56     struct time result;
57
58     // 增量计算
59     result.hour = start.hour + steps.hour;
60     result.minute = start.minute + steps.minute;
61     result.second = start.second + steps.second;
62
63     result.minute += result.second / MAX_SEC; // 秒数进位（60 进制）
64     result.second %= MAX_SEC; // 秒数进位后余数（60 进制），注意先后顺序
65     result.hour += result.minute / MAX_MIN; // 分数进位（60 进制）
66     result.minute %= MAX_MIN; // 分数进位后余数（60 进制），注意先后顺序
67     result.hour %= MAX_HOUR; // 时数的余数（24 进制），注意计算的先后顺序
68
69     return result;
```

```
70 };
71
72 // 注意结构体地址类型的指针形参的使用
73 void getCurTime(struct time start,struct time steps,struct time* pt)
74 {
75         // 增量计算
76     pt->hour = start.hour + steps.hour;
77     pt->minute = start.minute + steps.minute;
78     pt->second = start.second + steps.second;
79
80     pt->minute += pt->second / MAX_SEC; // 秒数进位 (60 进制)
81     pt->second %= MAX_SEC; // 秒数进位后的余数 (60 进制),注意先后顺序
82     pt->hour += pt->minute / MAX_MIN; // 分数进位 (60 进制)
83     pt->minute %= MAX_MIN; // 分数进位后余数 (60 进制),注意计算先后顺序
84     pt->hour %= MAX_HOUR; // 时数的余数 (24 进制),注意计算的先后顺序
85 }
```

该示例代码分别使用了结构体类型的定义、声明结构体类型的变量、结构体类型形参、结构体类型指针形参、函数返回类型为结构体类型、结构体变量整体赋值 (将函数返回值赋给相同结构体类型的变量) 及对结构体成员的访问等语法元素, 需要读者认真研读。

17.1.6 结构体常量 (C99)

类似于数组, 可以在声明结构体变量的同时, 对该变量进行初始化, 例如:

结构体常量

```
1 struct time start={21, 36, 23}, steps = {3, 28, 47};
```

需要注意的是, 初始化列表中的数据类型与结构声明中各成员类型要保持一致。与数组的初始化类似, 可以采用不完全初始化的形式, 例如:

结构体常量的初始化

```
1 struct time start={21, 36}, steps = {0};
```

在C99中, 还可以使用“复合字面量”作为结构体常量。“复合字面量”是未命名的结构体类型常量, 它由结构体各成员类型的常量聚合而成。当然, 这些常量成员不足以让编译器判断其类型, 因此, 必须指明该聚合常量的类型, 例如:

复合字面量

```
1 (struct time){3, 28, 47};
```

这是“struct time”结构体类型的“复合字面量”, 也称为结构体类型的常量。该常量能够

出现在程序中任何可以使用“struct time”结构体类型的位置，但它是右值。

另外，C99 允许对结构体类型常量根据成员名称 (不是按照顺序) 指定各个成员的值，例如：

结构体常量的成员指定初始化

```
(struct time){.minute = 28, .second = 47, .hour = 3};
```

17.1.7 结构体类型的其它使用方式

在定义结构体类型时，可以同时声明该结构体类型的变量，例如：

定义结构体类型时声明变量

```
struct time
{
  int hour;
  int minute;
  int second;
} start, steps;
```

一般情况下，只有当结构体类型与该结构体类型的变量的作用域相同时，才可以这样定义。将结构体类型的定义与变量的声明分开写可使程序更灵活，因为结构体类型的定义是全局有效的，而结构体类型的变量是局部有效的。

另外，也可以使用未命名的结构体类型，例如：

未命名的结构体类型

```
struct
{
  int hour;
  int minute;
  int second;
} start, steps;
```

可以看出，这也要求结构体类型与该结构体类型的变量的作用域相同，并且后续无法再次使用该结构体类型，因此，实际中不推荐这类代码。

17.1.8 使用“typedef”为结构体类型定义别名

在使用结构体类型时，C 语言 (C99 以前) 规定其类型为“struct time”，其中“struct”不可省略。同时，为结构体标记进行命名比较烦琐。为此，可以使用 “typedef”为结构体类型定义别名，通过该别名使用这一结构体类型，例如：

结构体类型的别名

```
typedef struct
{
  int hour;
  int minute;
  int second;
} TIME, *pTIME;
```

可通过结构体类型别名声明结构体变量，例如：

用结构体类型别名声明结构体变量

```
TIME start;
pTIME pTime;
```

上述代码分别声明了结构体类型的普通变量 start 和结构体地址类型的指针 pTime。

使用结构体类型时，利用“typedef”为该类型定义别名，并使用该别名声明变量是常用的程序设计方式，需要读者熟悉这种代码编写风格。

17.2 包含自身结构体地址类型的指针成员

在 C 语言中，可以声明结构体类型的数组，从而实现更为复杂的数据聚合，例如：

结构体类型的数组

```
...
struct node
{
  int data;
};
...
struct node a[100];
...
```

然后，可以按数组的操作和使用方式使用该数组。若考虑多维数组的情况，则可实现更为复杂的数据结构。

根据 C 语言中数组的定义，数组的存储空间在内存中是连续的。对于物理内存空间上不连续，但逻辑上又需要进行聚合的具有同种数据类型数据的数据结构，可以使用包含自身结构体地址类型的指针成员的结构体类型，例如：

自身结构体地址类型的指针成员

```
struct node
{
  int data;
  struct node *pnext; // 自身结构体地址类型的指针成员
};
```

但是，在结构体类型定义中，不能包含具备自身结构体类型的成员，例如：

不能有自身结构体类型的成员

```
struct node
{
  int data;
  struct node next; // 错误：不能包含自身结构体类型的成员
};
```

当结构体类型包含有自身结构体地址类型的指针成员时，可以使该指针指向具有相同结构体类型的数据，从而将物理内存空间上不连续，但逻辑上又需要连续的结构体类型的变量聚合成一个整体进行处理，这种数据结构称为链表结构，例如：

简单链表

```
...
struct node
{
  int data;
  struct node *pnext; // 自身结构体地址类型的指针成员
};

...

struct node a1, a2, a3, a4, a5, a6;
struct node *phead = &a1;
a1.pnext = &a2;
a2.pnext = &a3;
a3.pnext = &a4;
a4.pnext = &a5;
a5.pnext = &a6;
a6.pnext = NULL; // NULL 是一个宏 (#define NULL 0),称为空指针
...
```

上述代码将“a1”“a2”“a3”“a4”“a5”和“a6”这 6 个在内存中不连续的变量链接在一起，构成一个链式数据结构，称为链表数据结构。构成链表的每个单元称为链表的节点。一个节点需要使用结构体类型进行构造，需要由一个或多个数据域 (数据成员) 以及至少一个指针域 (自身结构体地址类型的指针成员) 构成。本例中链表的逻辑结构如图 17.4 所示。其中，指针 phead 指向该链表的“头节点”，将“尾节点”的指针域赋为“NULL”，表示链表结束。

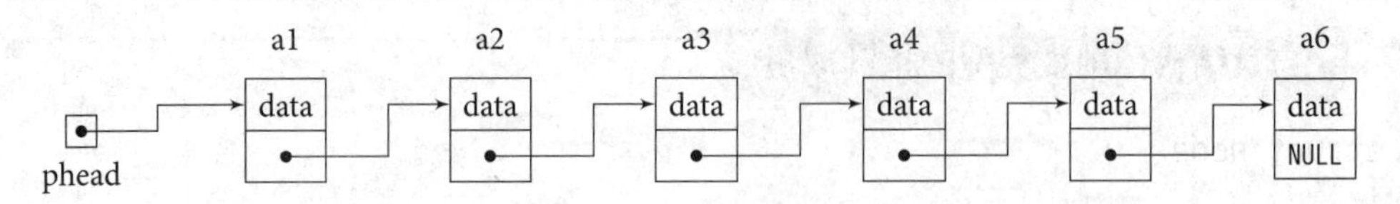

图 17.4　链表逻辑结构示意图

对于链表，通过其头指针可以实现遍历操作，通过调整各节点的指针域的指向便可以实现节点的插入和删除，如代码17.5所示。

程序清单 17.5 通过指针遍历链表

```c
#include <stdio.h>

// 节点结构体类型定义
struct node
{
    int data;
    struct node *pnext; // 自身结构体地址类型的指针成员
};

// 函数原型
void TraverseList(struct node * ); // 遍历链表函数原型

int main()
{
    // 声明结构体类型变量
    struct node a1, a2, a3, a4, a5, a6;
    // 声明链表头节点指针
    struct node *phead = &a1;
    // 声明结构体类型变量,并初始化
    struct node a7 = {7, NULL};

    // 节点数据赋值
    a1.data = 1;
    a1.pnext = &a2;
    a2.data = 2;
    a2.pnext = &a3;
    a3.data = 3;
    a3.pnext = &a4;
    a4.data = 4;
    a4.pnext = &a5;
    a5.data = 5;
    a5.pnext = &a6;
    a6.data = 6;
    a6.pnext = NULL; // NULL 是一个宏 (#define NULL 0),称为空指针

    TraverseList(phead); // 调用遍历链表函数

    // 插入一个节点
    a3.pnext = &a7;
    a7.pnext = &a4;

```

```
42      TraverseList(phead); // 调用遍历链表函数
43
44      // 删除一个节点
45      a4.pnext = &a6;
46      a5.pnext = NULL;
47
48      TraverseList(phead); // 调用遍历链表函数
49
50      return 0;
51  }
52
53  // 遍历链表函数
54  void TraverseList(struct node * pHead)
55  {
56      struct node * p = pHead; //将头节点的指针给予临时节点指针 p
57      while(p != NULL) //节点 p 不为空,循环
58      {
59          printf("%d ", p->data);
60          p = p->pnext;
61      }
62      printf("\n");
63      return ;
64  }
```

在该程序中,第 39 到 40 行在链表中插入一个节点,操作过程示意图如图 17.5 所示。

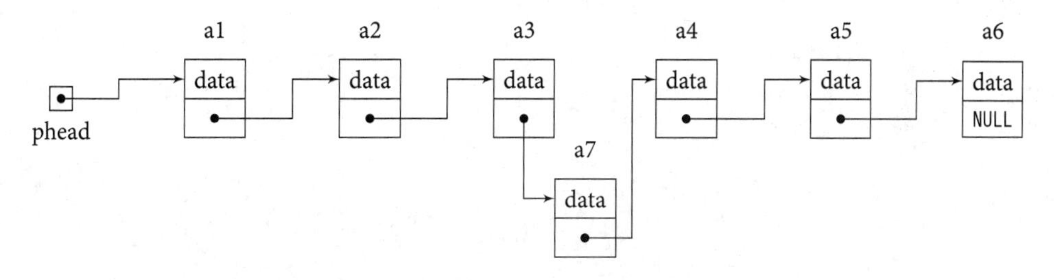

图 17.5　链表插入节点示意图

第 45 到 46 行在链表中删除一个节点,操作过程示意图如图 17.6 所示。

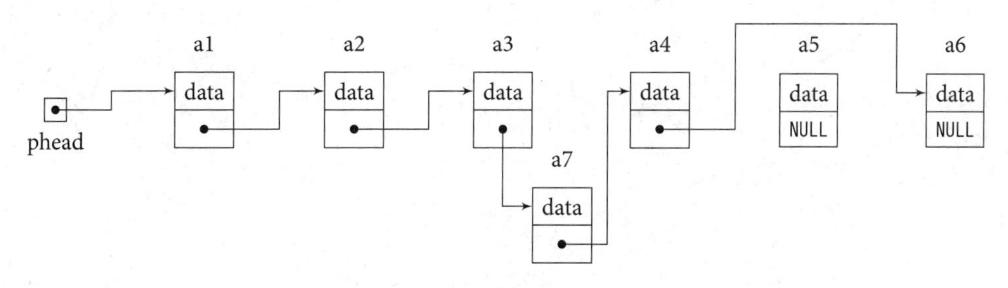

图 17.6　链表删除节点示意图

链表与数组类似,都是同种数据类型数据的聚合。虽然链表无法像数组一样通过下标的方式随机访问各个节点,但其节点的插入和删除却比较简单,只需要调整指针域的指向便可以实现,从而实现长度可变的链表数据结构。

本例只模拟了链表的基本概念和简单操作,在实际中,链表主要有增、删、改和查等操

作，并需要使用动态内存管理技术动态地创建和释放各个节点，读者可查阅相关资料进一步了解。

17.3 小结

结构体类型和指针是C语言中的重点和难点，认真分析并熟练掌握结构体类型及其与指针的协作，才能提升C语言编程能力。正是由于结构体的存在，才使C语言能够实现各类数据结构，利用结构体类型和指针构造复杂数据结构是学习C语言的必由之路。

第 18 章　结构体变量的浅拷贝和深拷贝

结构体类型是 C 语言中包容性最强的类型，但当结构体成员是指针时，需要动态内存分配，在相同类型的不同结构体变量之间拷贝数据时，会存在浅拷贝 (Shallow Copy) 和深拷贝 (Deep Copy)。本章对该类问题进行深入剖析，以期读者能够更好地理解和灵活使用结构体变量拷贝。

18.1 指针成员

在以下结构体类型的定义中，"name"成员是 char * 地址类型，亦即"name"是指针成员。stu1 是该结构体类型的变量。

结构体含有指针成员

```
1  ...
2  // 学生结构体类型
3  struct StuInfo
4  {
5    int ID;        // 学号
6    char *name;  // 姓名
7  };
8  ...
9  // 声明学生结构体类型变量
10 StuNode stu1;
11 ...
```

系统只为变量 stu1 在栈里开辟空间，即整型量 ID 的 sizeof(int) 个空间 (本例为 4 个字节)，一个指针变量 name 的 sizeof(char *) 个空间 (本例为 8 个字节)，其内存结构如图 18.1 所示[1]。

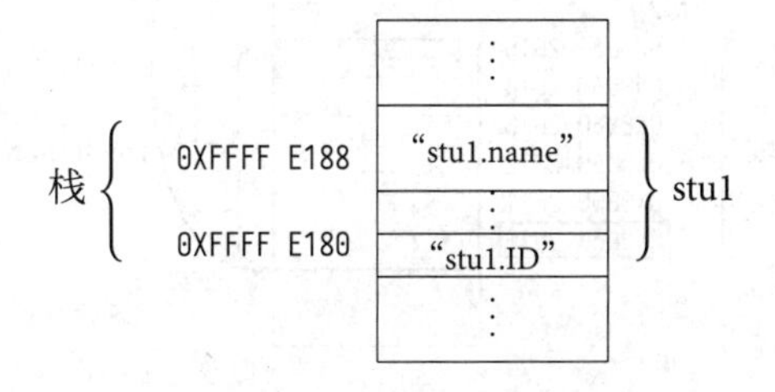

图 18.1　结构体类型变量的内存结构

[1] 本例在 64 位 Linux 下进行测试，由于需要字节补齐，整个结构体占 16 个字节。

此时，结构体成员“stu1.ID”和“stu1.name”的值不确定。直接操作整型成员“stu1.ID”不会带来严重的错误，但是，由于指针“stu1.name”的值可能会指向不确定的地址，即该指针是一个野指针，因此，这个指针指向的内存可能无法访问，直接操作可能会造成程序的崩溃。为此，在声明带有指针的结构体类型的变量时，要对指针进行赋空操作 (NULL)，常见的代码如下：

结构体指针成员初始化

```
...
stu1.ID = 0;
stu1.name = NULL;     /* 指针赋空,NULL*/
...
```

另外，由于指针赋为NULL，因此通过该指针无法实现相关操作。

18.2 动态内存分配

在使用含有指针成员的结构体类型声明变量后，应在堆中动态申请内存，并让该指针成员指向这一动态内存，以便实现相应的操作，常见代码如下：

动态开辟内存并将首地址赋给指针成员

```
...
// 为成员动态开辟内存并赋值
stu1.name = (char *)malloc(N * sizeof(char));
...
```

则系统会在堆中开辟“N * sizeof(char)”个字节的内存空间，并将该空间的首地址 (0X0060 2010) 赋给指针成员“stu1.name”，使“stu1.name”指向该空间，其内存结构如图 18.2 所示。

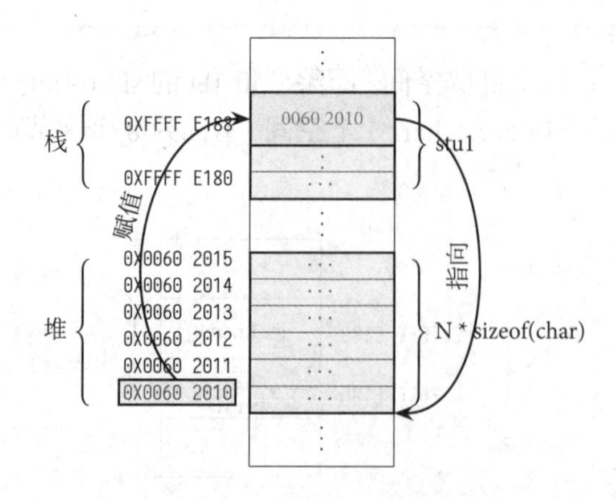

图 18.2　为指针成员动态分配内存

为指针成员“stu1.name”赋值后，可以通过该指针操作在堆中动态分配的内存。

18.3　结构体变量的销毁

在动态内存中完成操作后，需使用 free() 函数释放堆中申请的内存空间，常见代码如下：

内存销毁

```
free(stu1.name);     /* 释放空间 */
stu1.name = NULL;    /* 指针赋 NULL,避免野指针 */
```

执行上述代码后，内存结构如图 18.3 所示。注意，此时堆中的内存只是与指针“stu1.name”脱离了关系，将使用权归还给操作系统，但其内容一般不变。

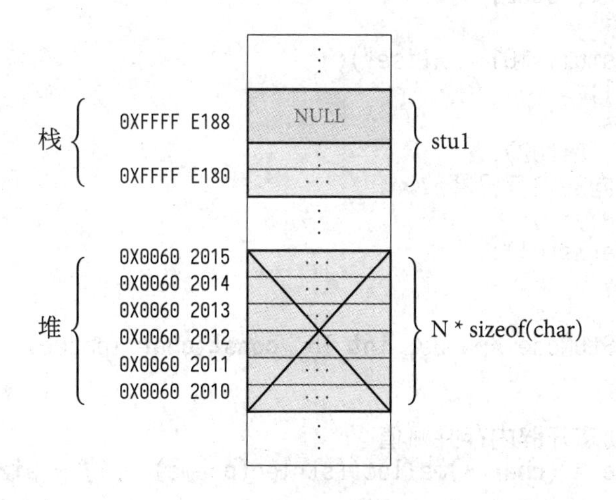

图 18.3　释放内存

18.4　浅拷贝

C 语言的语法规定，两个同种结构类型的变量之间可以相互赋值，这种结构体变量之间的相互赋值一般被称为结构体变量之间的浅拷贝。

18.4.1　直接赋值

同种结构类型的两个变量之间相互赋值，其本质上是成员变量间的直接赋值，是一个简单值拷贝过程，如代码18.1所示[1]。

[1] 为了节约篇幅，此处只给出代码的主要部分。

程序清单 18.1 简单直接赋值

```c
...
// 学生结构体类型
struct StuInfo
{
    int ID;                    // 学号
    char *name;                // 姓名
};
// 与定义分开使用 typedef
typedef struct StuInfo StuNode;
// 函数原型
bool InitNode(StuNode *, int, const char *);
void DestroyNode(StuNode *);
void Output(const StuNode *);
int main(void)
{
    StuNode stu1, stu2;
    // 创建对象
    InitNode(&stu1, 101, "Alise");
    stu2 = stu1;
    // 释放内存
    DestroyNode(&stu2);
    // name 指向的内存已释放
    Output(&stu1);
    DestroyNode(&stu1);
    return 0;
}
bool InitNode(StuNode *pNode, int ID, const char *pname)
{
    ...
    // 为成员动态开辟内存并赋值
    pNode->name = (char *)malloc((strlen(pname) + 1) * sizeof(char));
    ...
    // 动态内存赋值
    strcpy(pNode->name, pname);
    return true; // 返回真值
}
void DestroyNode(StuNode *pNode)
{
    // 释放内存
    free(pNode->name);
    pNode->name = NULL;
}
```

在“bool InitNode()”函数中，通过“malloc()”函数实现了动态内存的申请，并将申请到的内存的首地址赋给了指针成员“name”，即让指针成员“name”指向申请到的内存空间。在“void DestroyNode()”函数中，通过“void free();”函数完成了内存的释放，并对指针成员进行了赋空 (NULL) 操作，以防止通过野指针产生误操作。在代码的第 19 行，通过“stu2 = stu1;”的赋值操作，将 stu1 的成员赋给 stu2 的成员。此时，各个量的内存结构如图 18.4 所示。

由图 18.4 可以看出，经过第 19 行的"stu2 = stu1;"赋值操作后，"stu1.name"和"stu2.name"两个指针成员同时指向以"0X0060 2010"开始的 6 个字节，从而造成不同指针共享 内存的现象，即指针 stu1.name 操作的内存也可以通过指针 stu2.name 操作。如果不采用智能指针等技术[1]，这种浅拷贝造成的内存共享现象在后续的操作中往往会带来严重的悬空指针问题。

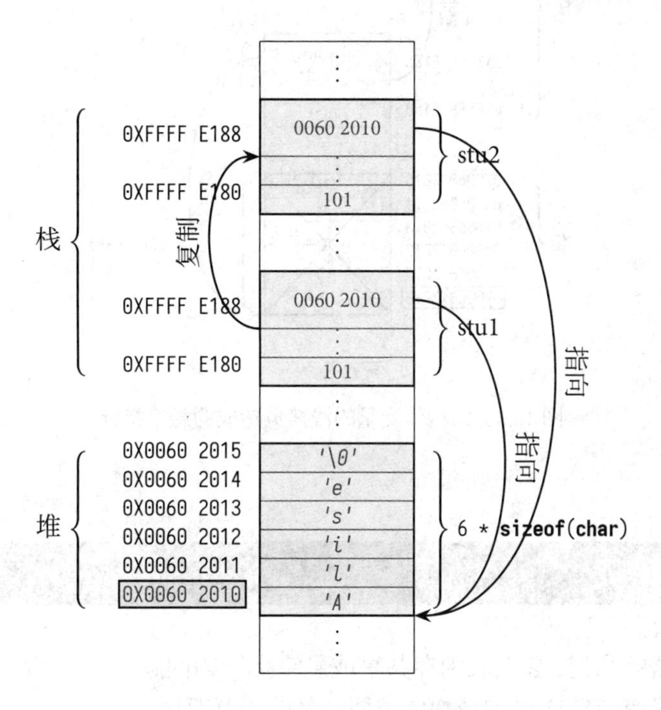

图 18.4 结构体变量的浅拷贝

18.4.2 悬空指针

继续执行第 21 行的"DestroyNode(&stu2);"，会将指针成员 stu2.name 指向的内存空间释放，并将其赋为空 (NULL)，此时内存结构如图 18.5 所示。由图 18.5 可以看出，通过指针 stu2.name 释放内存空间后，指针 stu1.name 的指向没有改变，但该内存空间已被归还给操作系统，不再属于该程序，从而造成指针成员 stu1.name 指向的内存空间不可访问，即产生悬空指针。

继续执行第 23、24 行的"Output(&stu1);"及"DestroyNode(&stu1);"，则会通过指针 stu1.name 操作以"0X0060 2010"开始的已释放内存区域，它是不可访问的，必然会造成程序崩溃。

因此，当结构体类型含有指针成员时，如果只是采用简单的浅拷贝，则必然会造成悬空指针的现象，当通过悬空指针再次操作已释放的内存空间时，会导致程序崩溃。当然，结构体类型中无指针成员时，浅拷贝不会带来任何问题。

[1] 有关智能指针的问题已超出了本章的讨论范围，读者可以查阅相关资料。

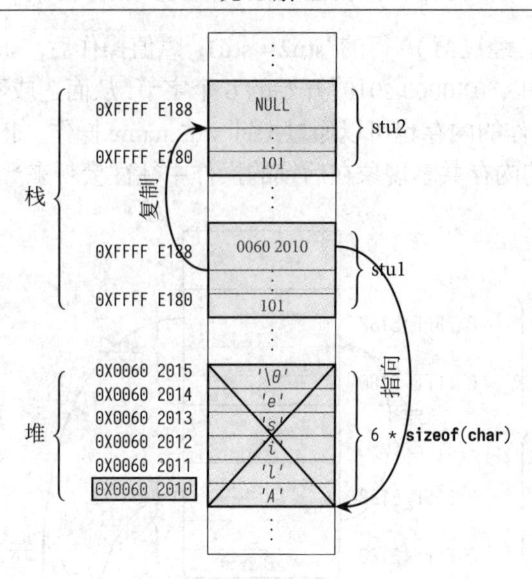

图 18.5 结构体变量的浅拷贝造成的悬空指针

18.5 深拷贝

使用简单的浅拷贝时,会造成内存共享或悬空指针的问题。为了解决该问题,需要采用深拷贝技术实现带有指针成员的结构体类型变量的相互赋值。

18.5.1 重新分配内存空间

为实现两个相同结构类型的变量的深拷贝,将代码18.1修改为代码18.2 [1]。

程序清单 18.2 深拷贝

```c
...
// 学生结构体类型
struct StuInfo
{
    int ID;                    // 学号
    char *name;                // 姓名
} ;
// 与定义分开使用 typedef
typedef struct StuInfo StuNode;
// 函数原型
bool InitNode(StuNode *, int, const char *);
bool CopyStu(StuNode * const, const StuNode *);
void DestroyNode(StuNode *);
```

[1] 为了节约篇幅,此处只给出代码的主要部分。

```
14 void Output(const StuNode *);
15
16 int main(void)
17 {
18     StuNode stu1 = {0}, stu2 = {0}; // 指针 =NULL
19     // 创建对象
20     InitNode(&stu1, 101, "Alise");
21     CopyStu(&stu2, &stu1);
22     // 释放内存
23     DestroyNode(&stu2);
24     // name 指向的内存已释放
25     Output(&stu1);
26     DestroyNode(&stu1);
27     return 0;
28 }
29 bool CopyStu(StuNode*const pTarget, const StuNode*pSource)
30 {
31     ...
32     if(pTarget->name != NULL)
33     {
34         free(pTarget->name); // 若已分配了内存空间,则需要先释放
35     }
36     // 分配内存
37     pTarget->name=(char*)malloc((strlen(pSource->name)+1)*sizeof(char));
38     ...
39     // 复制字符串
40     pTarget->ID = pSource->ID;
41     strcpy(pTarget->name, pSource->name);
42     return true;
43 }
```

该代码设计了用于实现深拷贝的“bool CopyStu()”函数，该函数通过重新分配空间和复制操作，实现结构体变量的深拷贝。在代码的第 21 行，通过“CopyStu(&stu2, &stu1);”函数调用实现结构体变量的深拷贝操作。此时，各个量的内存结构如图 18.6 所示。

由图 18.6 可看出，经过第 21 行调用“CopyStu(&stu2, &stu1);”函数进行结构体指针成员指向内存的深拷贝后，指针 stu1.name 指向以“0X0060 2010”开始的 6 个字节内存区域，而指针 stu2.name 则指向以“0X0060 2040”开始的 6 个字节内存区域，它们分别指向不同内存区域，并实现了内存内容的复制操作。通过深拷贝技术，能够解决内存共享和悬空指针问题。

18.5.2 内存的独立销毁

继续执行代码第 23 行的“DestroyNode(&stu2);”会将指针成员 stu2.name 指向的内存空间释放，并将其赋为空 (NULL)。此时，各个量的内存结构如图 18.7 所示，由图 18.7 可以看出，通过指针成员 stu2.name 释放了重新申请的以“0X0060 2040”开始的 6 个字节的内存空间，并不会影响指针成员 stu1.name 所指向的以“0X0060 2010”开始的 6 个字节的内存区域中的内容，从而解决了浅拷贝所造成的悬空指针问题。

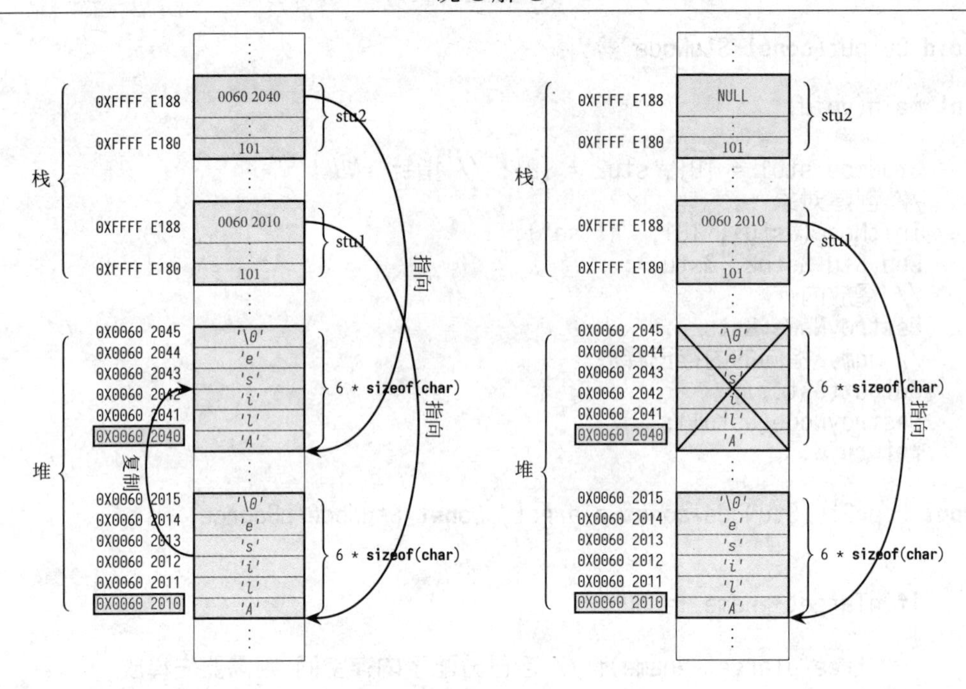

图 18.6　结构体变量的深拷贝　　　　图 18.7　结构体变量深拷贝后的内存释放

继续执行第 25、26 行的“Output(&stu1);”及“DestroyNode(&stu1);”，则会通过指针 stu1.name 操作以“0X0060 2010”开始的 6 个字节的内存区域，此时内存区域并没有被释放，可以访问，因此不会造成程序的崩溃。

18.5.3 深拷贝的调用时机

综上所述，当结构体类型含有指针成员时，深拷贝可以解决浅拷贝所造成的内存共享和悬空指针问题。通常在程序中发生如下几种情况时，则需要注意深拷贝技术的使用。

(1) 当用一个结构体类型的变量通过赋值的方式初始化另一个相同结构体类型的变量时，需要调用深拷贝函数复制动态分配内存的内容。

(2) 当函数的形参为结构体类型的变量，在调用该函数时，如果实参是另一个相同结构体类型的变量，需要使用深拷贝技术进行处理。

(3) 当函数的返回值为结构体类型的变量时，需要使用深拷贝技术处理通过结构体变量的指针成员分配的内存。

18.6 小结

结构体类型在 C 语言编程中无处不在，了解并掌握结构体变量的深拷贝和浅拷贝技术非常有必要。本章通过简单的实例，采用绘制内存图的方式分析了程序执行时的内存变化过程，使读者能够深入理解代码背后计算机内存的变化过程。

第 19 章　在结构体中使用函数指针

结构体是 C 语言中非常重要的自定义数据类型，它描述了一系列相同类型或不同类型数据构成的数据集合。C 语言中的结构体的概念接近 C++ 中的类，但是在 C 语言中结构体成员却不能是函数。针对该问题，本章分析探讨了将函数指针作为结构体成员的理论和方法。通过在结构体中定义函数指针成员，实现了在结构体中使用函数的目的。

19.1　函数指针的概念

指针变量是用于存储地址的地址类型变量，C 语言并没有规定在指针中必须存储变量的地址 (指向变量)，只要是地址都可以存储到指针中。程序中的函数在内存中也要占用一定数量的内存单元，所以每个函数都有地址，函数在内存中的首地址就是函数的地址。显然，可以用指针来存储该地址，即用指针指向函数，指向函数的指针称为函数指针。

声明普通指针时，为能正确访问内存空间，必须确定指针的数据类型，如 int * 类型的指针、char * 类型的指针和 struct node * 类型的指针等。函数指针也需要为其指定确定的类型，这种类型称为函数类型。

C 语言中声明函数原型时，需要明确函数的返回类型、函数名称和函数的形参表 (参数的个数和每个参数的类型)，例如：

函数原型

```
1 int add(int x, int y);
```

在声明函数原型时，形参的类型比名称更为重要，因此，可以只给出其类型。例如：

无形参变更名称的函数原型

```
1 int add(int, int);
```

因此，函数的声明可以理解为声明“int ()(int, int)”类型的变量“add”，将类似于“int ()(int, int)”的类型称为函数类型，由此，声明函数指针的基本语法为：

返回值类型 (* 指针变量名) ([形参列表]);

其中，“返回值类型”说明函数的返回类型，“(* 指针变量名)”中的圆括号不能省，若省略则整体成为一个函数声明，声明了一个返回的数据类型是指针的函数，“形参列表”表示函数所带的形参列表 (一个函数可以没有“形参列表”)。例如：

函数指针的声明

```
int (*pf)(int, int);
```

以上语句声明了一个指向含有两个 int 参数并且返回值是 int 类型的函数的函数指针。

假设有如下函数:

函数定义

```
int add(int x, int y)
{
  return x + y;
}
```

则可以使用指针 pf 实现函数的调用。例如:

函数赋值并通过函数指针调用函数

```
// 指针赋值, 让 pf 指向函数 add
// 都表示函数的首地址。
pf = &add; // 注意与 add 含义相同,
printf("pf(3,4)=%d\n",pf(3, 4));
```

实际编程中, 为了便于代码的移植, 一般使用 typedef 为函数类型的地址类型定义别名。例如:

用 typedef 为函数地址类型重命名

```
// 为函数类型定义别名
typedef int(*FUN)(int,int);
// 声明指针并赋值为 add
FUN pf = add;
// 通过函数指针调用函数
printf("pf(3,4)=%d\n",pf(3, 4));
```

使用函数指针可以更加灵活地实现函数的调用。另外, 可以将函数指针用作函数的参数, 将一个函数传入另一个函数, 从而实现更为复杂的程序结构。

19.2 在结构体中使用函数指针

函数指针也是地址类型的指针变量, 根据结构体的定义, 其成员可以是各种合法的 C 语言变量。因此, 在结构体中也可以包含函数指针, 例如代码19.1。

程序清单 19.1 在结构体中使用函数指针

```c
// filename: struct-foopoint.c
#include <stdio.h>
struct DEMO
{
    int x, y;
    int (*pf)(int, int); //函数指针
};

// 函数原型,注意都是 int ()(int x, int y) 类型的函数
int multi(int x, int y);
int add(int x, int y);

int main()
{
    struct DEMO demo;
    demo.pf = add; //结构体函数指针赋值
    printf("pf(3, 4)=%d\n", demo.pf(3, 4));

    demo.pf = multi;
    printf("pf(3, 4)=%d\n", demo.pf(3, 4));

    return 0;
}

int multi(int x, int y)
{
    return x * y;
}

int add(int x, int y)
{
    return x + y;
}
```

当然,为了便于代码的移植,可以通过用 typedef 为函数类型的地址类型定义别名来使用函数指针,例如代码19.2。

程序清单 19.2 通过类型别名在结构体中使用函数指针

```c
// filename: funptGenArg.c
#include <stdio.h>
#include <stdlib.h>

// 为函数类型定义别名
typedef int (* fooType)(int, int);

// 定义结构体类型
struct aritmathic
{
    int a;
```

```
12     int b;
13     fooType add;
14     fooType subtract;
15     fooType multiply;
16 };
17
18 // 函数原型
19 int Add(int a, int b);
20 int Subtract(int a, int b);
21 int Multiply(int a, int b);
22
23 int main()
24 {
25     // 声明结构体类型的变量
26     struct aritmathic ar;
27     // 结构体数据成员赋值
28     ar.a = 4;
29     ar.b = 5;
30     // 结构体函数指针赋值
31     ar.add = Add;
32     ar.subtract = Subtract;
33     ar.multiply = Multiply;
34
35     // 通过函数指针调用函数,操作结构数据成员
36     int a = ar.add(ar.a, ar.b);
37     int b = ar.subtract(ar.a, ar.b);
38     int c = ar.multiply(ar.a, ar.b);
39
40     // 输出结果
41     printf("%d\n%d\n%d", a, b, c);
42
43     return 0;
44 }
45
46 // 加法
47 int Add(int a, int b)
48 {
49     return (a + b);
50 }
51
52 // 减法
53 int Subtract(int a, int b)
54 {
55     return (a - b);
56 }
57
58 // 乘法
59 int Multiply(int a, int b)
60 {
61     return (a * b);
62 }
```

结构体中的函数指针指向的函数的形参可以是其它变量，例如代码19.3。

程序清单 19.3 指向不同形参函数

```c
// filename: struct-foopoint-typedef.c
#include <stdio.h>
#include <stdlib.h>
#include <string.h>

// 为函数类型定义别名
typedef void (* noParaFun)();
typedef void (* twoParaFun)(int, char *);

// 定义结构体类型
typedef struct student
{
    int id;
    char name[50];
    noParaFun pfInital;
    twoParaFun pfProcess;
    noParaFun pfDestroy;
} stu;

// 函数原型
void Initial();
void Process(int id, char *name);
void Destroy();

int main()
{
    stu *stu1;

    stu1 = (stu *)malloc(sizeof(stu));

    // 初始化结构体
    stu1->id = 1000;
    strcpy(stu1->name, "C++");
    // 为函数指针赋值
    stu1->pfInital = Initial;
    stu1->pfProcess = Process;
    stu1->pfDestroy = Destroy;

    printf("%d\t%s\n", stu1->id, stu1->name);

    // 通过函数指针调用函数
    stu1->pfInital();
    stu1->pfProcess(stu1->id, stu1->name);
    stu1->pfDestroy();

    free(stu1);

    return 0;
}

void Initial()
```

```
52 {
53     printf("initialization...\n");
54 }
55 
56 void Process(int id, char *name)
57 {
58     printf("process...\n%d\t%s\n", id, name);
59 }
60 
61 void Destroy()
62 {
63     printf("destroy...\n");
64 }
```

结构体中的函数指针指向的函数的形参也可以是结构体类型自身的指针，例如代码19.4。

程序清单 19.4 指向结构体类型自身指针形参函数

```
1 // filename: funptThisfArg.c
2 #include <stdio.h>
3 #include <stdlib.h>
4 
5 // 为函数类型定义别名
6 typedef struct aritmathic* arPt;
7 typedef int (* fooType)(arPt);
8 
9 // 定义结构体类型
10 struct aritmathic
11 {
12     int a;
13     int b;
14     fooType add;
15     fooType subtract;
16     fooType multiply;
17 };
18 
19 // 函数原型
20 int Add(struct aritmathic* ar);
21 int Subtract(struct aritmathic* ar);
22 int Multiply(struct aritmathic* ar);
23 
24 int main()
25 {
26 
27     struct aritmathic ar;
28     ar.a = 4;
29     ar.b = 5;
30 
31     ar.add = Add;
32     ar.subtract = Subtract;
33     ar.multiply = Multiply;
34 
```

```
35     int a = ar.add(&ar);
36     int b = ar.subtract(&ar);
37     int c = ar.multiply(&ar);
38 
39     printf("%d\n%d\n%d", a, b, c);
40 
41     return 0;
42 }
43 // 加法
44 int Add(struct aritmathic* ar)
45 {
46     return (ar->a + ar->b);
47 }
48 // 减法
49 int Subtract(struct aritmathic* ar)
50 {
51     return (ar->a - ar->b);
52 }
53 // 乘法
54 int Multiply(struct aritmathic* ar)
55 {
56     return (ar->a * ar->b);
57 }
```

利用函数指针也可以封装对结构体中数据成员的操作，让用户通过函数操作数据成员，避免直接操作数据成员。同时，利用结构体类型自身的形参也可以模拟 C++ 中的 this 指针，例如代码19.5。

程序清单 19.5 模拟 this 指针

```
1 // filename: thisPointer.c
2 #include <stdio.h>
3 
4 // 类型命名
5 typedef struct date TheClass;
6 
7 // 定义结构体类型
8 struct date
9 {
10     // 函数指针成员
11     int (*get)(TheClass* this);
12     void (*set)(TheClass* this, int i);
13 
14     // 数据成员
15     int member;
16 } ;
17 
18 // 函数声明
19 int Get(TheClass* this);
20 void Set(TheClass* this, int i);
21 void init(TheClass* this);
```

```
22
23 // 测试
24 int main(int argc, char **argv)
25 {
26     // 声明结构体变量
27     TheClass name;
28
29     // 初始化结构体变量
30     init(&name);
31     // 调用 set 函数
32     (name.set)(&name, 10);
33     // 调用 get 函数
34     printf("%d\n", (name.get)(&name));
35
36     return 0;
37 }
38
39 // 初始化函数 (为函数指针赋值)
40 void init(TheClass* this)
41 {
42     this->get = &Get; // 也可以是 this->get = Get;
43     this->set = &Set;  // 也可以是 this->set = Set;
44 }
45
46 // Get 函数
47 int Get(TheClass* this)
48 {
49     TheClass* This = this;
50     return This->member;
51 }
52
53 // Set 函数
54 void Set(TheClass* this, int i)
55 {
56     TheClass* This = this;
57     This->member = i;
58 }
```

通过在结构体中集成函数指针，还可以比较结构体类型的变量和其它类型的变量，例如代码19.6。

程序清单 19.6 在结构体中使用函数指针

```
1 // filename: cmpThisInt.c
2 #include <stdio.h>
3 #include <stdlib.h>
4
5 // 定义结构体类型
6 struct int_struct
7 {
8     int data;
```

```
9       // 函数指针
10      int (*compare_func)(const int, const int);
11  };
12
13  // 声明函数原型
14  // 实现结构体变量与整型数据比较的函数
15  int cmp_to_data(struct int_struct* m, int comparable);
16  // 创建结构体变量 (注意函数指针作为形参)
17  struct int_struct* create_struct(int initial_data, int
  →     (*compare_func)(int, int));
18  // 比较两个整型数的函数
19  int int_compare(const int a, const int b);
20
21  // 测试
22  int main(int argc, const char* argv[])
23  {
24      // 构造一个整型结构体
25      int int_data = 42;
26      // 用一个整型数和比较两个整型数的函数为实参
27      struct int_struct* int_comparator = create_struct(int_data,
  →     int_compare);
28
29      // 结构体变量与整变量比较
30      int int_comparable = 42;
31      if (cmp_to_data(int_comparator, int_comparable) == 0)
32      {
33          printf("The two ints are equal.\n");
34      }
35
36      // 释放内存
37      free(int_comparator);
38
39      return 0;
40  }
41
42  // 实现结构体变量与整型数据比较的函数
43  int cmp_to_data(struct int_struct* m, int comparable)
44  {
45      return m->compare_func(m->data, comparable);
46  }
47
48  // 创建结构体变量 (注意函数指针作为形参)
49  struct int_struct* create_struct(int initial_data,
50                                   int (*compare_func)(int, int))
51  {
52      // 分配内存空间
53      struct int_struct* result = malloc((sizeof(struct int_struct)));
54      // 给数据成员赋值
55      result->data = initial_data;
56      // 给函数指针赋值
57      result->compare_func = compare_func;
```

```
58     return result;
59 }
60
61 // 比较两个整型数的函数
62 int int_compare(const int a, const int b)
63 {
64     return a - b;
65 }
```

在 C 语言中, 在结构体中使用函数指针可以将属性和方法统一进行封装, 这类结构体一般称为协议类, 这也是一种常用的编程技术。

另外, 也常用带有函数指针的结构体实现程序设计中的回调函数机制。一般的程序中, 回调函数的作用不明显, 因此可以不使用这种形式。回调函数机制最主要的用途是当函数处于不同文件 (例如动态库等) 时, 需要调用其它程序中的函数就只能采用回调的形式, 而通过将外部函数的地址作为函数指针形参传入函数可以实现调用, 从而便于程序的维护和升级。关于回调函数机制的原理和具体内容, 可以查阅相关资料。

19.3 小结

在结构体中使用函数指针, 将属性和方法进行封装, 构成协议类, 是 C 语言中一种非常重要的编程技术。但由于国内 C 语言教学长期忽略函数指针及其应用, 从而造成在 C 语言学习中对函数指针的应用不够深入, 特别是在结构体与函数指针的结合方面, 一般本科教学中更是很少提及。为此, 本章针对该问题, 分析探讨了将函数指针作为结构体成员的理论和方法, 实现在结构体中调用函数的目的。

第 20 章　动态内存分配与管理

如何合理有效地管理和使用计算机内存，在程序设计中非常重要。C 语言能够从底层实现内存的分配与管理，这为设计各种复杂、高效的程序提供了必要的保障。然而，当进行内存的分配与管理时，又必须考虑"内存漏泄""野指针""非法内存访问"等复杂问题。特别是动态内存分配与管理中所有的内存申请、使用和释放等问题，即便是经验丰富的程序员，也可能出现各类 BUG。本章将通过实例对动态内存分配与管理的理论和实践进行深入分析，以期为读者学习和掌握该技术提供帮助。

20.1　野指针

在 C 语言中，指针让人"爱之又恨之"。指针是 C 语言的精髓，没有掌握指针就等于没有掌握 C 语言。

众所周知，在 C 语言程序中，必须要明白指针指向的对象，以便实现正确的操作。但是，若一个指针的指向未知，则无法确定指针指向的内存是否可以访问，对于这种无法确定指向的指针，通常称为野指针。程序中的野指针往往会造成难以调试的致命 BUG，因此，防止出现野指针在程序设计中非常重要。

如何防止出现野指针呢？一个有效的办法是声明指针时，将其初始化为"NULL"，用完后将其赋为"NULL"。除了使用时，其它时间都将指针"拴"到"NULL"地址处 (#define NULL 0)。例如：

防止野指针

```c
int *p = NULL; // 将指针初始化为 NULL
...
p = NULL; // 指针不用时,赋值为 NULL
```

20.2　void *——万能指针

在 C 语言中，任何变量都需要有类型，指针也不例外，其中"void *"类型的指针是一个另类的指针。根据其定义形式，这是一个指向"void"类型变量的指针，但实际上"void"是抽象类型，不可以用来声明变量。因此，"void *"类型的指针可以指向任意类型的变量，也就是说，只要是地址，就可以存储在"void *"类型的指针中。

“void *”指针有广泛的应用，例如内存管理函数 malloc(...)、calloc(...)、realloc(...)，其返回值是“void *”类型的指针。C 语言提供的快速排序库函数“void qsort(void *base, size_t memb, size_t size, int (*comp)(const void *, const void *))”也使用“void *”指针作为其形参类型。另外，“void *”类型的指针也是泛型程序 (与类型无关的程序)、异质链表等程序设计的基础。

20.3 数据段、代码段、栈和堆

从在程序员的角度，可以按用途将程序占用的计算机内存划分为“数据段”“代码段”“栈”和“堆”四个部分。

一些资料将堆栈解释为堆，其实堆栈是栈，不是堆。堆的英文是“heap”，而栈的英文是“stack”，“stack”也翻译为堆栈。两者是截然不同的概念，有各自的特性。

内存中的这四个部分，在可存入的内容及存取方式上存在较大的区别，其功能如下：

(1) 数据段：主要存放程序中初始化后的全局变量和所有 static 变量。数据段属于静态内存分配，是由编译器在编译时分配的，在程序载入内存后就一直存在，直至程序结束。

(2) 代码段：通常是指用来存放程序执行代码的一块内存区域。与数据段一样，在程序运行前已确定，且通常为只读内存。在代码段中，也有可能包含一些只读的常数变量，例如字符串常量等。

(3) 栈：用于存放程序运行过程中临时创建的局部变量，即函数中定义的非 static 变量。除此以外，函数调用的参数也通过栈来传递数据。栈里的内容只在其作用域 (函数范围) 内存在，函数调用结束时，这些内存会被自动被销毁。栈由操作系统分配，其申请与回收由操作系统管理。栈的效率高，但空间大小有限。

(4) 堆：是指进程运行中被动态分配的内存，其大小并非固定，可动态扩张或缩减。当调用“malloc(...)”系列函数分配内存时，新分配的内存就被动态添加到堆上 (堆被扩张)；当调用“free(...)”函数释放内存时，被释放的内存从堆中被剔除 (堆被缩减)。其特点是使用灵活，空间比较大 (仅受操作系统可用内存大小的限制)，但容易出错[1]。

例如代码20.1，其各个变量的内存逻辑结构示意图如图 20.1 所示。

程序清单 20.1 变量存储类型

```c
#include <stdio.h>
#include <stdlib.h>

int gval1, gscale; // 全局变量
void swap(int *, int *); // 函数原型,可以不给出形参名

int main(void)
{
    int a = 10, b = 20; // 需要交换的两个变量
    int *p = (int *)malloc(10*sizeof(int));

```

[1] 若直到程序结束也未能遇到“free(...)”，则会造成内存泄漏 (memory leak)。

```
12     printf("before swap: a=%d, b=%d\n", a, b); // 输出交换前的值
13     swap(&a, &b); // 取得 a、b 的地址,调用 swap 函数执行操作
14     printf("after swap: a=%d, b=%d\n", a, b); // 输出交换后的值
15 
16     return 0;
17 }
18 
19 // 函数定义
20 void swap(int * px, int *py)
21 {
22     int temp; // 临时变量
23     // 间接访问,通过地址访问变量
24     temp = *px;
25     *px = *py;
26     *py = temp;
27 }
```

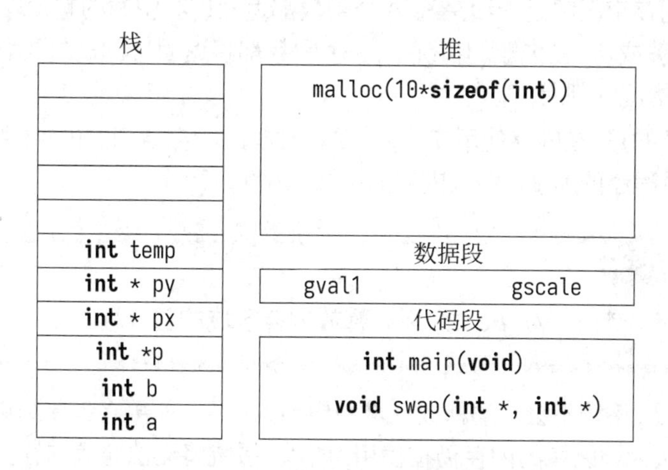

图 20.1　内存逻辑结构示意图

20.4　内存分配与管理函数

“数据段”“代码段”和“栈”内存的申请、使用和管理由系统自动完成,属于静态分配的内存。而对于“堆”内存,则需在程序运行中动态申请、使用和管理,属于动态分配的内存。

在 C 语言中,申请内存空间的函数有 3 个,其原型分别如下:

内存分配与管理函数

```
1 void *malloc(size_t size);
2 void *calloc(size_t nmemb, size_t size);
3 void *realloc(void *ptr, size_t size);
```

这些函数的返回值都是“void *”类型的万能指针。这是由于在编写这些函数时无法预测返回指针的类型,因此只能返回指向内存起始地址的万能指针。

这3个函数中的“size_t”是一种数据类型，通常是用“typedef unsigned int size_t”命名的类型名称，定义这种类型的目的是增强代码的可移植性。

这3个函数的功能如下：

(1)“void *malloc(size_t size)”函数：申请“size”个字节的连续空间，返回值为所得到的内存空间的起始地址。

(2)“void *calloc(size_t nmemb, size_t size)”函数：申请“nmemb * size”个字节的连续空间，返回值为所得到的内存空间的起始地址，不同于“malloc()”，“calloc()”函数将所申请到的内存空间清零。

(3)“void *realloc(void *ptr, size_t size)”函数：用于再次申请内存以改变之前申请的内存的容量。申请“size”个字节的连续空间，返回值为得到的内存空间的起始地址。“ptr”为此次申请前申请的内存空间的起始地址，该内存中的数据将被复制到新申请的内存中。显然，当“ptr”的值为“NULL”时，“realloc()”和“malloc()”函数的作用相同。

注意，申请的内存空间都是连续空间，3个函数都返回连续空间的起始地址。另外，申请内存空间不一定能够成功，在失败的情况下，3个函数都将返回“NULL”。编写代码时，要注意对申请内存失败情况的判断。

此外，需要注意的是，在内存使用完成后，要及时释放所申请到的内存，否则会导致内存资源紧张，从而造成程序的崩溃。释放内存的函数原型如下：

释放内存空间

```
1 void free(void *ptr); // ptr 为需要释放内存区域的首地址
```

特别要强调的是，系统不会自动释放在堆中申请的内存。如果在程序结束后未能释放内存，则操作系统会认为该区域的内存仍在使用，所以，系统将无法将该内存空间再次分配给其它程序使用，这种现象称为内存泄漏(memory leak)。在程序设计中要避免出现内存泄漏，因为在出现内存泄漏时程序已结束，再也无法定位到该内存进行操作，此时，只有重新启动系统才能释放这一内存区域。对于长期运行、不可间断或驻留内存的后台应用，内存泄漏的危害十分严重。

20.5 动态数组

动态内存分配与管理的一个重要应用是构建根据需要变化的动态数组。

20.5.1 动态一维数组

在程序运行期间，根据需要申请内存，然后通过指向该内存区域首地址的指针按数组访问该内存区域，便可以实现动态一维数组，例如代码20.2。

程序清单 20.2 动态一维数组

```c
#include <stdio.h>
#include <stdlib.h>

int main(void)
{
    // 声明变量
    int i, sum = 0;
    int *p = NULL, *q = NULL; // 将指针初始化为 NULL,防止野指针
    int n;

    scanf("%d", &n); // 读入数据个数
    p = malloc(n * sizeof(int)); // 动态申请内存

    if (p == NULL) // 内存申请失败的处理
    {
        printf("not enough memory!\n");
        exit(1);
    }

    q = p; // q 和 p 同时指向申请的内存区的起始地址

    for(i = 0; i < n; i++)
    {
        scanf("%d", p + i); // 读入数据,直接使用地址,注意 p 的值没变
    }

    for(i = 0; i < n; i++)
    {
        printf("%d ", p[i]); // 下标访问,等价于 *(p + i),注意 p 的值没变
    }
    printf("\n");

    while(p < q + n)
    {
        sum += *p; // 求和,使用的是指针递增模式,注意 p 的值会发生变化
        p++;
    }

    printf("%d\n", sum);

    free(q); // 释放空间,注意此时 p 的值已不是申请的内存的首地址
    p = NULL; // 将不用的指针赋值为 NULL,防止出现野指针
    q = NULL;

    return 0;
}
```

在程序的第 12 行通过“malloc()”函数在堆区申请“n * sizeof(int)”个字节的内存空间，并将其首地址赋给指针 p。第 14 行到第 18 行对申请的结果进行判断，若申请失败，则输出提示信息并退出程序，其内存结构如图 20.2 所示。

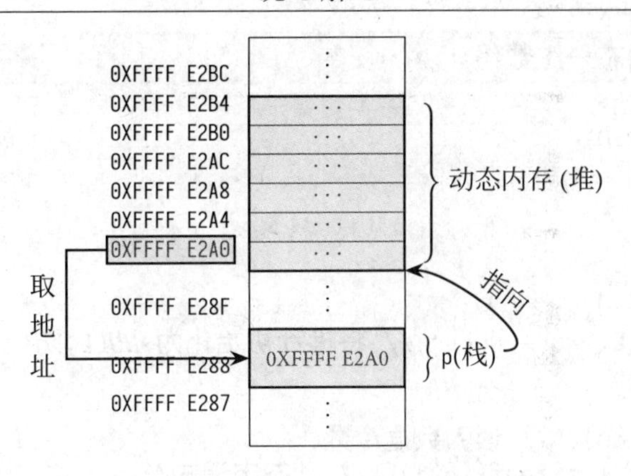

图 20.2　一维动态数组的内存结构图

指向动态数组的指针可以按照指针的方式遍历该动态存储区中的内容，例如第 22 行至第 30 行。也可以按数组下标遍历该动态存储区，当编译器执行“[]”运算时，会转换为地址的运算，例如“p[i]”等价于“*(p + i)”。

另外，需要注意的是，第 22 行到第 30 行中并没有改变指针 p 自身的值。但是，第 33 行到第 37 行的代码却改变了指针 p 自身的值，循环结束后指针 p 已指向动态申请的内存区之外。因此，在第 20 行需要将原始的申请到的内存的地址赋给指针 q，以便第 41 行的“free()”找到正确的内存地址。同时，在第 8 行声明指针时要将指针初始化为“NULL”，第 42 行和第 43 行在指针使用完毕后要赋值为“NULL”，以防止出现野指针。

也可以使用“calloc()”函数申请内存，使用“realloc()”调整申请后内存的大小，从而使动态数组的使用更为灵活，其使用细节可以查阅相关资料。

20.5.2 动态二维数组

在程序运行期间，根据需要使用动态内存申请函数申请内存，该内存区也可以作为二维数组。动态二维数组一般有两种实现方案，一是通过二级指针 (指向指针的指针) 实现，二是通过一维动态数组模拟二维数组实现。

通过二级指针实现动态二维动态数组的基本原理是利用一块动态分配的内存存储各行的首地址，并将该内存的首地址赋给二级指针 p。然后再动态申请各行的存储空间，并将该行存储空间的首地址赋给“p[i]”(等价于“*(p + i)”)。利用“[]”运算符的特性，能够以“p[i][j]”(等价于“*(*(p + i) + j)”) 的二维数组下标访问申请到的内存区中的内容，例如代码20.3。

程序清单 20.3 动态二维数组

```c
1 #include <stdio.h>
2 #include <stdlib.h>
3
4 void Display(int ** p, int m, int n);
5
6 int main(void)
```

```
7  {
8      // 声明变量
9      int **p = NULL, m = 3, n = 4, i, j;
10     /* 先分配 m 个 sizeof(int *) 字节的连续空间存储每行的首地址 */
11     p = (int **)malloc(m * sizeof(int *));
12     if(NULL == p) // 内存申请失败的处理
13     {
14         printf("Not enough row's memory!\n");
15         exit(1);
16     }
17
18     /* 再为每一行分配 n 个 sizeof(int) 字节的连续空间存储每一行的整型数 */
19     for (i = 0; i < m; i++)
20     {
21         p[i] = (int *)malloc(n * sizeof(int));
22         if(NULL == p[i]) // 内存申请失败的处理
23         {
24             printf("Not enough col's memory!\n");
25             exit(1);
26         }
27     }
28
29     for (i = 0; i < m; i++)
30     {
31         for(j = 0; j  < n; j++)
32         {
33             p[i][j] = i * j; // 为数组元素赋值
34         }
35     }
36
37     Display(p, m, n); // 以二级指针作为函数实参调用函数
38
39     /* 释放每一行的空间 */
40     for (i = 0; i < m; i++)
41     {
42         free(p[i]);
43         p[i] = NULL; // 将不用的指针赋值为 NULL,防止出现野指针
44     }
45
46     /* 释放存储每一行首地址的内存空间 */
47     free(p);
48     p = NULL; // 将不用的指针赋值为 NULL,防止出现野指针
49
50     return 0;
51 }
52
53 // 输出函数
54 void Display(int ** p, int m, int n)
55 {
56     int i, j;
57
58     for (i = 0; i < m; i++)
```

```
59     {
60         for(j = 0; j  < n; j++)
61         {
62             printf("%d ", p[i][j]); // 遍历数组中每一个元素
63         }
64         printf("\n");
65     }
66 }
```

第 11 行分配了 m 个“int *”类型的内存空间，用于存储各行的首地址，并将内存的首地址赋给二级指针 p，让指针 p 指向申请到的内存区域的起始地址。第 19 行到第 27 行为每行分配 n 个“int”类型的内存空间，并将内存的首地址赋给指针 p[i]，让指针 p[i] 指向每行内存区域的起始地址。需要注意的是，二级指针 p 指向的内存区域和各个指针 p[i] 指向的内存区域是同一个“malloc(...)”函数分配的，都是连续的空间，但各行内存之间不一定连续。与一维数组相同，若申请失败则输出提示信息并退出程序，其内存结构如图 20.3 所示。

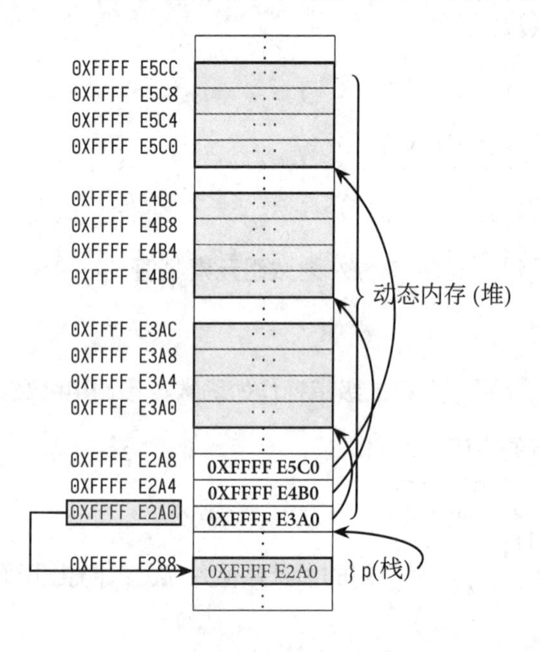

图 20.3　二维动态数组的内存结构图

在程序的第 29 行到 35 行的二重循环中，通过下标访问“p[i][j]”的方式为数组的各个元素进行赋值，第 33 行的“p[i][j]”等价于“*(*(p + i) + j)”。第 37 行以二级指针 p 作为实参调用“Display(...)”函数，第 54 行到第 66 行的“Display(...)”函数也通过下标访问“p[i][j]”的方式实现二维数组的操作。

第 39 行到第 48 行实现了内存空间的释放操作，并在释放空间后将各个指针赋值为“NULL”，以防止出现野指针。在使用二级指针创建动态二维数组时，特别要注意的是，内存空间释放操作必须先释放每一行空间，再释放存储每一行首地址的内存空间。如果先释放存储每一行首地址的内存空间，则无法再次访问各行的首地址（“p[i]”已不存在），即无法释放各行所占用的内存空间，从而造成内存泄漏。

动态二维数组并非真正的数组，它是一种对数组的模拟。只有在 C 语言中，具备数组类型的数组名是系统行为，用户级只能以指针的形式存放首地址。因此，使用“sizeof(p)”和“sizeof(p[i])”，其结果都是 8 个字节 (64 位系统)，而不是数组占有的内存字节数。它们只是指针，存储的是内存首地址。

另一种实现动态二维数组的方式是采用一维动态数组模拟二维数组，例如代码20.4所示。

程序清单 20.4 连续空间动态二维数组

```
#include <stdio.h>
#include <stdlib.h>
void Display(int * p, int m, int n);

int main(void)
{
    // 声明变量
    int *p = NULL, m = 3, n = 4, i, j;
    /* 分配 m * n 个 sizeof(int) 字节的连续空间存储所有整型数据 */
    p = (int *)malloc(m * n * sizeof(int *));
    if(NULL == p) // 内存申请失败的处理
    {
        printf("Not enough memory!\n");
        exit(1);
    }

    for (i = 0; i < m; i++)
    {
        for(j = 0; j  < n; j++)
        {
            *(p + i * n + j) = i * j; // 用一维的方式模拟二维数组
        }
    }

    Display(p, m, n); // 以指针作为函数实参调用函数

   /* 释放内存空间 */
    free(p);
    p = NULL; // 将不用的指针赋值为 NULL,防止出现野指针

    return 0;
}

// 输出函数
void Display(int * p, int m, int n)
{
    int i, j;

    for (i = 0; i < m; i++)
    {
        for(j = 0; j  < n; j++)
        {
            printf("%d ", *(p + i * n + j)); // 用一维的方式模拟二维数组
```

```
44          }
45          printf("\n");
46      }
47  }
```

程序的第 10 行分配了“m * n”个“int”类型的内存空间，用于存储所有整型数据，并将内存首地址赋给一级指针 p，让指针 p 指向申请到的内存区域的起始地址。由于是同一“malloc(...)”函数分配的内存空间，因此该内存空间是连续的。若申请失败则输出提示信息并退出程序，其内存结构如图 20.4 所示。

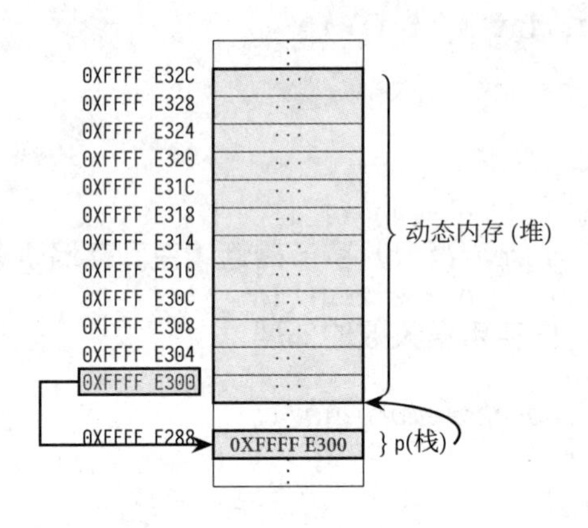

图 20.4　一维动态数组模拟二维数组的内存结构图

在程序的第 17 行到 23 行，在二重循环中通过“*(p + i * n + j)”地址偏移的方式访问动态分配的内存中的指定区域，类似于用二维数组的下标操作“p[i][j]”访问二维数组中的各个元素。第 25 行以指针 p 作为实参调用了“Display(...)”函数，在第 35 行到第 47 行的“Display(...)”函数中同样使用“*(p + i * n + j)”地址偏移的方式模拟二维数组的操作。

第 28 行实现了内存空间的释放操作，并在释放空间后将指针赋值为“NULL”，以防止出现野指针。在使用一维空间模拟二维数组时，只需要释放一次内存就可以了。

利用一维动态数组模拟二维动态数组的最大优点是申请到的内存空间是连续的空间，该方式广泛应用于数字图像处理、矩阵运算等场合。

20.5.3 柔性数组 (C99)

在 C99 中允许在结构体中声明长度为 0 的数组作为结构体的数组成员，这种长度为 0 的数组成员必须是结构体中最后一个成员，称其为“柔性数组成员”(flexible array member)。例如：

柔性数组 (C99)

```
1 struct ds
2 {
3   size_t counter;
```

```
4   int data[0];
5 };
```

在使用带有柔性数组成员的结构体类型时，一般需要动态申请用于存储“struct ds”结构体类型数据的内在空间，还需要申请紧随其后的用于存储“nmemb”个数组数据的内存空间。例如：

为柔性数组申请内存空间

```
1 struct ds *p;
2 ...
3 p = (struct ds *)malloc(sizeof(struct ds) + nmemb * sizeof(int));
4 p->counter = nmemb;
```

然后可以通过“p->data[i]”的形式直接访问紧跟在结构体数据之后的数组，其本质等价于 C89 的如下代码：

访问柔性数组元素

```
1 struct ds
2 {
3   size_t counter;
4   int *pdata;
5 };
6 ...
7 struct ds *p;
8 ...
9 p = (struct ds *)malloc(sizeof(struct ds) + nmemb * sizeof(int));
10 p->counter = nmemb;
11 p->pdata = (int *)(p + 1);
12 ...
```

在说明柔性数组成员时，“[]”中的 0 可以省略。另外，需要注意的是，当使用结构体类型的变量直接复制操作时，无法复制柔性数组成员。

20.6　内存使用的常见错误及对策

在 C 语言的动态内存分配与管理程序设计中，往往会出现已声明指针，但没有为指针分配内存，也就是说指针并没有指向合法的内存。若使用该指针操作内存，必然会引起程序的崩溃等问题。

20.6.1　结构体指针成员未初始化

结构体的指针成员未初始化是内存使用中的一种常见错误，例如代码20.5。

程序清单 20.5 指针成员未初始化的问题

```c
#include <stdio.h>
#include <stdlib.h>
#include <string.h>

struct student
{
    char *name;
    int score;
} stu, *pstu;

int main()
{
    strcpy(stu.name, "Jimy");
    stu.score = 99;
    return 0;
}
```

程序中第 5~9 行声明了结构体类型的变量 stu，但结构体中存在 “char *name”成员，在声明结构体类型的变量时，却只给指针变量 name 分配了“sizeof(char *)”个 (32 位系统中为 4 个，64 位系统中为 8 个) 字节，而指针“name”并没有指向合法的地址，所以在调用 “strcpy(...)”函数时，可能会将字符串“"Jimy"”拷贝到不可访问的内存区域，从而导致程序崩溃。其解决方法是使用“malloc(...)”函数在堆中申请一块内存空间，并将其起始地址赋给指针 name。

类似的，也可能会出现代码20.6所示的错误。

程序清单 20.6 指针成员未初始化的另一个问题

```c
#include <stdio.h>
#include <stdlib.h>
#include <string.h>

struct student
{
    char *name;
    int score;
} stu, *pstu;

int main()
{
    pstu = (struct student*)malloc(sizeof(struct student));
    strcpy(pstu->name, "Jimy");
    pstu->score = 99;
    free(pstu);
    return 0;
}
```

在代码的第 13 行为指针变量 pstu 分配了内存空间，但是并没给指针 name 分配内存，因此造成的错误与代码20.5中的错误相同，解决方法也相同。

在使用“malloc(...)”函数申请结构体类型的空间时，往往会误以为给其指针成员 (本例中的指针 name) 也分配了内存空间。

20.6.2 未能分配足够内存

未能分配足够内存也是内存使用中的一种常见错误, 例如代码20.7。

程序清单 20.7 指针成员内存不足的问题

```
#include <stdio.h>
#include <stdlib.h>
#include <string.h>

struct student
{
    char *name;
    int score;
} stu, *pstu;

int main()
{
    pstu = (struct student*)malloc(sizeof(struct student*));
    strcpy(pstu->name, "Jimy");
    pstu->score = 99;
    free(pstu);
    return 0;
}
```

程序的第 13 行分配内存并将得到的内存首地址赋给指针 pstu, 但分配的内存的大小不合适。这里误把"sizeof(struct student)"写成了"sizeof(struct student*)", 这是结构体地址类型, 在 32 位系统中是 4 个字节, 在 64 位系统中是 8 个字节, 显然是错误的。同时, 本例也没有为结构体的"name"指针成员分配内存, 解决方法同代码20.5。

20.6.3 分配的内存太小

在程序中, 为指针分配了内存, 但如果内存较小, 也会导致内存越界错误, 引起程序的崩溃, 例如:

内存分配过小

```
char *p1 = "abcdefg";
char *p2 = (char *)malloc(strlen(p1) * sizeof(char));

strcpy(p2,p1);
```

本例中, 指针 p1 指向一个字符串常量, 其长度为 7 个字符, 但需要占 8 个字节的内存, 因为要保存字符串结束标志"'\0'"。这将导致字符串的最后一个空字符"'\0'"没有被拷贝到

“p2”指向的内存中，从而导致了字符串不完整。解决方法是在申请内存时，增加1个字节的空间。例如：

字符串长度需要有\0

```
char*p2 = (char*)malloc((strlen(p1) + 1) * sizeof(char) * sizeof(char));
```

需要注意的是，即使char类型大小为1个字节，也不能省略sizeof(char)，否则会导致代码的可移植性下降。

20.6.4 内存分配成功但未初始化

“malloc(...)”申请的内存空间没有进行初始化，但不能认为这些内存中的数据是0。犯这类错误的原因往往是没有初始化的概念，未初始化的变量可能会造成严重的后果，而且较难找到原因。

因此，在声明变量时，首先应初始化，将它初始化为有效值。例如：

分配的内存未初始化

```
int i = 10;
char *p = (char *)malloc(sizeof(char)); // 完成指针的初始化，
                                        // 但分配的内存未初始化
```

但是在程序设计中，往往在声明变量时无法确定变量的初值，此时，可以将其初始化为“0”或“NULL”。例如：

初始化为0或NULL

```
int i = 0;
char *p = NULL;
```

20.6.5 对函数的入口进行校验

为了保证函数中指针操作的有效性，一般在函数的入口处，对传入函数的指针参数使用“assert(p != NULL)”进行校验，也可以使用“if(p != NULL)”进行校验。当然，如果指针p为野指针，则无法实现校验，所以在声明指针p的同时，应该将其初始化为“NULL”。据此修改前述的“Display(...)”函数，得到代码20.8。

程序清单 20.8 断言处理

```c
#include <assert.h>

...

// 输出函数
void Display(int * p, int m, int n)
{
    int i, j;

    assert(p != NULL);

    for (i = 0; i < m; i++)
    {
        for(j = 0; j  < n; j++)
        {
            printf("%d ", *(p + i * n + j)); // 用一维的方式模拟二维数组
        }
        printf("\n");
    }
}
// 或者使用
void Display(int * p, int m, int n)
{
    int i, j;

    if(p != NULL) // 对函数的入口进行校验
    {
        return;
    }

    for (i = 0; i < m; i++)
    {
        for(j = 0; j  < n; j++)
        {
            printf("%d ", *(p + i * n + j)); // 用一维的方式模拟二维数组
        }
        printf("\n");
    }
}
```

其中,“assert(...)”只是宏,而不是函数,该宏的定义包含在“assert.h”头文件中。如果括号里的值为真,则继续运行后面的代码。如果括号里的值为假,则程序终止运行,并提示出错信息和出错的位置,如图 20.5 所示。

“assert(...)”宏只在 Debug 版本中起作用,而在 Release 版本中被编译器通过优化删除,因此不影响代码的性能。“assert(...)”宏只帮助调试代码,其作用是协助程序员在调试函数时排除错误,“assert(...)”宏可以定位错误,而不能排除错误。

检验函数的入口参数可以确定错误发生在传入的实参中还是在该函数中,从而更为精确地定位错误和排除错误。

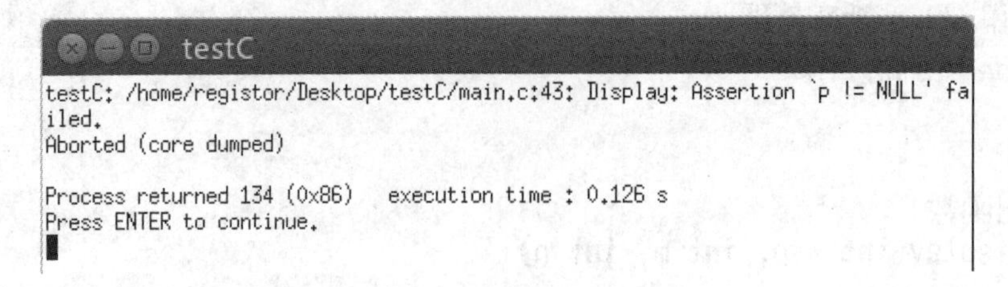

图 20.5 “assert()”为假的结果

20.7 小结

通过动态内存分配与管理，可以更为自由地使用内存，从而准确有效地组织程序中使用的数据结构，以实现高级和灵活的应用程序的设计。当然，动态内存分配与管理也是 C 语言中极为抽象的内容，需要通过大量的练习和认真的分析与思考才能够掌握。

第 21 章　用“void *”指针实现泛型和多态编程

使用面向对象的语言可以实现多态，并且较大程度地降低了代码的复杂性。面向过程 C 语言虽然未直接支持多态性，但却提供了“void *”指针和函数指针。基于“void *”指针和函数指针，本章着重分析了用 C 语言实现多态性的基本原理和方法。在此基础上，分别实现了泛型链表和异质链表的创建、头插法插入节点、遍历和销毁的基本操作。实验表明，采用 C 语言实现多态性是可行的。

21.1　多态性的概念

在程序设计领域，多态 (Polymorphism) 在学术上是一种将不同的特殊行为和单个泛化记号相关联的能力。直观上，可以理解为相同方法 (函数) 对于不同类型的输入参数 (个数不同、类型不同) 均能正确处理，并给出期望的结果。在面向对象程序设计中，多态性是基本概念，例如在 C++ 中，采用函数模板、类模板和虚函数可以比较方便地实现程序的多态性操作。因此，有些人认为：“多态性是面向对象编程中的语法和技术，面向过程的语言不具备这些特性”，然而，C 语言作为一种面向过程的编程语言，不仅为了面向过程的程序而设计，结合 C 语言的特性，也可实现多态性等面向对象编程的特征。

本章将以简单的单向链表为例，采用结构体、“void *”的指针和函数指针，探讨如何使用 C 语言实现多态性操作。

21.2　结构体和单向链表

众所周知，C++ 中用于实现面向对象的类 (class 类型) 从 C 语言的结构体演化而来，甚至可以将类粗略地理解为带有访问权限控制和成员函数的结构体。

结构体在 C 程序设计中比较重要。例如，简单的存储整型数据的单向链表可以用结构体实现，首先，需要定义用于描述节点的结构体，例如：

定义结构体类型

```
typedef struct Node* linkList; // 类型别名
struct Node{ // 链表节点
  int data; // 节点数据域 (整型数据)
  linkList next; // 节点指针域,指向下一个链表节点
};
```

此外，还需要定义实现链表操作的功能函数，几个常用的功能如下：

链表操作函数原型

```
...
void initialLinklist(linkList *h);        // 初始化链表
void insertFirst(linkList h, int data); // 头插法插入节点数据
void linkListOutput(linkList h);          // 遍历链表
void linkListDestroy(linkList h);         // 销毁链表
...
```

在实现该链表时，应采用多文件结构，在 linkList.h 文件里给出结构体定义和函数原型声明，在 linkList.c 里实现各个函数的功能，在 main.c 里调用这些函数实现链表的操作。

显然，上述代码只能实现节点数据域是整型数据的操作，如果需要建立其它不同数据类型的链表，则需要重新设计处理相应类型数据的代码。在此整型单向链表的基础上进行修改，进而得到处理其它数据类型的链表程序的设计并不复杂，但在实际中，由于数据类型千变万化 (C 语言也允许自定义数据类型)，随着程序复杂度的增加，针对各种数据类型的链表代码的后期维护将比较繁重，每增加一个操作，或修改某个操作，都将面临大量类似代码的修改，其工作量可能大到惊人。

在 C++ 等面向对象程序设计语言中，利用函数模板、类模板和虚函数等多态性的实现技术，可较为方便地实现适应多种数据类型的泛型链表，甚至是不同节点存储不同数据类型的异质链表。

在 C 语言中，可以通过 20.2 节所讨论的“void *”万能指针和函数指针使用面向对象技术中的多态性处理，实现泛型链表和异质链表，让一个链表程序能够适用于实型、字符型或任何自定义类型的数据。

21.3 函数指针

指针是用于存储地址的变量。C 语言并没有规定必须在指针中存储变量的地址 (指向变量)，任何地址都可以存储在指针中。程序中的函数在内存中要占用一定数量的内存单元，所以每个函数都有地址，函数在内存中的首地址就是函数的地址，类似于数组名是数组的首地址。函数的函数名就是函数的首地址。显然，可以用指针来存储该地址，用指针指向函数。指向函数的指针称为函数指针。

在声明普通指针时，为了正确访问内存，必须确定指针指向的数据类型，例如 int * 类型指针、char * 类型指针和 struct node * 类型指针等。函数指针也需要为其指定确定的类型，这种类型称为函数类型。

C 语言中，在声明函数原型时，需要明确函数的返回类型、函数名称和函数的形参表 (参数的个数和每个参数的类型)。例如：

函数原型的要素

```c
int add(int x, int y);
```

在声明函数原型时，在其形参表中可以不指定形参变量名称，只需要给出其类型即可。例如：

函数原型的要素 (无形参名称)

```c
int add(int, int);
```

因此，函数的声明可以理解为声明了“int ()(int, int);”类型的变量 add，类似于“int ()(int, int);”的类型，称之为函数类型。声明函数指针的基本语法为：

返回值类型（* 指针变量名）([形参列表]);

其中，“返回值类型”说明函数的返回类型，“(* 指针变量名)”中的圆括号不能省略，若省略则整体成为函数声明，声明了一个返回数据类型是指针的函数，最后的“形参列表”表示函数所带的形参列表 (函数可以没有“形参列表”)。例如：

声明函数指针

```c
int (*pf)(int, int);
```

表示声明了一个指向含有两个 int 参数并且返回值是 int 类型的函数的函数指针。

对于如下函数定义：

函数定义

```c
int add(int x, int y)
{
  return x + y;
}
```

则可以通过指针 pf 实现函数的调用。例如：

通过函数指针调用函数

```c
// 指针赋值，让 pf 指向函数 add
// 注意 add 与 &add 含义相同，
// 都表示函数的首地址。
pf = &add; // 也可以是 pf = add;
printf("pf(3,4)=%d\n",pf(3, 4));
```

借助函数指针可以更加灵活地实现函数的调用，另外，也可以将函数指针用作函数的参数，将一个函数传入另一个函数，从而实现更复杂的程序结构。在 C 语言中，要实现多态性，也需要函数指针。

21.4 泛型链表

在链表节点结构体定义中, 如果将其数据域成员定义为“void *”指针, 则链表节点的数据域将是一个万能指针, 可以处理任意类型的数据。对于任何类型的数据, 只需要传递一个指向该数据的“void *”指针, 将数据的地址存储到节点中, 则通过该指针就可以寻址存储该数据的内存。链表节点的数据域与数据类型无关, 这种链表称为泛型链表。

此时, linkList.h 的内容如代码21.1。

程序清单 21.1 泛型链表头文件

```c
#ifndef LINKLIST_H_INCLUDED
#define LINKLIST_H_INCLUDED

typedef struct pointer
{
    int x;
    int y;
} Point2D;

typedef struct Node* linkList;

struct Node          // 链表节点
{
    void *data;          // 存储的数据指针
    linkList next;        // 指向下一个链表节点
};

// 初始化链表
void initialLinklist(linkList *h);
// 头插法插入节点数据
void insertFirst(linkList h, void *data);
// 遍历链表,用传入的函数指针指向的函数输出每个节点的数据
void linkListOutput(linkList h,  void (*pfun)(void *));
// 销毁链表,用传入的函数指针指向的函数销毁每个节点的数据
void linkListDestroy(linkList h,  void (*pfun)(void *));

// 数据输出函数
void stringOutput(void *data);
void intOutput(void *data);
void doubleOutput(void *data);
void pointOutput(void *data);

// 内存释放函数
void stringFree(void *data);
void intFree(void *data);
void doubleFree(void *data);
```

```
37 void pointFree(void *data);
38
39 #endif // LINKLIST_H_INCLUDED
```

在泛型链表中，节点的数据域为“void *”指针，这并不影响链表的创建与插入操作，因为对于任何类型，其操作过程都相同。但对于输出的遍历操作，由于不同数据类型的输出要求不完全一致，因此，需要在调用 linkListOutput 输出链表时，为该函数传入用于输出指定类型数据的函数指针“void (*pfun)(void *)”。所以在使用链表时，一定要清楚在哪种情况下需要传给链表结构体怎样的输出函数。本例中定义了分别用于输出字符串、整型、浮点型和结构体型数据的函数，其实现代码如下：

输出链表函数

```
1  //输出链表中数据到控制台
2  void linkListOutput(linkList h, void (*pfun)(void *))
3  {
4    linkList p = h->next;
5    while(p)
6    {
7      pfun(p->data); //通过函数指针调用输出函数
8      p = p->next;
9    }
10 }
```

对于销毁链表的操作，也需要对“void *”指针指向的内存单元进行释放操作，对于不同类型的数据，其销毁内存单元的个数也不同。因此，当调用 inkListDestroy 销毁链表时，应该为该函数传入用于销毁指定类型数据的函数指针“void (*pfun)(void *)”，从而销毁字符串、整型、浮点型和结构体型的数据，其实现代码如下：

销毁链表函数

```
1  // 销毁链表
2  void linkListDestroy(linkList h, void (*pfun)(void *))
3  {
4    linkList q;
5
6    while(h)
7    {
8      q = h->next;
9      pfun(h->data); //通过函数指针调用内存释放函数
10     free(h);
11     h = q;
12   }
13 }
```

在 linkList.h 中，声明了 4 种用于不同类型数据的输出函数和销毁函数。依此类推，对于其它类型，也可以声明与之对应的输出函数和销毁函数，然后使用函数指针进行调用。

21.5 异质链表

异质链表是指不同的节点存储不同类型数据的链表。与泛型链表类似，异质链表节点的数据域也需要使用“void *”类型的指针来实现。注意，编译器只知道“void *”类型的指针存储了一个地址，但是编译器无法得知该地址里数据的类型，毕竟编译器功能有限。

对于异质链表，需要让每个节点记住数据类型以及如何处理这些数据。因此，在节点结构体中增加一个标志域用于标识数据类型的结构体成员，并使用一个 void (*pPrintFun)(void *) 指针存储输出当前节点的数据的函数，用一个 void (*pFreeFun)(void *) 指针存储销毁当前节点数据域占有的内存的函数，并用一个枚举类型来存放需要的数据类型的标识。

此时，linkList.h 的内容如代码21.2。

程序清单 21.2 异质链表头文件

```c
#ifndef LINKLIST_H_INCLUDED
#define LINKLIST_H_INCLUDED

typedef struct pointer
{
    int x;
    int y;
} Point2D;

typedef struct Node* linkList;

enum dataType
{
    INT,
    DOUBLE,
    STRING,
    PT2D
};

struct Node            // 链表节点
{
    void *data;          // 存储的数据指针
    enum dataType datType;          // 存储数据类型
    linkList next;       // 指向下一个链表节点

    void (*pPrintFun)(void *);
    void (*pFreeFun)(void *);
};

// 初始化链表
void initialLinklist(linkList *h);
// 建立新节点
linkList newLinkList (void *data, enum dataType datType);
```

```
34 // 采用头插入法插入节点
35 void insertFirst(linkList h, void *data, enum dataType datType);
36
37 // 遍历链表,输出每个节点的数据
38 void linkListOutput(linkList h);
39 // 销毁链表
40 void linkListDestroy(linkList h);
41
42 // 数据输出函数
43 void stringOutput(void *data);
44 void intOutput(void *data);
45 void doubleOutput(void *data);
46 void pointOutput(void *data);
47
48 // 内存释放函数
49 void stringFree(void *data);
50 void intFree(void *data);
51 void doubleFree(void *data);
52 void pointFree(void *data);
53
54 #endif // LINKLIST_H_INCLUDED
```

在异质链表中，由于每个节点的数据类型和处理该数据的函数不同，因此，需要设计创建节点的函数，并根据不同的数据类型进行相应的处理，其实现如代码21.3。

程序清单 21.3 创建异质链表节点函数

```
1 //建立新节点
2 linkList newLinkList (void *data, enum dataType datType)
3 {
4     linkList pNode = (linkList)malloc(sizeof(*pNode));
5     pNode->data = data;
6     pNode->datType = datType;
7     pNode->next = NULL;
8     switch(datType)
9     {
10    case INT:
11        pNode->pPrintFun = intOutput;
12        pNode->pFreeFun = intFree;
13        break;
14    case DOUBLE:
15        pNode->pPrintFun = doubleOutput;
16        pNode->pFreeFun = doubleFree;
17        break;
18    case STRING:
19        pNode->pPrintFun = stringOutput;
20        pNode->pFreeFun = stringFree;
21        break;
22    case PT2D:
23        pNode->pPrintFun = pointOutput;
24        pNode->pFreeFun = pointFree;
25        break;
```

```
26     }
27     return pNode;
28 }
```

另外，也可以创建函数指针数组，然后在创建节点时，利用函数指针数组的元素为结构体中的函数指针赋值，如代码21.4。

程序清单 21.4 函数指针数组

```c
// 声明函数指针数组
void (*pfP[])(void *) = {
                             intOutput,
                             doubleOutput,
                             stringOutput,
                             pointOutput
                            };

void (*pfF[])(void *) = {
                             intFree,
                             doubleFree,
                             stringFree,
                             pointFree
                            };
```

利用函数指针数组创建节点的操作见代码21.5。

程序清单 21.5 利用函数指针数组创建异质链表节点

```c
//建立新节点
linkList newLinkList (void *data, enum dataType datType)
{
    linkList pNode = (linkList)malloc(sizeof(*pNode));
    pNode->data = data;
    pNode->datType = datType;
    pNode->next = NULL;
    pNode->pPrintFun = pfP[datType];
    pNode->pFreeFun = pfF[datType];

    return pNode;
}
```

在节点创建函数中，不仅指定了节点的数据和数据类型标识，而且根据不同的数据类型，为该节点指定用于输出和销毁操作的函数的函数指针。

该 linkList.h 中，同样声明了 4 种用于不同类型数据的输出函数和销毁函数。依此类推，对于其它类型，也可以声明与之对应的输出函数和销毁函数，然后使用函数指针进行调用。

类似于泛型链表的操作，在链表的输出函数和销毁函数中，需要通过在当前节点中的函数指针存储的函数地址调用合适的输出和销毁函数，从而实现相应的操作，例如代码21.6。

程序清单 21.6 异质链表输出和销毁

```c
//输出链表中数据到控制台
void linkListOutput(linkList h)
{
    linkList p = h->next;
    while(p)
    {
        p->pPrintFun(p->data);
        p = p->next;
    }
}

// 销毁链表
void linkListDestroy(linkList h)
{
    linkList q;

    // 删除头节点
    if(h != NULL)
    {
        q = h->next;
        free(h);
        h = q;
    }
    // 删除其它节点
    while(h)
    {
        q = h->next;
        h->pFreeFun(h->data);
        free(h);
        h = q;
    }
}
```

也可以采用其它方案实现异质链表，其 linkList.h 的内容如代码21.7。

程序清单 21.7 异质链表不同实现方案

```c
#ifndef LINKLIST_H_INCLUDED
#define LINKLIST_H_INCLUDED

typedef struct Node* linkList;

typedef struct pointer
{
    int x;
    int y;
} Point2D;

enum dataType
{
```

```
14     INT,
15     DOUBLE,
16     STRING,
17     PT2D
18 };
19
20 struct Node            // 链表节点
21 {
22     void *data;            // 存储的数据指针
23     enum dataType datType;         // 存储数据类型
24     linkList next;         // 指向下一个链表节点
25
26     void (*pPrintFun)(void *, enum dataType); // 输出节点的数据
27     void (*pFreeFun)(void *, enum dataType);   // 销毁节点占有的内存
28 };
29
30 // 初始化链表
31 void initialLinklist(linkList *h);
32 // 建立新节点
33 linkList newLinkList (void *data, enum dataType datType);
34 // 采用头插入法插入节点
35 void insertFirst(linkList h, void *data, enum dataType datType);
36
37 // 遍历链表,输出每个节点的数据
38 void linkListOutput(linkList h);
39 // 销毁链表
40 void linkListDestroy(linkList h);
41
42 // 输出链表中数据
43 void itemPrint(void * data, enum dataType datType);
44 // 销毁节点占有的内存
45 void itemFree(void * data, enum dataType datType);
46 #endif // LINKLIST_H_INCLUDED
```

以上设计中将输出和销毁设计为一个函数,并将其函数指针存储在链表节点中。在输出和销毁函数中,根据数据类型用 switch 处理不同类型的数据,其创建节点、输出和销毁操作见代码21.8。

程序清单 21.8 异质链表不同实现方案的函数定义

```
1 //建立新节点
2 linkList newLinkList (void *data, enum dataType datType)
3 {
4     linkList pNode = (linkList)malloc(sizeof(*pNode));
5     pNode->data = data;
6     pNode->datType = datType;
7     pNode->next = NULL;
8
9     pNode->pPrintFun = itemPrint;
10    pNode->pFreeFun = itemFree;
11
```

```
12     return pNode;
13 }
14 //输出链表中数据到控制台
15 void linkListOutput(linkList h)
16 {
17     linkList p = h->next;
18     while(p)
19     {
20         p->pPrintFun(p->data, p->datType);
21         p = p->next;
22     }
23 }
24 // 销毁链表
25 void linkListDestroy(linkList h)
26 {
27     linkList q;
28 
29     while(h)
30     {
31         q = h->next;
32         h->pFreeFun(h->data, h->datType);
33         free(h);
34         h = q;
35     }
36 }
37 //输出链表中数据到控制台
38 void itemPrint(void * data, enum dataType datType)
39 {
40     switch(datType)
41     {
42     case INT:
43         printf("%4d\n", *(int*)(data));
44         break;
45     case DOUBLE:
46         printf("%4f\n", *(double*)(data));
47         break;
48     case STRING:
49         printf("%s\n", (char*)(data));
50         break;
51     case PT2D:
52         printf("(%d, %d)\n", ((Point2D*)data)->x, ((Point2D*)data)->y);
53         break;
54     }
55 }
56 void itemFree(void * data, enum dataType datType)
57 {
58     switch(datType)
59     {
60     case INT:
61         free((int*)(data));
62         break;
63     case DOUBLE:
```

```
64            free((double*)(data));
65            break;
66        case STRING:
67            free((char*)(data));
68            break;
69        case PT2D:
70            free((Point2D*)(data));
71            break;
72        }
73 }
```

若进一步完善链表节点结构体的设计，结合“void*”指针和函数指针，并设计完整的链表操作函数，则可以实现通用的泛型链表和异质链表。

21.6 小结

本章以泛型链表和异质链表为例，充分说明了C语言程序设计的灵活性和通用性。虽然代码简短且功能简单，但在一定程度上满足了程序设计中的多态性需求。当然多态性有着更为广泛的含义，本章无意为实现完整多态性而展开更为深入的讨论和分析。本章旨在说明：无论面向过程还是面向对象，都只是一种程序设计思想，而C语言是一种编程语言工具。从本质上来讲C语言不是面向对象的程序设计语言，但是根据它的基本功能，也能够实现面向对象的程序设计。最终，本章要强调的是：“也许不擅长，但是并不意味着做不到”。

第 22 章　泛型排序程序设计

针对 C 语言强类型要求带来的排序程序代码通用性差的问题，本章采用“void *”地址类型的万能指针和函数指针技术，参考 C 语言标准库中提供的“qsort()”函数里与类型无关的泛型排序，以简单的冒泡排序为例，讨论了泛型排序程序的基本设计思路和方法。

22.1　泛型程序设计

用 C 语言实现泛型程序设计，即使用“void *”地址类型的万能指针指向需要操作的内存空间，然后按需要操作的数据类型占有的字节数重组内存单元，实现所需的操作。

22.1.1　泛型数据交换函数

两个变量值的数据交换是程序设计中非常重要的操作，一般声明一个中间变量，然后通过该变量实现两个变量值的交换，但这需要明确变量的数据类型。

对于泛型程序设计，可以通过“void *”地址类型的万能指针来实现，其代码如下：

泛型交换函数

```
 1 // 两个泛型数的交换
 2 void GenericSwap(void *p1, void *p2, size_t size)
 3 {
 4     void *pt = malloc(size); // 分配 1 个元素大小的内存
 5     assert(pt != NULL);
 6 
 7     memset(pt, 0, size); // 清 0
 8 
 9     // 交换内存的内容
10     memcpy(pt, p1, size);
11     memcpy(p1, p2, size);
12     memcpy(p2, pt, size);
13 
14     free(pt);  // 释放内存
15 }
```

在此，“void GenericSwap()”函数以“void *”类型的万能指针为形参，通过直接交换指定内存区的内容实现。但由于在函数操作中没有确定的类型，因此无法确定数据占用内存区的大小，所以必须为函数再设计一个数据占用字节数的形参。对于不同的数据类型，可以调用同一交换函数实现数据的交换，如：

调用泛型交换函数

```
...
GenericSwap(iV1, iV2, sizeof(int));          // 整型变量
GenericSwap(dfV1, dfV2, sizeof(double)); // 浮点型变量
GenericSwap(st1, st2, sizeof(struct Student)); // 结构体
...
```

需要注意的是，使用“sizeof()”运算符计算字节数时，不可以想当然地计为4个字节或8个字节等。对于结构体类型，由于存在字节补齐现象，因此不可以简单相加各个成员字节数得到总的字节数。

22.1.2 泛型数据比较函数

对两个变量值进行比较也是程序设计中常见的操作。在泛型程序设计中，往往需要比较两个“void *”地址类型的指针指向的数据。为了能够实现比较，则需要在比较之前将“void *”地址类型的指针强制转换为需要的类型，才能进行后续的操作，实现比较的具体代码如下：

泛型比较函数

```
// 比较 int 型的大于
int GreaterInt(const void *p, const void *q)
{
    return *(int*)p - *(int*)q;
}

// 比较 int 型的小于
int LesserInt(const void *p, const void *q)
{
    return *(int*)q - * (int*)p;
}

// 比较 double 型的大于
int GreaterDf(const void *p, const void *q)
{
    return *(double*)p - * (double*)q;
}

// 比较 double 型的小于
int LesserDf(const void *p, const void *q)
{
    return *(double*)q - * (double*)p;
}
```

由于泛型数据比较函数接收两个“const void *”类型的指针，在比较之前需要进行强制类

型转换, 确定数据类型, 因此, 先用"int *"和 "double *"转换为需要的地址类型的指针, 然后用"*"取出指针所指向的内存中的内容进行比较。

由于比较函数的形参是两个"const void *"类型的指针指向的数据, 因此, 在不同类型的数据进行比较时, 需要为不同数据类型设计不同的比较函数。这与泛型交换函数的设计和使用理念不完全相同。

22.2 泛型排序

排序是程序设计中常用的操作, 泛型排序函数能对不同数据类型的数组排序, 以提供通用函数, 为用户的操作带来较大的便利。在 C 语言的 <stdlib.h> 库中, 提供了一个用于实现泛型排序功能的 "qsort()"函数。本章将从该函数入手, 通过对该函数的分析, 以冒泡排序为例, 设计并实现其泛型排序函数。

22.2.1 qsort 函数

C 语言提供的 qsort() 泛型排序函数采用了基础快速排序算法, 适用于任意数组的排序, qsort() 的函数原型为:

qsort 函数原型

```
void qsort(void *base, size_t nmemb, size_t size,
           int (*comppar)(const void *, const void *));
```

其中,"void *base"指向数组中参与排序的第 1 个元素的指针 (可以是数组的任意元素,但不能越界)。"size_t nmemb"指参与排序的数组元素个数 (不一定是原数组个数, 可以是原数组任意子数组的元素个数)。"size_t size"指参与排序数组中一个元素的大小 (以字节为单位)。"int (*comppar)(const void *, const void *)"指比较数组两个元素大小的比较函数的函数指针。前三个参数的含义如图 22.1 所示, 要注意可以只对部分元素排序。

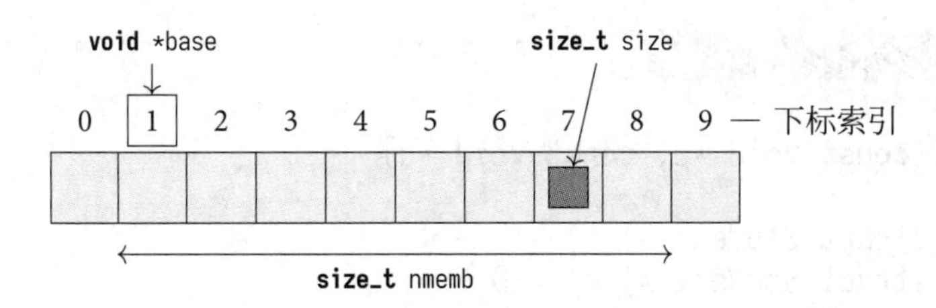

图 22.1　qsort() 函数形参的含义

因为待排序的数组可能是任何类型, 甚至可能是结构体或联合体类型, 所以需要让 qsort() 能确定待排序数组中两个元素的大小。因此, 需要通过 int (*comppar)(const void *, const void *) 这个"comppar"函数指针为 qsort() 函数转入一个比较函数。当给定两个指向待排序数组元素的指针 p 和 q 时，比较函数必须返回一个整数。如果 *p 小于 *q，那么返回负数；如果 *p 等于 *q，那么返回零；如果 *p 大于 *q，那么返回正数。通过编写比较函数，可以为泛型排序函数 qsort() 提供以上信息。

例如，如果需要将学生结构体“struct Student”类型的“stu[N]”数组按学号“ID”进行排序，则 qsort() 函数的调用形式如下：

调用 qsort() 函数

```
1 qsort(stu, N, sizeof(struct Student), comp_ID);
```

其中，比较函数 comp_ID 可以设计为如下代码：

为 qsort() 函数设计比较函数

```
1  int comp_ID(const void *p, const void *q)
2  {
3    const struct Student *p1 = p;  // 强制转换
4    const struct Student *q1 = q;
5
6    if(p1->ID < q1->ID)
7    {
8      return -1;
9    }
10   else if(p1->ID == q1->ID)
11   {
12     return 0;
13   }
14   else
15   {
16     return 1;
17   }
18 }
```

因为比较函数只需要返回正、负值和零，因此，比较函数可以简化为如下代码：

qsort() 比较函数的简化

```
1 int comp_ID(const void *p, const void *q)
2 {
3   return ((struct Student *) p)->ID -
4          ((struct Student *) q)->ID
5 }
```

上述代码通过减法操作判断两学号的大小。需要注意的是，整数相减有风险，可能会导致溢出现象。学号不可能为负值，将结构体的成员“ID”声明为 unsigned int 可以避免该问题。

22.2.2 泛型冒泡排序

根据对 qsort() 函数的功能分析可知, 实现泛型排序的核心是要确定待排序数组的起始地址、单个元素的字节大小、待排序元素个数以及设计比较函数。

冒泡排序中的核心是通过比较两个元素的大小, 不断交换两个数的位置实现排序。因此, 其泛型化的关键是比较函数和交换函数的设计, 为了与 qsort() 函数原型保持一致, 可以将泛型冒泡排序函数原型设计为如下代码:

泛型冒泡排序函数原型

```
1 void GenericBubbleSort(void *base, size_t nmemb, size_t size,
2                        int (*comppar)(const void *, const void *));
```

其中, 各个形参的含义与 qsort() 函数的形参相同, 其函数实现代码如下:

泛型冒泡排序函数的定义

```
1  // 泛型冒泡排序,参见: http://www.algorithmist.com/index.php/Bubble_sort
2  void GenericBubbleSort(void *base, size_t nmemb,
3       size_t size, int (*comppar)(const void*, const void*))
4  {
5    int bound = nmemb - 1, new_bound = 0;
6    for(int i = 0; i < nmemb - 1; i++ )
7    {
8        for(int j = 0; j < bound; j++)
9        {
10           // 比较 (泛型比较),前一个数比后一个数大,返回正值
11           if(comppar(base + j*size, base + (j + 1)*size) > 0)
12           {
13               // 交换 (泛型交换)
14               GenericSwap(base + j * size, base + (j + 1) * size, size);
15               new_bound = j; // 更新最后一次发生交换的位置
16           }
17       }
18       bound = new_bound; // 更新内层循环上界
19   }
20 }
```

在程序第 11 行, 通过“base + j*size”和 “base + (j + 1)*size”计算出两个需要比较的元素的首地址, 本例中为 void * 地址类型。然后作为实参传递给 “comppar”指针指向的函数, 实现两个元素的比较。

在程序第 14 行, 当条件成立时, 调用22.1.1小节中的 GenericSwap() 泛型交换函数实现两个元素的交换。此处, 将“base + j*size”和 “base + (j + 1)*size”两个 void * 地址类型的地址及单个元素大小“size”作为实参传递给 GenericSwap() 泛型交换函数, 实现两个元素的交换。

22.3 用指针数组实现字符串排序

字符串排序也是程序设计中常见的操作。由于字符串长度的不确定性，为了节约内存，通常采用“char *”字符地址类型的指针来指向字符串，从而实现需要的操作。对于一组字符串，则可以采用字符地址类型的指针数组进行处理。

22.3.1 基本原理

声明指针数组的代码如下：

指针数组

```
char *planets[] = {"Mercury", "Venus", "Earth", "Mars",
    "Jupiter", "Saturn", "Uranus", "Neptune", "Pluto"};
```

该代码声明了一个“char *”字符地址类型的指针数组 planets，其内存结构如图 22.2 所示。

当需要对这些字符串进行排序时，可以采用两种方案，第一种方案是根据字符串的大小交换字符串，第二种方案是根据字符串的大小交换指针数组中的指针，改变指针指向。

对于第一种方案，由于字符串长短不一致，为节约内存的使用，会涉及动态管理内存的操作，特别当字符串比较长时，是比较耗时的。

因此，第二种方案是常用的字符串排序操作，由于只需交换指针，因此字节长度相同，比较容易实现，且节约内存和时间。根据字符串的大小交换指针数组中的指针，再按字符串指针数组下标的自然顺序输出字符串，从而完成了字符串的排序，通过字符地址型指针数组排序字符串的基本原理如图 22.3 所示。

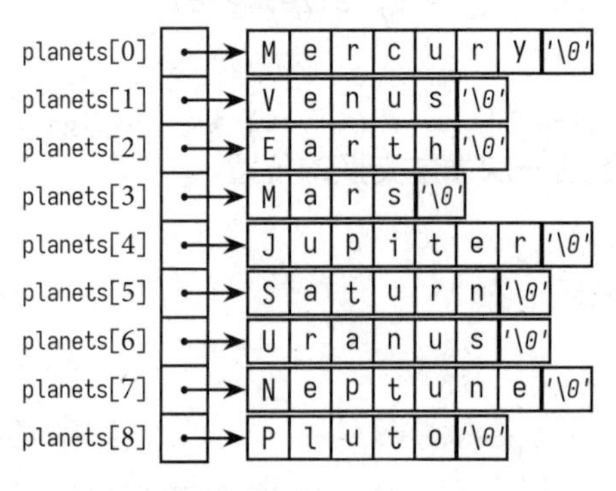

图 22.2 字符型指针数组指向字符串

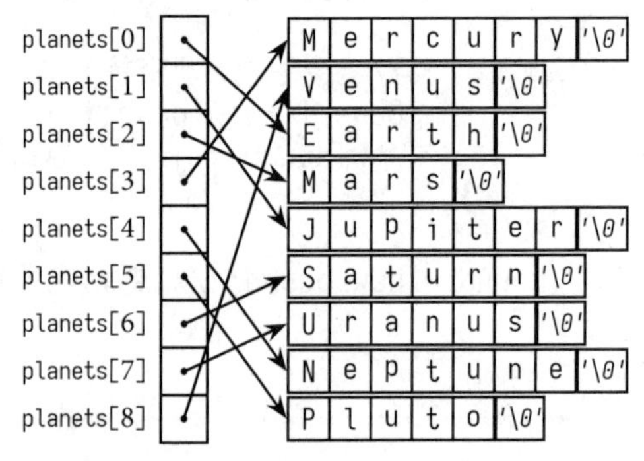

图 22.3 用字符型指针数组实现字符串排序

22.3.2 比较函数设计

本节分别采用 qsort() 泛型排序函数和22.2.2小节设计的 GenericBubbleSort() 泛型排序函数实现字符串的排序。为此，需要为泛型排序函数设计比较函数，以实现数组中两个元素

的比较。比较函数的代码如下:

字符串排序泛型比较函数

```c
// 比较函数,根据两个字符串大小返回负、0、正数
int comp_str(const void *s1, const void *s2)
{
  // 需要先将 void 指针强制转换成 char** 指针,
  // 再取内容 *(char**)s1 指向字符串
  return (strcmp(*(char **)s1, *(char **)s2));
}
```

根据图 22.3 可知,字符串排序的本质是调整指针数组中指针的指向。从代码角度来看,排序数组实质上是指针数组 planets, 根据指针数组中两个指针指向的字符串的大小交换元素。

传入比较函数的两个指针是指针数组 planets 中两个元素的地址, 本例中是"(char **)"地址类型。需要在比较函数中将两个"const void*"类型的指针强制转换为 "(char **)"类型的指针, 然后再通过 "*(char **)s1"和"*(char **)s2"操作取出指针数组中存储的字符串的首地址, 将其作为实参传给 "strcmp"进行比较。

22.3.3 实现字符串排序

至此, 可以调用 qsort() 和 GenericBubbleSort() 泛型排序函数实现字符串的排序, 其调用代码如下:

泛型排序函数调用

```c
...
#define MAX 9
...
qsort(planets, MAX, sizeof(planets[0]), comp_str);
...
GenericBubbleSort(planets, MAX, sizeof(planets[0]),
                  comp_str);
...
```

需要注意的是, planets 是指针数组的名称, 它是地址的地址。"sizeof(planets[0])"是指针数组中一个元素的大小, 它是指针的大小[1]。实现字符串泛型排序的完整代码如下:

指针数组排序程序

```c
#include <stdio.h>
#include <stdlib.h>
#include <string.h>
#include <assert.h>
```

[1] 64 位系统为 8 个字节, 32 位系统为 4 个字节。

```
5
6 #define MAX 9
7
8 // 函数原型
9 // 泛型交换
10 void GenericSwap(void *p1, void *p2, size_t size);
11 // 泛型冒泡排序
12 void GenericBubbleSort(void *ptr, size_t count,
13       size_t size, int (*comp)(const void*, const void*));
14 // 输出函数
15 void Output(char **, int n);
16 // 比较函数
17 int comp_str(const void *s1, const void *s2);
18
19 int main(void)
20 {
21     char *planets1[] = {"Mercury", "Venus", "Earth", "Mars",
22                         "Jupiter", "Saturn", "Uranus", "Neptune", "Pluto"
23                        };
24
25      char *planets2[] = {"Mercury", "Venus", "Earth", "Mars",
26                         "Jupiter", "Saturn", "Uranus", "Neptune", "Pluto"
27                        };
28
29     printf("before qsort:\n");
30     Output(planets1, MAX);
31     printf("qsort sorting...\n\n");
32
33     /* 字符串排序（实际是根据字符串大小对指针数组排序）*/
34     qsort(planets1, MAX, sizeof(planets1[0]), comp_str);
35     Output(planets1, MAX);
36
37     printf("\nbefore GenericBubbleSort:\n");
38     Output(planets2, MAX);
39     printf("GenericBubbleSort sorting...\n\n");
40
41     /* 字符串排序（实际是根据字符串大小对指针数组排序）*/
42     GenericBubbleSort(planets2, MAX, sizeof(planets2[0]), comp_str);
43     Output(planets2, MAX);
44
45     return(0);
46 }
47
48 // 两个泛型数的交换
49 void GenericSwap(void *p1, void *p2, size_t size)
50 {
51     void *pt = malloc(size); // 分配 1 个元素大小的内存
52     assert(pt != NULL);
53
54     memset(pt, 0, size); // 清 0
55
56     // 交换内存的内容
```

```
57     memcpy(pt, p1, size);
58     memcpy(p1, p2, size);
59     memcpy(p2, pt, size);
60 
61     free(pt);  // 释放内存
62 }
63 
64 // 泛型冒泡排序,http://www.algorithmist.com/index.php/Bubble_sort
65 void GenericBubbleSort(void *ptr, size_t count,
66      size_t size, int (*comp)(const void*, const void*))
67 {
68   int bound = count - 1, new_bound = 0;
69 
70   for(int i = 0; i < count - 1; i++ )
71   {
72       for(int j = 0; j < bound; j++)
73       {
74           // 比较 (泛型比较),前一个数比后一个数大,返回正值
75           if(comp(ptr + j*size, ptr + (j + 1)*size) > 0)
76           {
77               // 交换 (泛型交换)
78               GenericSwap(ptr + j * size,
79                           ptr + (j + 1) * size, size);
80               new_bound = j; // 更新最后一次发生交换的位置
81           }
82       }
83       bound = new_bound; // 更新内层循环上界
84   }
85 }
86 
87 // 输出字符数组
88 void Output(char **str, int n)
89 {
90     int i;
91 
92     for(i = 0; i < n; i++)
93     {
94        puts(str[i]);
95     }
96 }
97 
98 // 比较函数,根据两个字符串大小返回负、0、正数
99 int comp_str(const void *s1, const void *s2)
100 {
101     // 需要先将 void 指针强制转换成 char** 指针,
102     // 再取内容 *(char**)s1 指向字符串
103     return (strcmp(*(char **)s1, *(char **)s2));
104 }
```

22.4 小结

本章以泛型冒泡排序为例，充分说明了 C 语言程序设计的灵活性和通用性，虽然代码简短且功能简单，但满足了程序设计中泛型编程的需求。泛型编程有着更为广泛的含义，限于篇幅，本章未对泛型编程展开更为深入的讨论和分析。

第 23 章　变长形参列表函数的设计与使用

在 C 语言程序设计中，函数的设计与使用非常重要，C 语言程序总是由各种各样的函数构成的。根据 C 语言的语法，一个函数可以没有形式参数，也可以有一个或多个形式参数，也可以是类似于 scanf() 和 printf() 这样带有变长形参列表的函数。显然，采用带有变长形参列表的函数能够提高程序的灵活性。本章分析了变长形参头文件 <stdarg.h> 中声明的 va_list 变量类型以及 va_start、va_arg 和 va_end 这 3 个宏的基本使用方法。在此基础上，通过实例讨论了 C 语言中变长形参列表函数的设计与使用方法。

23.1　变长形参列表函数

在 C 语言程序设计中，使用输入/输出标准库函数 scanf() 和 printf() 不可避免。这些函数的参数个数和类型可变，称为变长形参列表函数。

顾名思义，变长形参列表函数指函数的形式参数的长度 (个数) 可变。例如 printf() 的第一个参数是不可省略的，用于指定输出内容的格式，而其它参数的个数是可变的，用于罗列要输出的表达式。<stdio.h> 中定义的 printf() 的函数原型如下：

printf() 函数原型

```
int printf(const char *format, ...);
```

其中，省略号“...”表明该函数可以接收数量和类型可变的参数。C 语言要求，省略号必须是形参表中的最后一个参数。

目前在国内大多数 C 语言教材和教学大纲中，都未列入变长形参列表函数的设计与使用方法，因此，本章将以 3 个不同的实例分析讨论 C 语言中变长形参列表函数的设计与使用方法。

23.2　<stdarg.h> 头文件

设计 C 语言中变长形参列表函数时，所需的变量类型和宏由 <stdarg.h> 变长形参头文件提供，该头文件提供了 1 个变量类型和 3 个宏。

23.2.1 va_list 变量类型

va_list 用于声明 va_start、va_arg 和 va_end 这 3 个宏中需要的数据类型。为能够访问变长形参列表中的参数，首先要定义 va_list 类型的对象。

23.2.2 va_start() 宏

va_start() 宏的定义如下：

va_start() 宏定义

```
void va_start(va_list ap, paramN);
```

va_start() 宏用于初始化可变参数列表 ap(将函数在 paramN 之后的参数地址放到 ap 中)。在访问变长形参列表中的参数之前，需要调用 va_start() 宏，以初始化 va_arg() 和 va_end() 宏要使用的 va_list 类型的对象 ap。

23.2.3 va_arg() 宏

va_arg() 宏的定义如下：

va_arg() 宏定义

```
type va_arg(va_list ap, type);
```

va_arg() 宏用于返回变长形参列表 ap 中的下一个参数，该参数的类型由宏的第 2 个参数 type 指定。每次调用 va_arg() 都会修改 va_list 类型对象 ap 的值，使其指向下一个参数。

23.2.4 va_end() 宏

va_end() 宏的定义如下：

va_arg() 宏定义

```
void va_end(va_list ap);
```

va_end() 宏用于关闭初始化列表 ap。每次调用 va_start() 后都要调用 va_end 销毁变量 ap，即将指针置为 NULL。

23.2.5 变长形参列表函数的基本框架

设计变长形参列表函数一般有以下步骤:

(1) 在函数里定义 va_list 类型的变量 ap, 该变量用于指向变长形参列表。

(2) 用 va_start 宏初始化变量 ap, 该宏的第 2 个参数是位于可变参数"..."之前且与可变参数"..."相邻的固定参数的名称。

(3) 用 va_arg 返回可变参数, 并赋值给指定的变量, va_arg 的第 2 个参数是需要返回的参数类型, 例如 va_endint。如果函数有多个可变参数, 依次调用 va_arg 获取各个参数。

(4) 用 va_end 宏结束可变参数的获取。

变长形参列表函数的基本框架如下:

变长形参列表函数基本框架

```
//filename: varargFunFrame.c
func( Type para1, Type para2, Type para3, ... )
{
    /****** 第 1 步 ******/
    // 定义 va_start 和 va_end 宏所需要的数据对象
    va_list ap;

    // 初始化 va_list 对象,
    // 第 2 个参数是"..."之前的那个参数的名称,
    // 使 ap 指向 para3 后的第 1 个可变参数
    va_start( ap, para3 );

    /****** 第 2 步 ******/
    // 此时 ap 指向第 1 个可变参数,
    // 调用 va_arg 取得里面的值
    // 注意: Type 一定要相同,如:
    // char *p = va_arg( ap, char *);
    // int i = va_arg( ap, int );
    Type xx = va_arg( ap, Type );
    // 调用 va_arg 后,ap 指向下一个可变参数,
    // 如果有多个参数继续调用 va_arg
    // 注意: 系统无法确定有多少个变长参数

    /****** 第 3 步 ******/
    // 销毁变长形参列表对象
    va_end(ap);
}
```

注意: 由于在 <stdarg.h> 中将 va_start、va_arg 和 va_end 定义为宏, 所以可变参数的类型和个数在所设计的函数中要由代码控制, 无法自动识别不同参数的个数和类型。

23.3 实例分析

23.3.1 求平均值

根据指定的数据个数，求一组浮点数的平均值，例如代码23.1。

程序清单 23.1 求平均值

```c
//filename: getAverage.c
#include <stdio.h>
#include <stdarg.h>

// 定义函数原型
double average(int i, ...);

int main( void )
{
    // 测试数据
    double w = 37.5;
    double x = 22.5;
    double y = 1.7;
    double z = 10.2;

    // 输出测试数据
    printf( "%s%.1f\n%s%.1f\n%s%.1f\n%s%.1f\n\n",
            "w = ", w, "x = ", x, "y = ", y, "z = ", z );
    // 调用变长形参列表函数
    printf( "%s%.3f\n%s%.3f\n%s%.3f\n",
    "The average of w and x is ", average(2, w, x), //3 个参数
    "The average of w, x, and y is ", average(3, w, x, y), //4 个参数
    "The average of w, x, y, and z is", average(4,w,x,y,z)); //5 个参数

    return 0;
}

// 计算平均值
double average(int i, ...)
{
    // 累加器
    double total = 1.0;
    // 统计选中的参数个数
    int j;

    // va_start 和 va_end 宏所需要的数据
    va_list ap;

    // 初始化 va_list 对象
    va_start(ap, i);
```

```
41
42     // 处理变长形参列表
43     for ( j = 1; j <= i; ++j )
44     {
45         // 读取变长形参列表中的参数
46         total += va_arg(ap, double);
47     }
48
49     // 销毁变长形参列表对象
50     va_end(ap);
51
52     // 计算平均值
53     return total / i;
54 }
```

该例中的第 43~47 行通过传入的固定参数 int i 构成的循环，控制了变长形参列表中的参数个数和类型。

23.3.2 按指定格式输出数据

代码23.2的功能类似于 printf() 函数，用于按指定的格式输出数据。

程序清单 23.2 指定格式输出

```c
1  //filename: myPrintf.c
2  #include <stdio.h>
3  #include <stdarg.h>
4
5  // 函数原型
6  void myprintf(const char *format, ...);
7
8  // 测试
9  int main(void)
10 {
11     myprintf("c\ts\n", "1", "hello");
12
13     return 0;
14 }
15
16 // 函数定义
17 void myprintf(const char *format, ...)
18 {
19     // va_start 和 va_end 宏所需要的数据
20     va_list ap;
21
22     // 控制变量
23     char c;
24
25     // 初始化 va_list 对象
26     va_start(ap, format);
```

```
27
28     // 处理变长形参列表
29     while((c = *format++))
30     {
31         switch(c)
32         {
33         case 'c':
34         {
35             // 读取变长形参列表中的参数
36             char ch = va_arg(ap, char);
37             putchar(ch);
38             break;
39         }
40         case 's':
41         {
42             // 读取变长形参列表中的参数
43             char *p = va_arg(ap, char *);
44             fputs(p, stdout);
45             break;
46         }
47         default:
48             putchar(c);
49         }
50     }
51
52     // 销毁变长形参列表对象
53     va_end(ap);
54 }
```

该例中的第 29~50 行通过传入的固定参数 const char *format 构成的循环, 控制了变长形参列表中的参数个数和类型。

23.3.3 类型格式串

代码23.3实现了按类型格式串中的字符输出参数列表中的数据。

程序清单 23.3 类型格式串

```
1 //filename: showVar.c
2 #include <stdio.h>
3 #include <stdarg.h>
4
5 //  声明函数原型
6 void ShowVar( char *szTypes, ... );
7
8 // 测试
9 int main()
10 {
11     ShowVar( "fcsi", 32.4f, 'a', "Test string", 4 );
```

```
12
13      return 0;
14  }
15
16  //  ShowVar 函数需要一个形如"ifcs" 的参数,
17  //  其中,每个字符用于指定可变形参列表中
18  //  对应位置的数据类型,字符含义为:
19  //  i = int
20  //  f = float
21  //  c = char
22  //  s = string (char *)//
23  //  跟在格式串后的是变长形参列表,
24  //  每个参数对应于由 szTypes 参数指向
25  //  的格式串中的一个格式字符
26  void ShowVar( char *szTypes, ... )
27  {
28      va_list ap;
29      int i;
30
31      //  初始化 va_list 对象
32      va_start( ap, szTypes );
33
34      // // 处理变长形参列表
35      for( i = 0; szTypes[i] != '\0'; ++i )
36      {
37          union Printable_t
38          {
39              int     i;
40              float   f;
41              char    c;
42              char   *s;
43          } Printable;
44
45          switch( szTypes[i] )
46          {
47          case 'i':
48              Printable.i = va_arg( ap, int ); //读取变长形参列表中的参数
49              printf( "%d\n", Printable.i );
50              break;
51          case 'f':
52              Printable.f = va_arg( ap, double ); //读取变长形参列表中的参数
53              printf( "%f\n", Printable.f );
54              break;
55          case 'c':
56              Printable.c = va_arg( ap, int ); //读取变长形参列表中的参数
57              printf( "%c\n", Printable.c );
58              break;
59          case 's':
60              Printable.s = va_arg( ap, char * ); //读取变长形参列表中的参数
61              printf( "%s\n", Printable.s );
62              break;
63          default:
```

```
64              break;
65          }
66      }
67
68      // 销毁变长形参列表对象
69      va_end( ap );
70  }
```

该例中的第 26~66 行通过传入的固定参数 char *szTypes 构成的循环，控制了变长形参列表中的参数个数和类型。

由于 va_start、va_arg 和 va_end 宏无法实现不同个数和类型参数的自动识别，因此，在调用带有变长形参列表的函数时，可以为变长形参列表提供任意个数和类型的实参，但可能会带来不可预知的逻辑错误，在使用变长形参列表函数时一定要避免这类错误。

23.4 小结

本章分析了 <stdarg.h> 中变量类型和宏的基本语法和使用方法，探讨了在 C 语言中设计和使用变长形参列表函数的原理和方法。由于篇幅所限，本章并未对变长形参列表函数中涉及的函数参数压栈、出栈的操作及可变参数在编译器中的处理方式等原理和技术进行深入分析和探讨，具体内容可以查阅相关资料。通过本章的分析，可以看出 C 语言是一种非常灵活的语言，而在大多数的 C 语言教学活动中，却忽略了相关知识点。

第 24 章　PCRE2 正则表达式第三方库

C 语言提供了丰富的标准库函数，利用这些函数，可以有效解决常见的各种问题，但这些常用的标准库函数只能实现基本功能，如果需要针对不同专业领域的特殊功能，一方面可以利用这些标准库函数，通过设计来实现，另一方面也可以使用由第三方提供的库函数来实现。本章将以 PCRE(Perl Compatible Regular Expressions，即 Perl 兼容正则表达式) 开发库最新版本 PCRE2 为例，说明在 C 语言中使用第三方库的基本方法。

24.1　简介

当 C 语言程序设计中的标准库函数无法实现需要的功能时，不可避免地要使用第三方库函数。第三方库主要用于扩展 C 语言在某一领域的功能，由程序设计人员使用 C 语言按照相关标准开发完成，例如：

(1) PCRE2：是一个用于跨平台的，与 Perl 语法兼容的用 C 语言编写的正则表达式函数库；

(2) OpenGL：用于跨平台的专业图形程序开发；

(3) OpenCV：用于跨平台的计算机视觉程序开发；

(4) gsl：用于实现各种复杂的数学计算；

(5) SDL：是一套开放源代码的跨平台多媒体开发库；

(6) SIGIL：是一套开放源代码的跨平台声音、输入和图形开发库。

本章将以 PCRE2 正则表达式函数库为例，说明在 Code::BlocksIDE、命令行和“Makefile”中采用 GCC 编译器时，使用 C 语言第三方库的基本方法。

24.2　第三方库概述

24.2.1　第三方库的构成

第三方库分为静态链接库 (lib) 和动态链接库 (DLL)，静态链接库与动态链接库都采用共享代码的方式。如果采用静态链接库，则“lib”中的指令都被直接包含在最终生成的“EXE”文件中，编译链接后的 EXE 文件可以摆脱该库文件，单独运行。若使用 DLL，该 DLL 中的代码可以不包含在最终 EXE 文件中，EXE 文件执行时需要动态地引用和断开这个与 EXE 独立的 DLL 文件。静态链接库和动态链接库的另一个区别在于静态链接库中不能再包含其它的动态链接库或者静态库，而动态链接库中还可以再包含其它的动态或静态链接库。

现代程序设计中，大量采用动态链接库，仔细查看 Code::Blocks、Office 和 Photoshop 等软件，可以发现大量的动态链接库技术。

以 C 语言为例，其静态链接库由“头文件 (.h)”和“库文件 (.lib)”构成，动态链接库由“头文件 (.h)”“库文件 (.lib)”和“动态链接库 (.DLL)”构成。其中，“头文件 (.h)”提供“函数原型”“类型定义”和“结构体类型定义”等信息，是库的接口说明。“库文件 (.lib)”用于在编译后的链接过程中，将需要的“函数代码”或“动态链接库 (.DLL)”的“链接信息”插入最终的可执行文件中。“动态链接库”为程序提供实际函数代码。

第三方库一般有两种发布方式：第一种是针对特定平台和编译器预编译的库，这种第三方库会受到运行平台和编译器的约束，有时可能无法满足其它特定的要求；第二种是以源代码的形式发布的开源库，此时需要构建所需库文件 (*.h、*.lib 或 *.a、*.DLL 或 *.so 文件)。

24.2.2 第三方库的使用配置

在 C 语言中使用第三方库时，一方面要为编译链接 (Build) 提供配置，另一方面要为程序的运行提供配置。

在编译时需要指定“头文件 (.h)”的“路径信息”，这些头文件提供了需要的函数原型、类型定义、结构体类型定义等库中函数的接口信息。在链接时需要指定“库文件 (.lib)”的“路径信息”，这些库文件提供了具体的函数代码或动态链接信息。可以在 Code::Blocks 等 IDE 中，也可以通过命令行或“Makefile”为第三方库提供必要的编译链接配置。

若使用动态链接库，在程序运行时，要为程序提供正确的“动态链接库 (.DLL)”的“路径信息”。对于不同的平台，其路径信息配置方法不完全相同，一种简单的方法是将所用到的“动态链接库 (.DLL)”置于构建好的程序的当前路径下，还可以将这些“动态链接库 (.DLL)”置于系统搜索路径中 (如 Windows 平台下的“system32”或“SysWOW64”路径)，同时也可以通过环境变量的设置，将“动态链接库 (.DLL)”所在的路径配置到操作系统的环境变量中。

24.3 构建第三方库

本章将以菲利普·海泽 (Philip Hazel) 用 C 语言编写的，开源发布的 PCRE 正则表达式第三方库的编译、链接和使用为例，对在 C 语言中使用第三方库的方法进行详细说明。

24.3.1 下载 PCRE2 第三方库

可以在 PCRE 的官网 (http://www.pcre.org/) 下载最新版的 PCRE2 的源代码 (在撰写本书时，其最新版本是 10.22)，如 图 24.1 和图 24.2 所示。

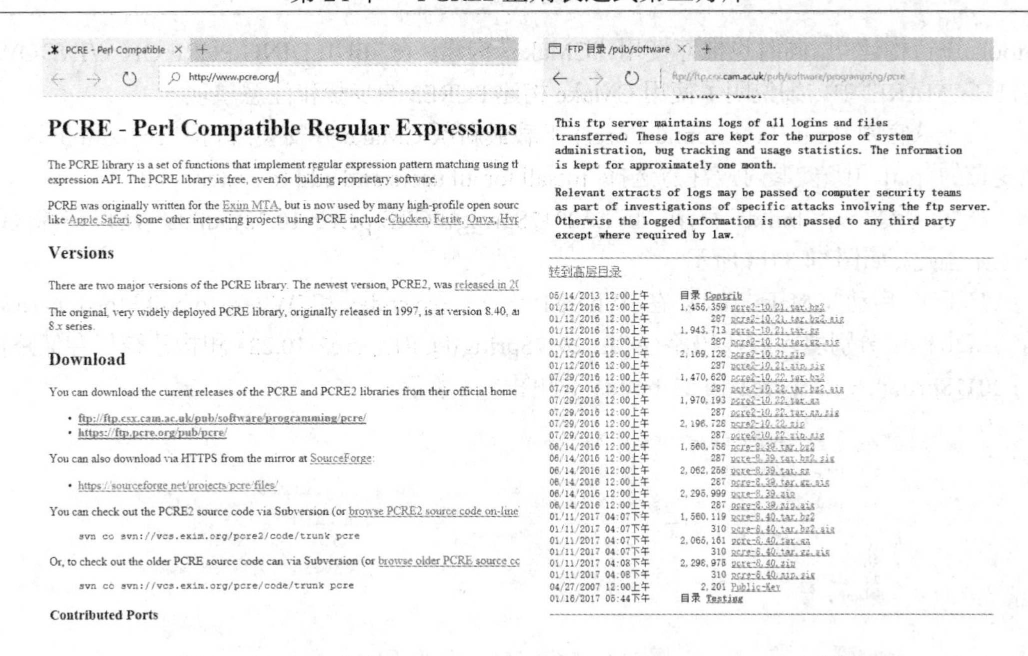

图 24.1　PCRE 主页　　　　图 24.2　PCRE2 下载页面

下载 pcre2-10.22.zip 后，直接解压到指定文件夹 (如“E:\2017Spring\PCRE\pcre2-10.22”) 即可得到 PCRE2 第三方库的源代码，其目录结构如图 24.3 所示。

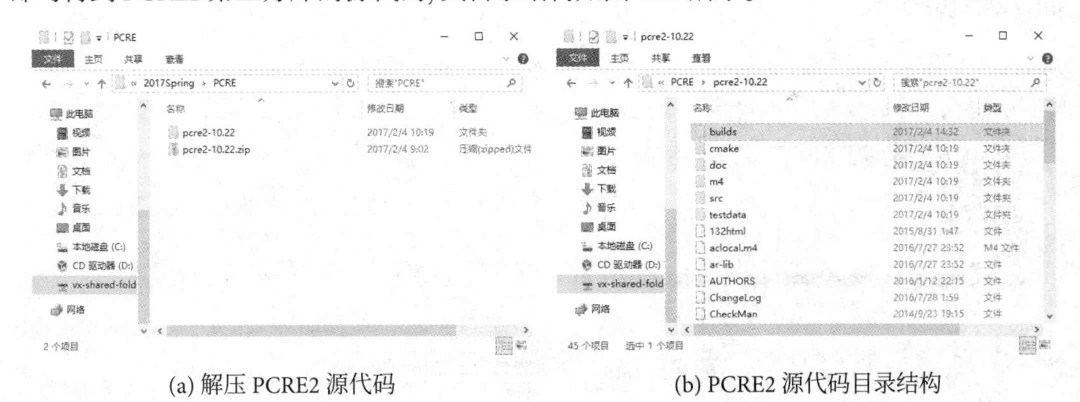

(a) 解压 PCRE2 源代码　　　　(b) PCRE2 源代码目录结构

图 24.3　PCRE2 源代码

24.3.2　构建 PCRE2 第三方库

PCRE2 以源代码的形式提供，因此需要通过编译链接才能够构建需要的库文件 (*.h、*.lib 或 *.a、*.DLL 或 *.so 文件)。

通常在第三方库源代码中，一般有 README 或 INSTALL 等说明文件，这些文件详细说明了在不同平台、不同编译环境下构建该库的需求和步骤。在此，以 Windows 平台下 MinGW4.9.2 编译器为例。由 README 文件可知，若要在“non-UNIX-like systems”系统中构建 PCRE2 库，需要阅读 NON-AUTOTOOLS-BUILD 文件。该文件说明，在 Windows 平台下，既可手工构建，也可通过 MinGW 或 Cygwin，使用“./configure, make, make install”这种 autotools 进行构建 [1], 同时也推荐使用 “CMake” 构建。在“BUILDING PCRE ON WINDOWS WITH CMAKE”中详细说明了使用 CMake 构建 PCRE2 的步骤和注意事项。

首先从官网 (http://www.cmake.org/) 下载最新版 CMake 并安装, 确保“cmake\bin”在环境变量的“path”中 (安装时应注意选择“intsall for all users and add to system path”)。

其次, 新建一个“builds”目录, 如“E:\2017Spring\PCRE\pcre2-10.22\builds”(建议在源代码目录中创建), 如图 24.3 (b) 所示。

接下来, 启动“CMake”工具, 在“Where is the source code:”和“Where to build the binaries:”后的编辑框中分别填入源代码路径 “E:\2017Spring\PCRE\pcre2-10.22” 和构建结果存储路径 “E:\2017Spring\PCRE\pcre2-10.22\builds”, 如图 24.4 所示。

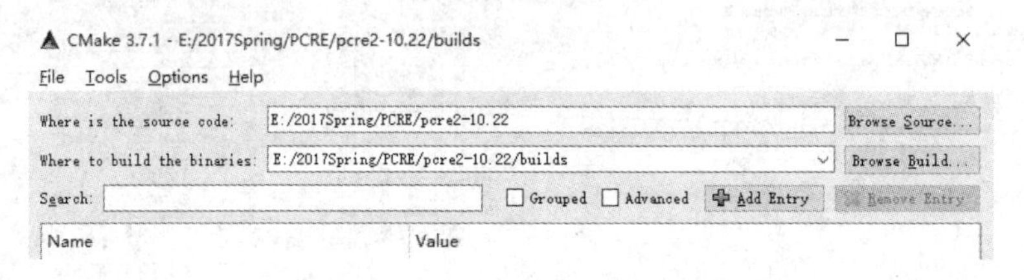

图 24.4　配置 CMake 工作路径

然后, 单击Configure, 打开如图 24.5 (a) 所示的编译器配置窗口, 根据实际情况选择合适的编译器 (本书中, 选择 “CodeBlocks-MinGW Makefiles”), 然后等待 CMake 完成配置, 如图 24.5 (b) 所示。

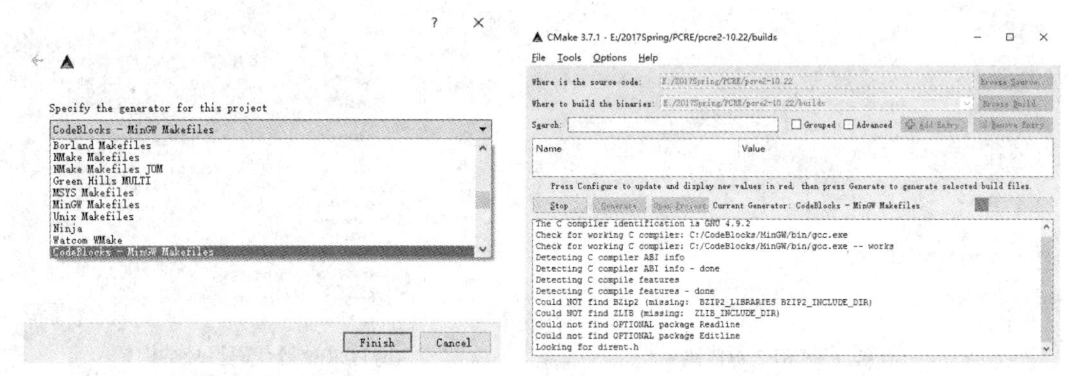

(a) 编译器选择　　(b) CMake 配置过程

图 24.5　生成 CMake 配置

完成CMake配置后的结果如图24.6 (a) 所示。其中编译参数“CMAKE_INSTALL_PREFIX”表示编译后的库文件在磁盘上的安装路径, 其默认值为“C:\Program Files(x86)\PCRE2”。由于在 Windows 中, 该路径常常会受到访问权限的限制 (一般需要 Administrator 权限), 故在此更改为如图 24.6 (b) 所示的“E:\devlibs\pcre2-10.22”(建议将第三方库统一安装在“X:\devlibs”中, 以便于管理和使用)。

同时, 也可根据需要修改其它 PCRE2 构建参数, 如选择是否支持 UTF-8 等。确认各构建参数后, 单击Generate按钮 (如图 24.7 所示), 便可在“E:\2017Spring\PCRE\pcre2-10.22\builds”中生成用于构建 PCRE2 库的 Code::Blocks 工程文件及其它所需文件, 如图 24.8 所示。

[1] 可查阅 Linux 相关说明了解更多的细节。

```
CMake 3.7.1 - E:/2017Spring/PCRE/pcre2-10.22/builds
File  Tools  Options  Help
Where is the source code:        E:/2017Spring/PCRE/pcre2-10.22                 Browse Source...
Where to build the binaries:     E:/2017Spring/PCRE/pcre2-10.22/builds          Browse Build...
Search:                          [ ] Grouped [ ] Advanced  Add Entry  Remove Entry
Name                                Value
BUILD_SHARED_LIBS                   [ ]
CMAKE_BUILD_TYPE
CMAKE_CODEBLOCKS_EXECUTABLE         CMAKE_CODEBLOCKS_EXECUTABLE-NOTFOUND
CMAKE_CODEBLOCKS_MAKE_ARGUMENTS
CMAKE_GNUtoMS                       [ ]
CMAKE_INSTALL_PREFIX                C:/Program Files (x86)/PCRE2
NON_STANDARD_LIB_PREFIX             [ ]
NON_STANDARD_LIB_SUFFIX             [ ]
PCRE2GREP_BUFSIZE                   20480
PCRE2_BUILD_PCRE2GREP               [x]
Press Configure to update and display new values in red, then press Generate to generate selected build files.
Configure  Generate  Open Project  Current Generator: CodeBlocks - MinGW Makefiles
```

(a) 默认的安装路径

```
CMake 3.7.1 - E:/2017Spring/PCRE/pcre2-10.22/builds
File  Tools  Options  Help
Where is the source code:        E:/2017Spring/PCRE/pcre2-10.22                 Browse Source...
Where to build the binaries:     E:/2017Spring/PCRE/pcre2-10.22/builds          Browse Build...
Search:                          [ ] Grouped [ ] Advanced  Add Entry  Remove Entry
Name                                Value
BUILD_SHARED_LIBS                   [ ]
CMAKE_BUILD_TYPE
CMAKE_CODEBLOCKS_EXECUTABLE         CMAKE_CODEBLOCKS_EXECUTABLE-NOTFOUND
CMAKE_CODEBLOCKS_MAKE_ARGUMENTS
CMAKE_GNUtoMS                       [ ]
CMAKE_INSTALL_PREFIX                E:/devlibs/pcre2-10.22
NON_STANDARD_LIB_PREFIX             [ ]
NON_STANDARD_LIB_SUFFIX             [ ]
PCRE2GREP_BUFSIZE                   20480
PCRE2_BUILD_PCRE2GREP               [x]
Press Configure to update and display new values in red, then press Generate to generate selected build files.
Configure  Generate  Open Project  Current Generator: CodeBlocks - MinGW Makefiles
```

(b) 更改后的安装路径

图 24.6　配置 PCRE2 的安装路径

需要注意的是，若在配置过程中出现错误或误选了选项，则在重新配置 CMake 时，需要执行 CMake 的 File 》delete cache 菜单清除之前的配置，然后重新进行配置。

用 Code::Blocks 打开图 24.8 中的"PCRE2.cbp"文件，按照常规方式，通过 Build 》Build 菜单就可以完成 PCRE2 函数库的构建，如图 24.9 (a) 所示。

接下来，选择 Build target 》install，再次在 Code::Blocks 中构建项目，以完成 PCRE2 函数库的安装，如图 24.9 (b) 所示。

至此，便将构建的库文件安装在"E:\devlibs\pcre2-10.22"中，其目录结构如图 24.10 (a) 所示。其中"include"中是头文件 (*.h)，如图 24.10 (b) 所示；"lib"中是库文件 (*.a)，如图 24.10 (c) 所示；"share\doc\pcre2\html"中是库的说明文件 (*.html)，如图 24.10 (d) 所示。

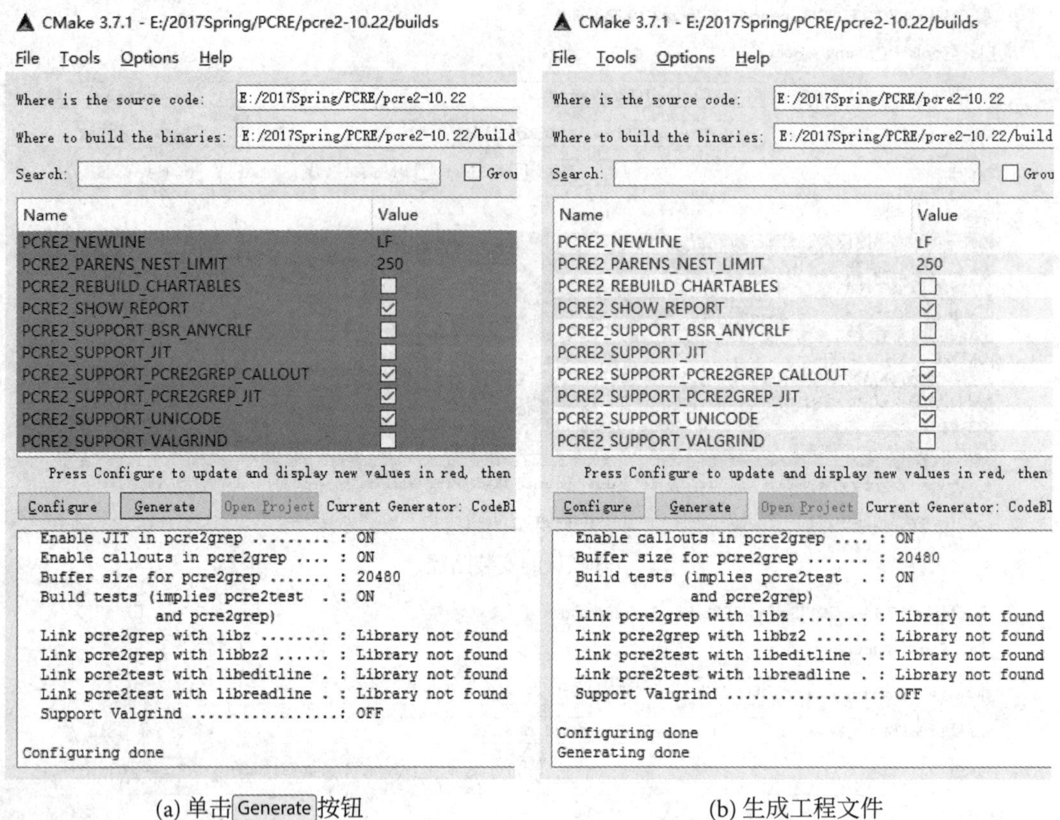

(a) 单击 Generate 按钮　　(b) 生成工程文件

图 24.7　生成 PCRE2 Code::Blocks 工程

图 24.8　Code::Blocks 工程文件

由于 CMake 中没有选择“BUILD_SHARE_LIBS”(如图 24.6 (b) 所示), 因此所生成的库是静态链接库, 由“头文件 (pcre.h)”和“库文件 (libpcre2-8.a)”构成。

完成 PCRE2 库文件的构建后, 便可以在 C 语言中使用该第三方库。

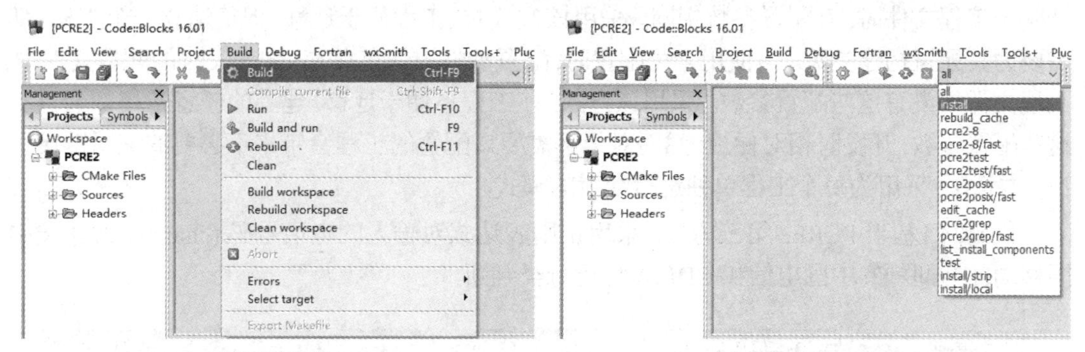

(a) Build 》Build 菜单　　　　(b) 选择“install”目标

图 24.9　用 Code::Blocks 构建 PCRE2 工程

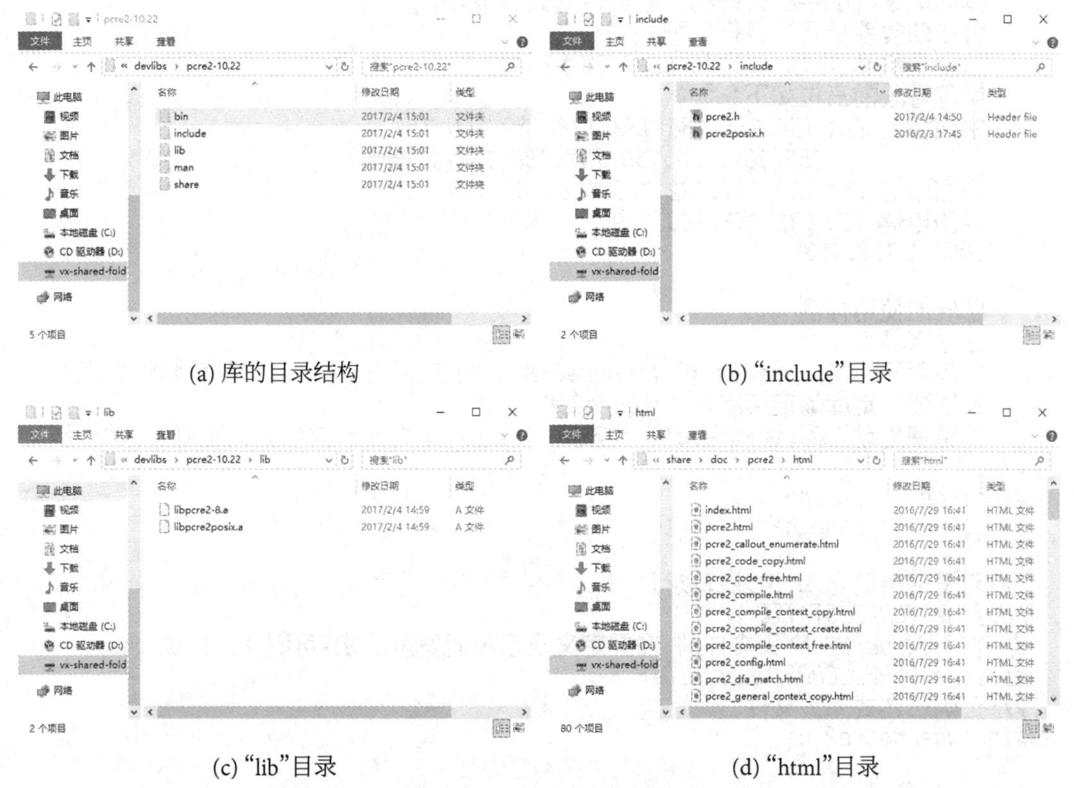

(a) 库的目录结构　　　　(b) “include”目录

(c) “lib”目录　　　　(d) “html”目录

图 24.10　PCRE2 库的构成

24.4　在 Code::Blocks 中使用静态 PCRE2 第三方库

为使用 PCRE2 第三方库，需要对 Code::Blocks 进行必要的配置才能正常工作。配置的主要目的是指定头文件 (.h) 和库文件 (.a) 的搜索路径以及需要链接的库文件参数，从而使 Code::Blocks 能够进行正确的编译和链接。

在进行第三方库配置时，既可以为每个工程单独配置 (通过 Project 》Build options... 或工程的右键快捷菜单中的 Build options... 进行配置)，也可以全局配置 (通过 Settings 》Compiler... 配置)。在为每个工程单独配置时，配置参数将被保存在工程文件中，当在不同的机器中再次打开同一工程文件时，其配置参数相同。采用该方式时，工程便于迁移，但每建立一个工程，都需要为其配置构建参数。当使用全局配置时，配置参数被保存在Code::Blocks的配置文件中，工程文件中没有这些配置参数。采用该方式时，工程不便于迁移，建立的任意工程都会具备这些配置参数，开发时相对便捷，然而对于不需要该配置的工程会带来不必要的编译链接负担。本章中，采用为每个工程单独进行配置的模式。

代码24.1基于PCRE2第三方库，采用正则表达式对输入的电话号码(char src[22])按中国移动、中国联通、中国电信和CDMA进行分类判断。

程序清单 24.1 电话号码分类

```
/* 下面是一个使用 PCRE2 库函数的小例子，
   其功能是匹配手机号码的正则表达式是否成功，
   分成四类手机号码进行匹配，
   分别是移动、电信、联通和 CDMA 的手机号。
   常用号段前三位如下：
   中国移动 CM：134.135.136.137.138.139.150.151.
                152.157.158.159.187.188.147(数据卡)
   中国联通 UN：130.131.132.155.156.185.186
   中国电信 TC：133.153.180.189
   CDMA ：133.153

   PCRE2 使用样例
   注意事项：
   1、需明确指定 pcre2.h 和 libpcre2-8.a 的路径 (Linux 可以采用默认路径)
   2、需要指定库的链接参数：-lpcre2-8
   3、若使用动态库，请确保.dll 动态库 (Linux 下为.so 文件) 的正确搜索路径
*/
#include <stdio.h>
#include <string.h>

// 若是使用动态库，请注释该行
#define PCRE2_STATIC
// 在引入 pcre2.h 头文件前，需要定义表示编码宽度的宏，可取 8、16 或 32
#define PCRE2_CODE_UNIT_WIDTH 8
// 正则表达式库头文件
#include <pcre2.h>

int main()
{
    pcre2_code *reCM, *reUN, *reTC, *reCDMA;// 表达式编译结果指针
    int rcCM, rcUN, rcTC, rcCDMA;           // 表达式编译结果状态码
    pcre2_match_data *match_dataCM;         // 匹配结果指针
    pcre2_match_data *match_dataUN, *match_dataTC, *match_dataCDMA;

    int errornumber;          // 正则表达式错误代码
    PCRE2_SIZE erroroffset; // 正则表达式错误偏移

    // 待匹配的手机号码 (用字符串表示)
    char src[22];

```

```
41    // 正则表达式
42    char pattern_CM[] = "^1(3[4-9]|5[012789]|8[78])\\d{8}$";
43    char pattern_UN[] = "^1(3[0-2]|5[56]|8[56])\\d{8}$";
44    char pattern_TC[] = "^18[09]\\d{8}$";
45    char pattern_CDMA[] = "^1[35]3\\d{8}$";
46
47    printf(" 请输入电话号码: \n");
48    scanf("%s", src);
49
50    printf(" 待匹配的电话号码: %s\n", src);
51    printf(" 中国移动的正则表达式: \"%s\"\n", pattern_CM);
52    printf(" 中国联通的正则表达式: \"%s\"\n", pattern_UN);
53    printf(" 中国电信的正则表达式: \"%s\"\n", pattern_TC);
54    printf("CDMA 的正则表达式: \"%s\"\n", pattern_CDMA);
55
56    /************************************************************
57    * 对正则表达式进行编译,以提高处理速度,并处理可能产生的错误。*
58    ************************************************************/
59    reCM=pcre2_compile((const unsigned char*)pattern_CM,/* 表达式 */
60                       PCRE2_ZERO_TERMINATED, /* \0 标志 */
61                       0,                     /* 默认值 */
62                       &errornumber,          /* 错误码 */
63                       &erroroffset,          /* 错误偏移 */
64                       NULL);                 /* 默认编译上下文 */
65    reUN = pcre2_compile((const unsigned char*) pattern_UN,
66                       PCRE2_ZERO_TERMINATED, 0,  &errornumber,
67                       &erroroffset, NULL);
68    reTC = pcre2_compile((const unsigned char*) pattern_TC,
69                       PCRE2_ZERO_TERMINATED, 0,  &errornumber,
70                       &erroroffset, NULL);
71    reCDMA = pcre2_compile((const unsigned char*) pattern_CDMA,
72                       PCRE2_ZERO_TERMINATED, 0,  &errornumber,
73                       &erroroffset, NULL);
74
75    /* 编译失败,输出错误信息,并退出返回 0。 */
76    if (reCM == NULL&&reUN == NULL&&reTC == NULL&&reCDMA == NULL)
77    {
78        PCRE2_UCHAR buffer[256];
79        pcre2_get_error_message(errornumber,buffer,sizeof(buffer));
80        printf(" 在偏移%d 处发生错误: %s\n",(int) erroroffset,buffer);
81        return 1;
82    }
83
84    /************************************************************
85    * 如果正则表达式编译成功,则再次调用 PCRE2 进行正则匹配,       *
86    * 注意每次只进行 1 次匹配 在匹配之前需要申请 match_data 内存区域 *
87    * 以存储匹配结果。                                           *
88    ************************************************************/
89    /* 确保分配到准确的内存大小 */
90    match_dataCM = pcre2_match_data_create_from_pattern(reCM, NULL);
91    match_dataUN = pcre2_match_data_create_from_pattern(reUN, NULL);
```

```
92       match_dataTC = pcre2_match_data_create_from_pattern(reTC, NULL);
93       match_dataCDMA = pcre2_match_data_create_from_pattern(reCDMA,
94                                                             NULL);
95
96       rcCM = pcre2_match(reCM,                              // 编译过的表达式
97                          (const unsigned char*) src,// 待匹配字符串
98                          strlen(src),                       // 待匹配字符串长度
99                          0,                                 // 匹配开始位置
100                         0,                                 // 默认选项
101                         match_dataCM,                      // 结果内存块指针
102                         NULL);                             // 默认匹配上下文
103      rcUN = pcre2_match(reUN, (const unsigned char*)src,
104                         strlen(src), 0, 0, match_dataUN, NULL);
105      rcTC = pcre2_match(reTC, (const unsigned char*)src,
106                         strlen(src), 0, 0, match_dataTC, NULL);
107      rcCDMA = pcre2_match(reCDMA, (const unsigned char*)src,
108                         strlen(src), 0, 0, match_dataCDMA, NULL);
109      // 匹配失败: 处理错误信息
110      if(rcCM < 0 && rcUN < 0 && rcTC < 0 && rcCDMA < 0)
111      {
112          if (rcCM == PCRE2_ERROR_NOMATCH &&
113              rcUN == PCRE2_ERROR_NOMATCH &&
114              rcTC == PCRE2_ERROR_NOMATCH &&
115              rcTC == PCRE2_ERROR_NOMATCH)
116          {
117              printf(" 对不起,无法匹配...\n");
118          }
119          else
120          {
121              printf(" 匹配错误,错误代码是: %d\n", rcCM);
122              printf(" 匹配错误,错误代码是: %d\n", rcUN);
123              printf(" 匹配错误,错误代码是: %d\n", rcTC);
124              printf(" 匹配错误,错误代码是: %d\n", rcCDMA);
125          }
126
127          // 释放存储匹配结果的内存
128          pcre2_match_data_free(match_dataCM);
129          pcre2_match_data_free(match_dataUN);
130          pcre2_match_data_free(match_dataTC);
131          pcre2_match_data_free(match_dataCDMA);
132          // 释放存储正则表达式编译结果的内存
133          pcre2_code_free(reCM);
134          pcre2_code_free(reUN);
135          pcre2_code_free(reTC);
136          pcre2_code_free(reCDMA);
137      }
138
139      //匹配成功把对应的正则表达式和号码打印出来
140      printf("\n 正确匹配...\n\n");
141      if (rcCM > 0)
142      {
```

```
143         printf(" 中国移动的正则表达式: \"%s\"\n", pattern_CM);
144         printf(" 待匹配的电话号码: %s\n", src);
145     }
146     if (rcUN > 0)
147     {
148         printf(" 中国联通的正则表达式: \"%s\"\n", pattern_UN);
149         printf(" 待匹配的电话号码 : %s\n", src);
150     }
151     if (rcTC > 0)
152     {
153         printf(" 中国电信的正则表达式: \"%s\"\n", pattern_TC);
154         printf(" 待匹配的电话号码 : %s\n", src);
155     }
156     if (rcCDMA > 0)
157     {
158         printf("CDMA 的正则表达式: \"%s\"\n", pattern_CDMA);
159         printf(" 待匹配的电话号码 : %s\n", src);
160     }
161 
162     // 释放存储匹配结果的内存
163     pcre2_match_data_free(match_dataCM);
164     pcre2_match_data_free(match_dataUN);
165     pcre2_match_data_free(match_dataTC);
166     pcre2_match_data_free(match_dataCDMA);
167 
168     // 释放存储正则表达式编译结果的内存
169     pcre2_code_free(reCM);
170     pcre2_code_free(reUN);
171     pcre2_code_free(reTC);
172     pcre2_code_free(reCDMA);
173 
174     return 0;
175 }
```

由于在24.3.2小节中构建的是静态链接库，因此，在使用 PCRE2 库之前需要在代码中定义 PCRE2_STATIC 宏 (第 22 行)，并且 PCRE2 要求在使用 #include <pcre2.h> 引入库函数之前，需要在代码中定义 PCRE2_CODE_UNIT_WIDTH 8 宏 (第 24 行)。关于 PCRE2 库使用的详细说明，可阅读图 24.10 (d) 所示的说明文件。

在对工程进行相关配置之前，直接编译上述代码，则会出现如图 24.11 所示的编译错误，即无法找到“pcre2.h”头文件。

为能够找到“pcre2.h”头文件进行编译，需要对工程进行配置，以指定头文件的搜索路径。

首先，在工程右键快捷菜单中选中 Build options...，打开工程属性设置窗口，如图 24.12 和图 24.13 所示。

在图 24.13 中的 Search directories 标签中可以添加编译/链接路径。选择 Search directories 标签中的 Compiler 子标签，点击图 24.13 中的 Add 按钮，可打开“Add directory”窗口 (见图 24.14)，点击 ... 按钮，可打开如图 24.15 所示的路径选择窗口，选定 PCRE2 库的“include”文件夹所在的路径，然后单击 确定，即可设定头文件搜索路径。

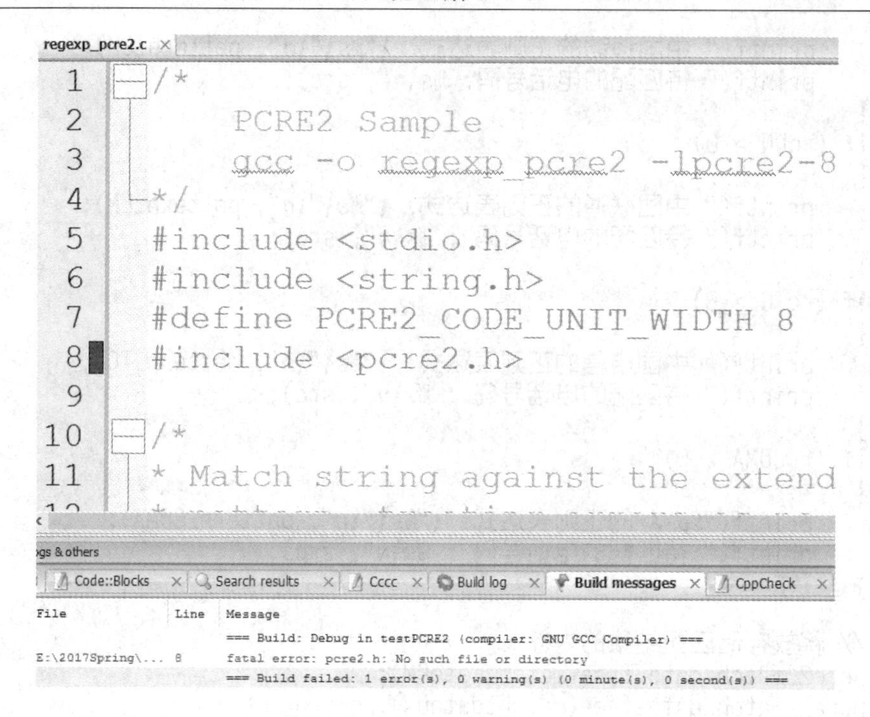

图 24.11　无法找到头文件错误

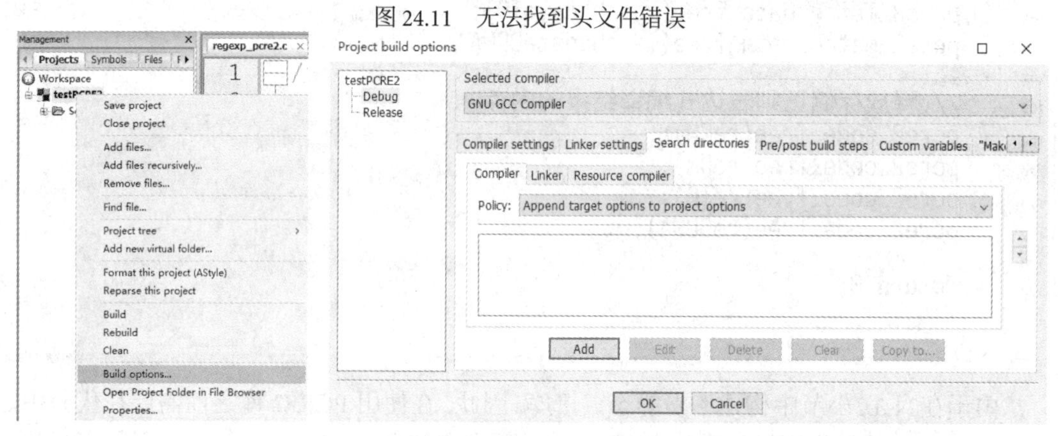

图 24.12　快捷菜单

图 24.13　工程选项配置窗口

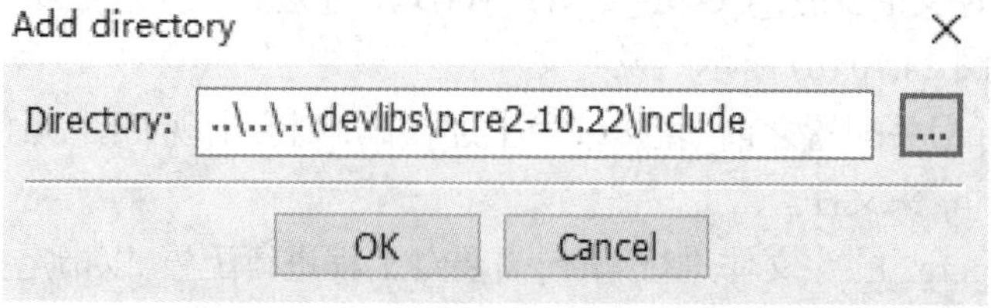

Add directory

Directory: ..\..\..\devlibs\pcre2-10.22\include

OK　Cancel

图 24.14　“Add directory”窗口

添加完成 PCRE2 库的“include”文件夹路径的工程配置选项窗口如图 24.16 所示。

完成“pcre2.h”头文件搜索路径配置后，构建程序不会再出现编译错误。但在调用库函数时，则可能会出现如图 24.17 所示的“undefined reference to `_imp_pcre2_compile_8'”的错误 (如第 26 行的“pcre2_compile(...)”中函数的调用)，这是因为无法链接到相应的库函数。

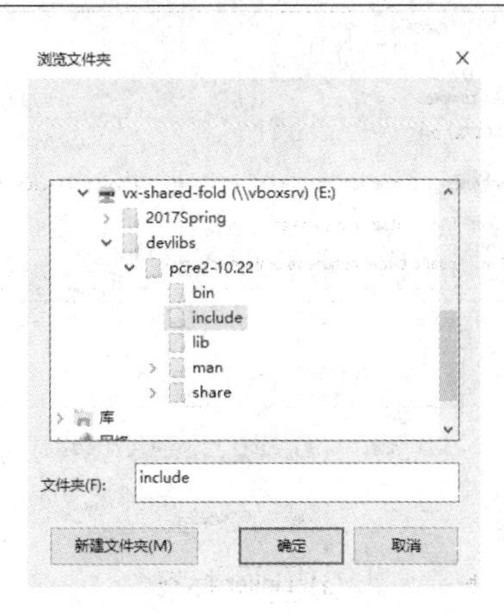

图 24.15　路径选择窗口

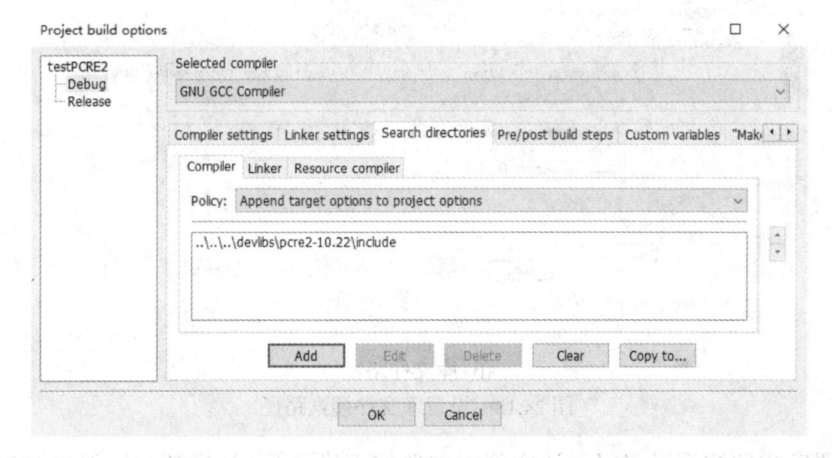

图 24.16　完成“include”文件夹路径配置

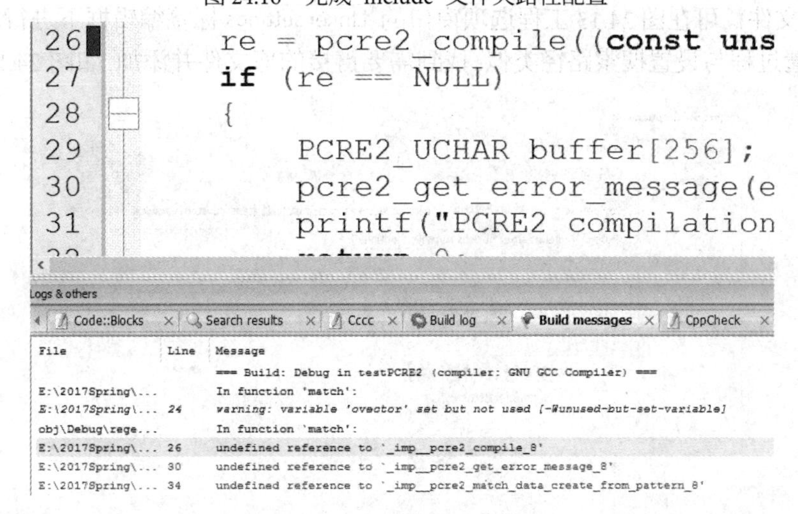

图 24.17　PCRE2 库链接错误

类似于设置头文件的包含路径，可以在图 24.18 (a) 中Search directories标签的Linker子标签中，设置如图 24.18 (b) 所示的库文件搜索路径。

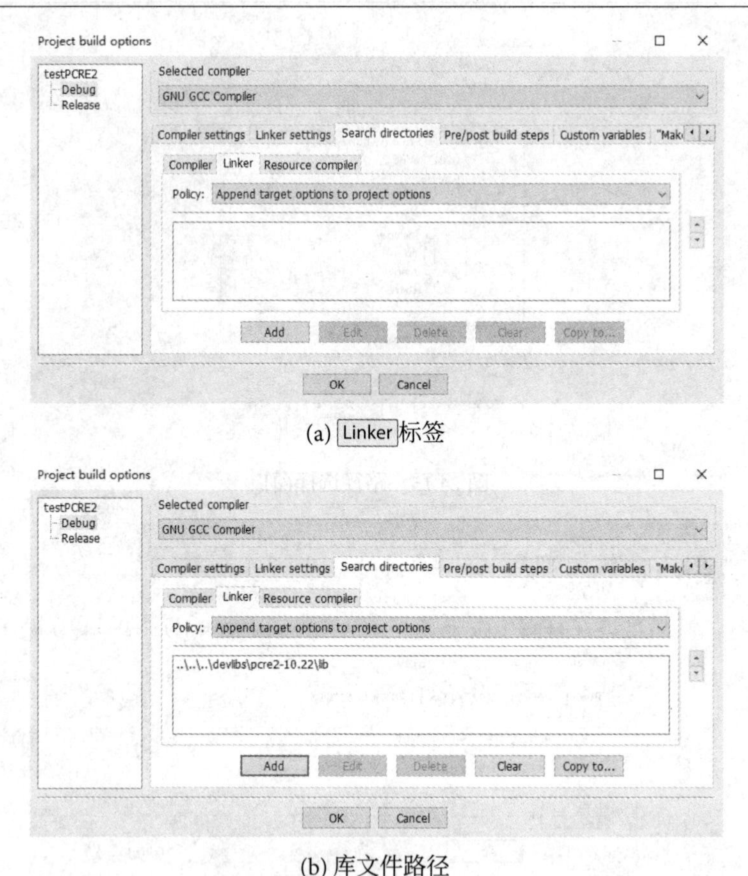

(a) Linker标签

(b) 库文件路径

图 24.18　设置库文件搜索路径

只设置库文件的搜索路径无法实现库文件的正确链接，还需要设置链接过程中需要的库文件 (*.a 文件)。可在图 24.13 工程选项窗口的 Linker settings 标签编辑框下进行链接库文件配置，其设置过程与设置搜索路径类似，找到需要链接的库文件并添加，如图 24.19 所示。

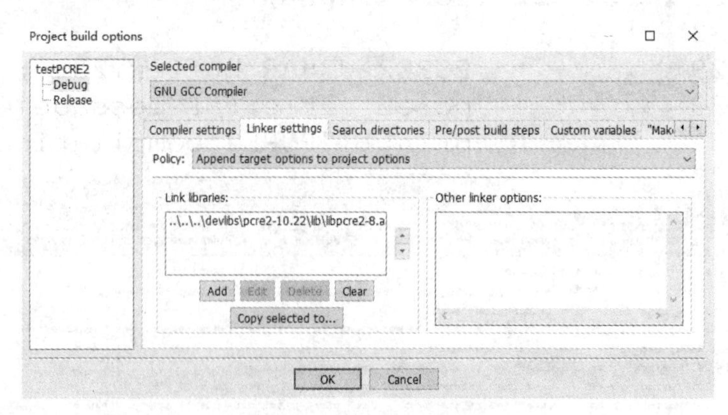

图 24.19　设置链接库文件

另外，对于链接库文件，也可以通过在 Linker settings 标签的"Other linker options"编辑框中设置链接参数来指定需要链接的库文件。例如，本例中的链接参数是 "-lpcre2-8"，表示需要链接的库文件是"libpcre2-8.a"，其结果如图 24.20 所示。

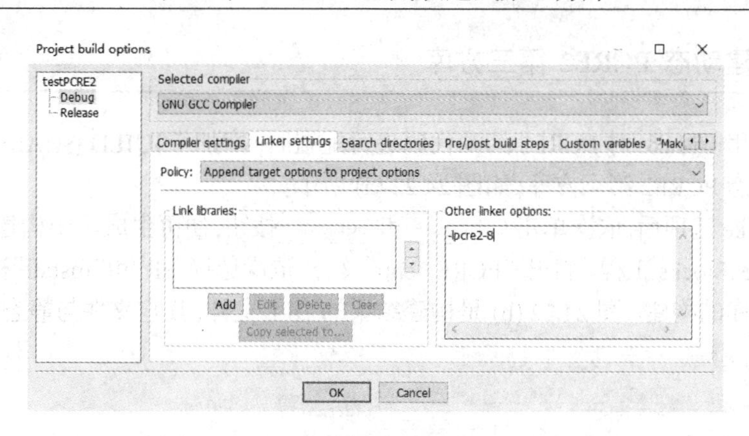

图 24.20　设置库文件链接参数

图 24.19 和图 24.20 所示的两种链接库文件设置方式并无优劣之分，笔者更倾向使用如图 24.20 所示的链接参数的配置方式。因为结合 Code::Blocks 的环境变量，可以采用该方式更为方便地使工程在不同计算机之间迁移。

完成库文件链接设置后，构建结果正确，如图 24.21 所示。运行该程序，输入电话号码，利用正则表达式便可以正确区分电话号码所属的电话公司。

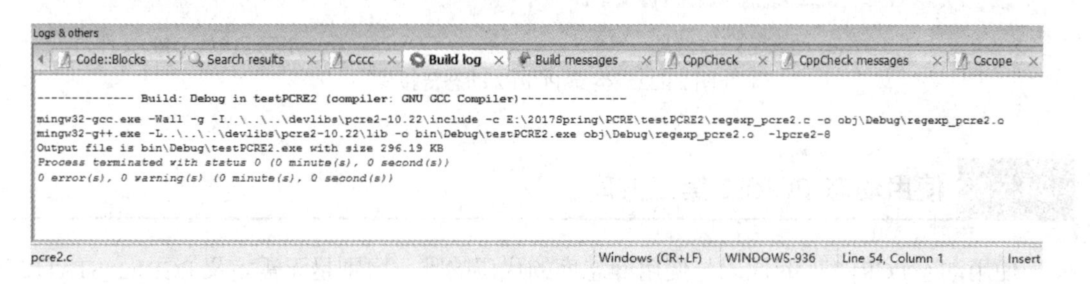

图 24.21　使用 PCRE2 库程序的构建结果

同样，也可以通过 Code::Blocks 的菜单 Settings 》Compiler... 打开“Compiler settins”窗口，找到类似操作，实现对 Code::Blocks 的全局设置。这样每建立一个工程都具有这些设置，在固定使用某一第三方库时是合理的，但由于工程本身并不具备该设置，当迁移到另外的环境中时，若另一个环境不具备相同的配置，则会带来配置错误。同时，全局设置完成后，对于不需要该配置的工程将是额外的负担，因此，建议对不同工程进行单独配置。

注意：对于 MinGW，库文件可以是以“.a”为后缀名的“UNIX/Linux 格式的库文件”，也可以是以“.lib”为后缀名的“Windows 格式库文件”。在与第三方库链接时，其结果相同。

24.5　在 Code::Blocks 中使用动态第三方库

除了使用静态库之外，还可以通过动态链接的方式使用第三方库。对于 PCRE2 这种以源代码提供的开源第三方库，在使用动态链接之前，需要构建其动态链接库。

24.5.1 构建动态 PCRE2 第三方库

只需在使用 CMake 对 PCRE2 的源代码进行配置时，增加“BUILD_SHARE_LIBS”选项，就可以构建动态 PCRE2 第三方库，如图 24.22 (a) 所示。

配置 CMake 选项后，依次单击 Configure 和 Generate 按钮，便可生成用于构建 PCRE2 动态链接库的 Code::Blocks 工程。打开“PCRE2.cbp”文件，依次选择“all”和“install”构建目标便可完成动态链接库的构建。图 24.22 (b) 是构建结果的 DLL 文件，其它文件与静态链接库一致。

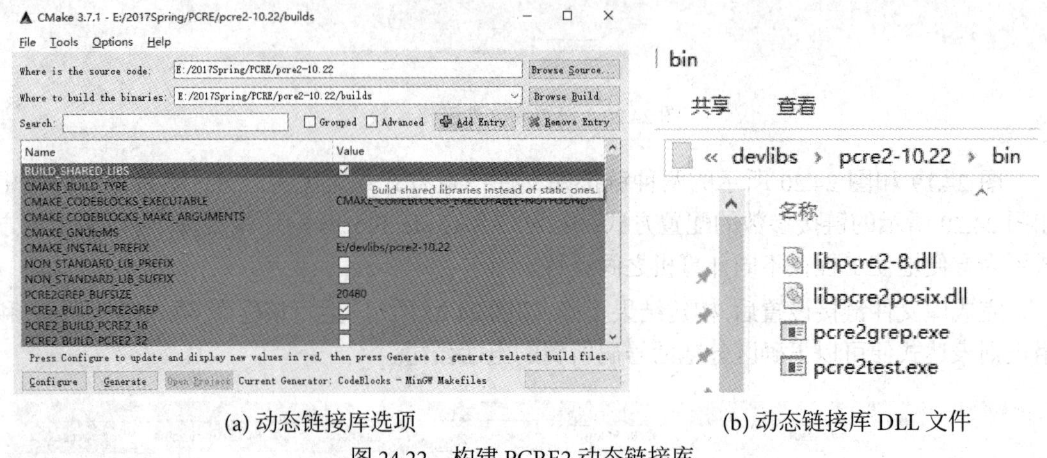

(a) 动态链接库选项　　　　(b) 动态链接库 DLL 文件

图 24.22　构建 PCRE2 动态链接库

24.5.2 使用动态 PCRE2 第三方库

使用动态 PCRE2 库的代码与使用静态库的代码的唯一区别是无需定义 PCRE2_STATIC 宏 (代码24.1中的第 22 行)，其 Code::Blocks 工程配置与24.4节的静态链接库的配置相同。

需要注意的是，在运行使用 PCRE2 动态链接库的程序时，可能会出现找不到“.dll”的运行错误 (如图 24.23 所示)，这是因为没有为程序正确配置“.dll”动态链接库的路径信息。

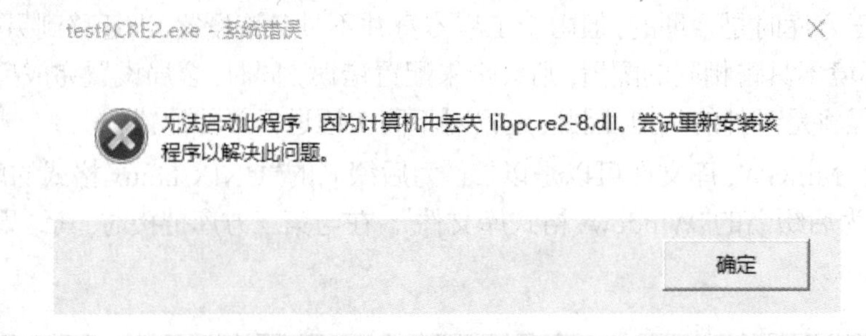

图 24.23　“DLL”运行错误

为能够让程序在运行时找到 libpcre2-8.dll，可以将该动态链接库文件复制到操作系统搜索路径，或复制到程序运行当前路径，或通过设置环境变量配置 PCRE2 动态链接库“.dll”文件路径信息。图 24.24 是将 libpcre2-8.dll 复制到操作系统搜索路径“SysWOW64”文件夹中的操作 (注意需要 Administrator 权限)，也可以复制到“system32”文件夹。

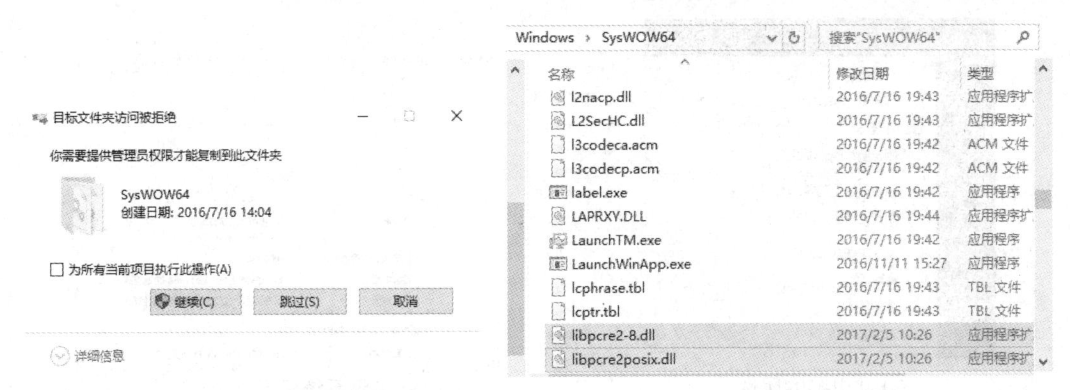

(a) 允许管理员权限　　　　(b) 复制的 DLL 文件

图 24.24　复制 DLL 到操作系统搜索路径

也可以将 libpcre2-8.dll 复制到当前路径。若在 Code::Blocks 中运行程序，则指“*.cbp”工程文件所在路径，如图 24.25 (a) 所示。若运行构建好的“*.EXE”文件，则指该“*.EXE”文件所在路径，如图 24.25 (b) 所示。

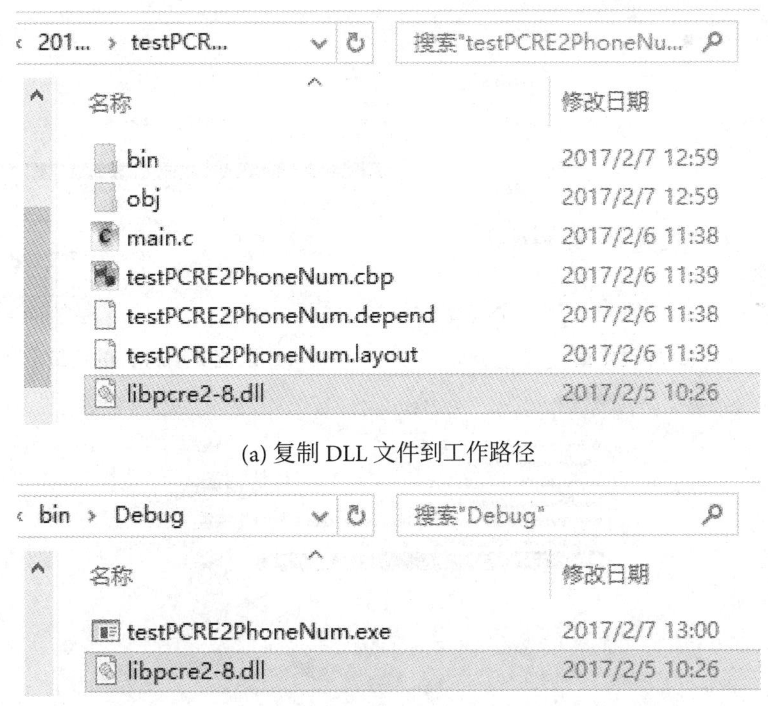

(a) 复制 DLL 文件到工作路径

(b) 复制 DLL 文件到可执行文件路径

图 24.25　复制 DLL 到当前路径

对于在操作系统的环境变量中设置 PCRE2 动态链接库路径，不同的系统设置方式会略有不同。图 24.26 是 Windows 10 中的设置步骤。

在图 24.26 (e) 中新建“E:\devlibs\pcre2-10.22\bin”环境变量后，一直单击确定按钮，便可完成环境变量的设置。至此，便可以在任何路径下运行需要“libpcre2-8.dll”动态链接库的程序。但需要注意的是，若将构建完成的基于动态 PCRE2 库的程序发布在其它电脑上，需要同时发布“libpcre2-8.dll”文件，并将其路径添加到另一台计算机的环境变量中。

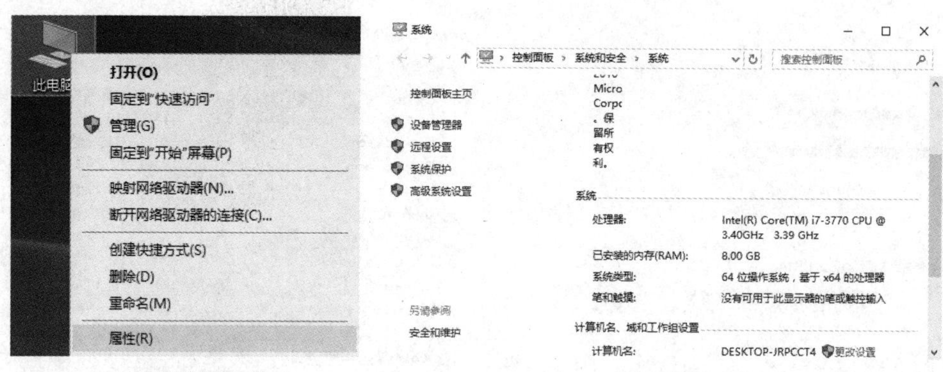

(a) 此电脑的属性　　(b) 高级系统设置

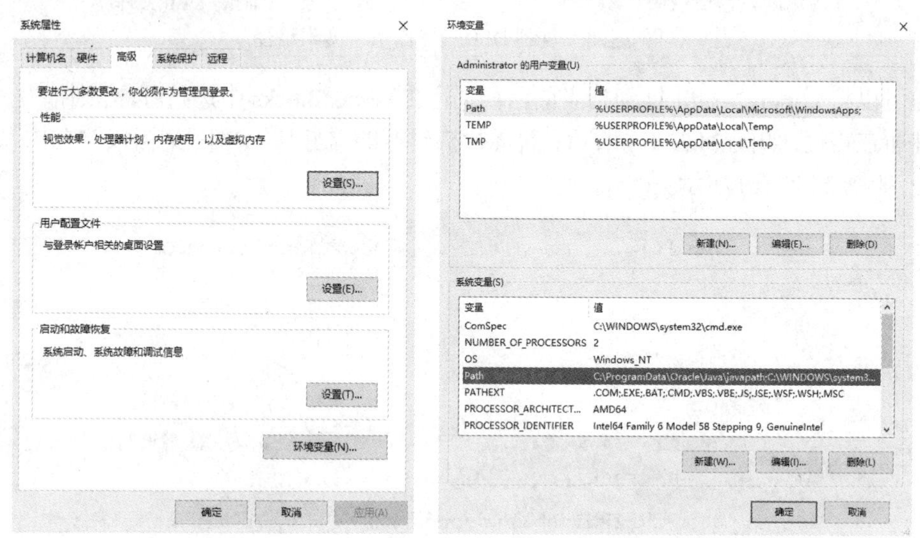

(c) 环境变量　　(d) 系统变量的 Path 变量

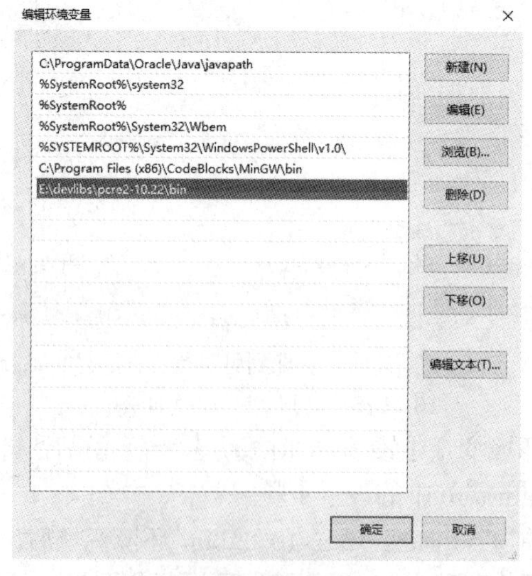

(e) 新建 Path 变量

图 24.26　设置操作系统的环境变量

24.6　通过 Code::Blocks 的环境变量使用第三方库

在 Code::Blocks 中，可以使用环境变量记录第三方库的路径信息。通过 Code::Blocks 的菜单 Settings 》Global variables...，打开如图 24.27 所示的“Global Variable Editor”窗口，在本例中添加一个名为“pcre2”的环境变量 (单击“Current Variable:”后的 New 按钮)，并将其对应“base”“include”“lib”和“bin”的路径分别设置为“E:\devlibs\pcre2-10.22”“E:\devlibs\pcre2-10.22\include”“E:\devlibs\pcre2-10.22\lib”和“E:\devlibs\pcre2-10.22\bin”。要注意的是，此处使用的是 Code::Blocks 的环境变量，而不是操作系统的“Path”环境变量。

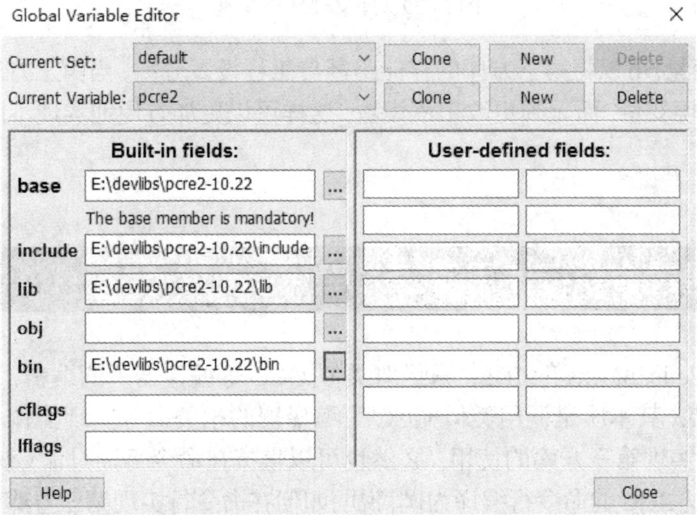

图 24.27　添加 Code::Blocks 环境变量

设置完成“pcre2”环境变量后，在工程属性中，可基于该环境变量，用“$(#pcre2.include)”指定“Compiler”编译 #include 搜索路径，用“$(#pcre2.lib)”指定“Linker”库文件链接搜索路径，分别如图 24.28 和图 24.29 所示。

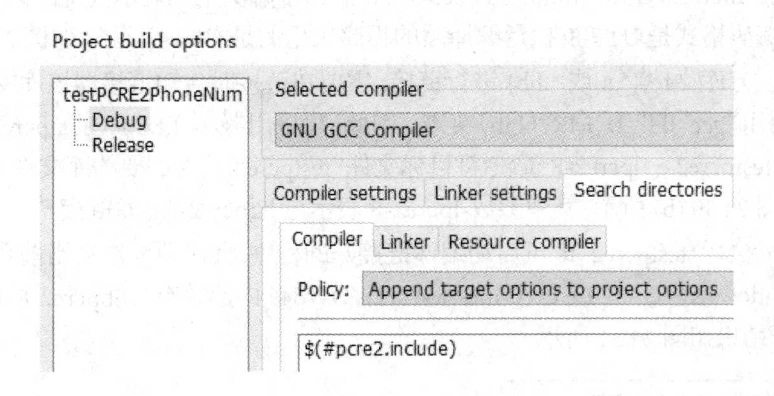

图 24.28　头文件环境变量

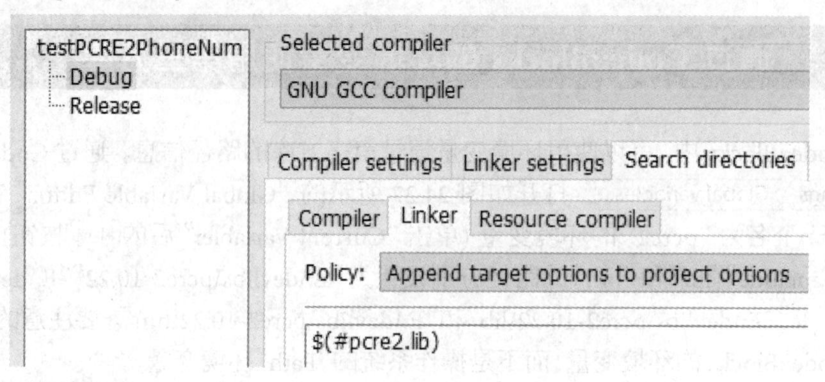

图 24.29　库文件环境变量

使用环境变量，可以将第三方库的存储路径与工程设置分离。当第三方库存储位置变化时，只需修改环境变量，而无须更改工程设置，这样可以更加方便地实现不同计算机之间的工程迁移。

24.7　通过命令行使用第三方库

任何类似 Code::Blocks 的 IDE，只是对类似 GCC 等编译器中的编辑、编译、链接、调试等功能的封装，其本质是调用类似 GCC 等编译器的相关命令实现操作。因此，能够通过 Code::Blocks 实现第三方库的使用，必然也可以直接在命令行通过命令来实现对应的操作。接下来，将以 GCC 的命令行编译为例，说明如何在命令行实现第三方库的使用。

若在命令行操作中使用第三方库，首先需要告知编译器第三方库的头文件在磁盘中的路径 (本例为“pcre2.h”头文件的路径)，这可以用“gcc”的“-I”命令 (Include) 来实现。因此，可用“gcc -Wall -g -IE:\devlibs\pcre2-10.22\include -c testpcre2.c -o testpcre2.o -fexec-charset=GBK -finput-charset=UTF-8”命令对源代码“testpcre2.c”进行编译，并生成目标文件“testpcre2.o”，其中参数“-fexec-charset=GBK -finput-charset=UTF-8”为了解决中文显示混乱的问题，表示 C 语言源文件的编码格式是 UTF-8，执行编译后的程序采用的是 GBK 编码[1]，如图 24.30 (a) 所示。

为与第三方库文件 (*.a 或 *.lib) 进行链接，需要在链接时告知链接器该库文件在磁盘中的路径，可以用“gcc”的“-L”命令（Lib）实现。因此，可采用“gcc -LE:\devlibs\pcre2-10.22\lib -o testpcre2.exe testpcre2.o -lpcre2-8”命令将目标文件“testpcre2.o”与需要的库文件进行链接。命令行链接如图 24.30 (b) 所示，其中参数-lpcre2-8 表示与 libpcre2-8.a 库链接[2]。

在命令行执行“testpcre2”即可启动编译链接好的程序，此时要注意在当前目录中或系统目录（C:\Windows\system32 或 C:\Windows\SysWOW64）中应该有“libpcre2-8.dll”动态链接库文件，执行结果如图 24.31 所示。

[1] 其它编译命令参数可参阅相关资料。
[2] 其它链接命令参数可参阅相关资料。

```
命令提示符
卷的序列号是 0000-0802

 E:\2017Spring\testpcre2cmd 的目录

2017/02/07  13:40             7,811 testpcre2.c
               1 个文件          7,811 字节
               0 个目录 125,223,481,344 可用字节

E:\2017Spring\testpcre2cmd>gcc -Wall -g -IE:\devlibs\pcre2-10.22\include -c testpcre2.c -o
testpcre2.o -fexec-charset=GBK -finput-charset=UTF-8

E:\2017Spring\testpcre2cmd>dir
 驱动器 E 中的卷是 VBOX_Win10
 卷的序列号是 0000-0802

 E:\2017Spring\testpcre2cmd 的目录

2017/02/07  13:40             7,811 testpcre2.c
2017/02/07  14:56             6,418 testpcre2.o
               2 个文件         14,229 字节
               0 个目录 125,223,452,672 可用字节
```

(a) 命令行编译

```
命令提示符
E:\2017Spring\testpcre2cmd>dir
 驱动器 E 中的卷是 VBOX_Win10
 卷的序列号是 0000-0802

 E:\2017Spring\testpcre2cmd 的目录

2017/02/07  13:40             7,811 testpcre2.c
2017/02/07  14:56             6,418 testpcre2.o
               2 个文件         14,229 字节
               0 个目录 125,223,452,672 可用字节

E:\2017Spring\testpcre2cmd>gcc -LE:\devlibs\pcre2-10.22\lib -o testpcre2.exe testpcre2.o -l
pcre2-8
E:\2017Spring\testpcre2cmd>dir
 驱动器 E 中的卷是 VBOX_Win10
 卷的序列号是 0000-0802

 E:\2017Spring\testpcre2cmd 的目录

2017/02/07  13:40             7,811 testpcre2.c
2017/02/07  14:58            35,155 testpcre2.exe
2017/02/07  14:56             6,418 testpcre2.o
               3 个文件         49,384 字节
               0 个目录 125,223,436,288 可用字节
```

(b) 命令行链接

图 24.30　命令行使用第三方库

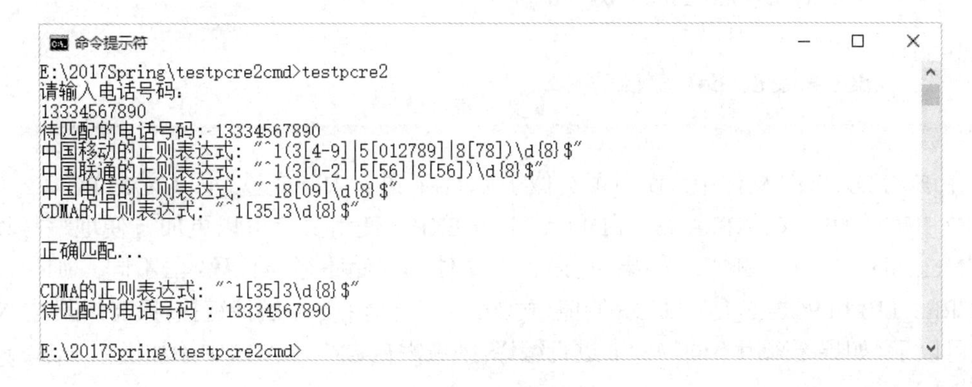

图 24.31　程序运行结果

24.8 利用"Makefile"使用第三方库

显然，使用命令行实现编译链接比较烦琐和枯燥，而使用 Code::Blocks 之类的 IDE 工具进行编译链接又有一定的局限性。为了方便地构建大型程序，UNIX 系统发明了"Makefile"的概念，该文件包含了构建程序的必要信息。"Makefile"不仅列出了程序部分的所有文件，而且还描述了文件之间的依赖关系。通常情况下，使用强大的"Makefile"也可以轻松管理和使用第三方库，例如代码24.2。

程序清单 24.2 使用第三方库的"Makefile"文件 Bat

```
# 设置编译器
CXX = gcc

# 设置库路径和头文件路径
PCRE2_LIB = -LE:\devlibs\pcre2-10.22\lib -lpcre2-8
PCRE2_INCLUDE = -IE:\devlibs\pcre2-10.22\include

# 设置编译、链接参数
CXXFLAGS = -Wall -c $(PCRE2_INCLUDE) -fexec-charset=GBK
  -finput-charset=UTF-8
LDFLAGS = $(PCRE2_LIB)
# 结果文件名称
EXE = testpcre2.exe

all: $(EXE)

$(EXE): testpcre2.o
	$(CXX) $< $(LDFLAGS) -o $@

testpcre2.o: testpcre2.c
	$(CXX) $(CXXFLAGS) $< -o $@

clean:
	del *.o && del $(EXE)
```

在该"Makefile"文件中，使用了类似于 C/C++ 语言中的变量，即 CXX、PCRE2_LIB、PCRE2_INCLUDE、CXXFLAGS、LDFLAGS 和 EXE，使用变量可以更加方便地编写和修改"Makefile"文件。例如，如果 PCRE2 库文件的存储路径与代码24.2不同，则仅需要改 PCRE2_LIB 和 PCRE2_INCLUDE 的值。再如，若需要全用 g++ 编译链接，只需修改 CXX 的值就可以了。如果要采用不同的标准进行编译，则只需在 CXXFLAGS 中添加类似-std=c99 的参数。

编辑"Makefile"文件后，与"testpcre2.c"文件放在同一个文件夹内执行"mingw32-make"便可以一次性完成编译链接过程，生成可执行文件"testpcre2.exe"(生成"Makefile"中 EXE 变量指定的文件名)。执行“mingw32-make clean”可删除不需要的文件 [1], 如图 24.32 所示。

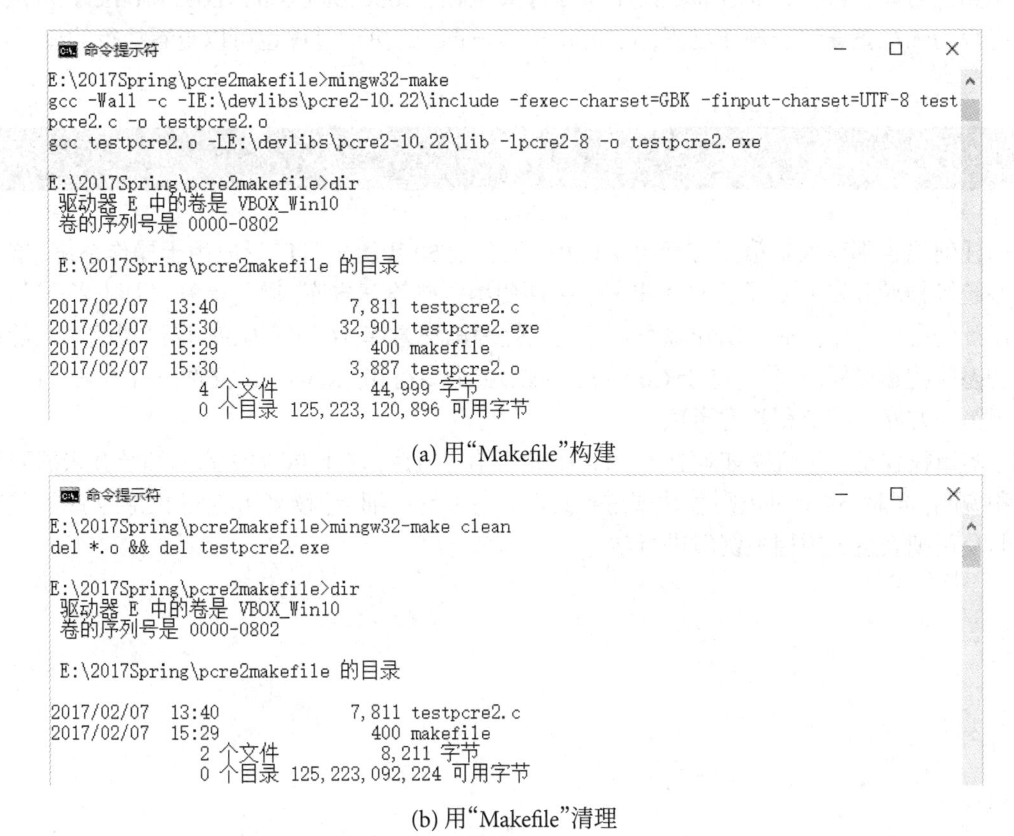

(a) 用“Makefile”构建

(b) 用“Makefile”清理

图 24.32　用“Makefile”使用第三方库

24.9　第三方库调用方式总结

本章以开源正则表达式处理库 PCRE2 为例, 说明了使用第三方库的步骤, 具体如下:

(1) 下载第三方库的源代码;

(2) 用“CMake”工具生成用于构建 PCRE2 库的 Code::Blocks 工程;

(3) 用 Code::Blocks 构建 PCRE2 第三方库;

(4) 根据 PCRE2 第三方库的说明, 编写使用 PCRE2 库的程序;

(5) 确定 PCRE2 库的“include”和“lib”路径, 并对 Code::Blocks IDE 生成的工程进行配置, 或编写命令行编译链接命令, 或设计编译“Makefile”文件;

(6) 编译链接使用 PCRE2 库的程序;

(7) 若使用动态链接库, 则需要设置动态链接库文件 (*.dll) 的路径信息。

[1] 有关“Makefile”的细节, 可参阅相关资料。

由本章的分析可以看出，利用 Code::Blocks IDE、命令行和“Makefile”文件都可以方便地使用第三方库。它们的本质都是使用命令行操作 (从 Code::Blocks 的“Logs & others”输出窗格可以清晰地查看这一操作过程，从“mingw32-make”的执行过程也可以查看执行的操作)。

24.10 小结

任何语言都有大量第三方库可供使用，已有近 50 年历史且广泛应用于操作系统、嵌入式系统等领域开发的 C 语言也不例外。灵活使用这些第三方库，避免重复“发明轮子”是程序设计的必由之路。本章以开源正则表达式处理第三方库 PCRE2 为例，详细说明了其静态和动态库构建过程，并分别基于 Code::BlocksIDE、命令行和 “Makefile”文件三种方式，讨论了使用第三方库的细节和注意事项。

本章仅仅是为了说明如何在 C 语言中使用第三方库，对于 PCRE2 库的细节并未展开讨论和说明，同时，也未对正则表达式进行说明。有关这些细节，读者可查阅 PCRE2 库的使用说明及正则表达式的相关资料进行学习。

第 25 章　CGraph2D 图形库

目前 C 语言教学主要是编写控制台 (俗称“黑窗口”) 应用程序。与单纯文本显示的控制台程序相比，图形化显示则有助于直观理解程序设计中的理论和抽象概念，增加程序设计的乐趣。因此，如何在 C 语言程序设计教学中引入图形绘制与显示是一个迫切问题。为此，西北农林科技大学的胡少军老师结合 OpenGL 和 graphics 库的特点，开发了面向教学的 CGraph2D 图形库。本章将对 CGraph2D 图形库在 Code::Blocks 中的配置和使用方法进行说明。

25.1　图形库概述

目前, 与 C 语言结合来实现图形绘制与显示的途径较多, 例如 wxWidgets、Windows API、OpenGL、
DirectX 和 SDL 等。但 C 语言通常是高等院校学生学习的第 1 门程序设计语言, 如果引入这些专业级开发工具包或图形库, 无形中会将 C 语言的学习难度大幅度提升, 从而导致学生忽视 C 语言程序设计的本质。为此, 胡少军老师在如下 3 个标准的基础上开发了 CGraph2D 图形库。

(1) 图形模块能实现窗口图形绘制与显示。不能直接使用 Windows API、OpenGL、DirectX 等不适合 C 语言初学者的专业库, 需要提供这些库的封装。

(2) 图形模块简洁。程序入口为 main 函数而不是 Windows API 中的 WinMain 函数, 避免使用专用图形库, 学生可以不花费太多精力理解图形库或 Windows 宏及函数的使用。底层图形库如 OpenGL 或 DirectX 提供了丰富的二维和三维图形显示功能, 但使用这些图形库需预先了解相关计算机图形学知识。而 Windows API 中存在大量的宏、数据类型与函数, 入口为 WinMain 函数, 也不适合 C 语言初学者。

(3) 支持当前高分辨率、真彩色显示模式, 提供键盘、鼠标交互和双缓存功能, 便于图形和动画的交互与显示。经典 Borland C 中曾提供了名为 graphics 的图形库, 该图形库虽然使用简捷, 但仅对 640×480 的 VGA 显示模式提供较好的支持, 且显示颜色数有限, 不能直接提供图像、键盘、鼠标交互和双缓存功能。

按照上述 3 个标准, 目前提供了图形用户界面, 且支持与 C 语言结合的商业化或专业化软件包、图形库, 均存在不适合 C 语言程序设计教学的问题。因此, 在总结、分析上述软件包和图形库的基础上, 结合 OpenGL 和 graphics 库的特点, 开发了一个面向教学的 CGraph2D 图形库, 该图形库淡化了图形用户界面的设计, 不要求掌握图形学和图像处理相关知识, 突出了基本图形、文字和图像的绘制与显示功能, 便于学习和掌握, 在一定程度上增强了 C 语言程序设计学习过程中的乐趣。

25.1.1 功能与结构

CGraph2D 图形库参考 Borland C 的 graphics 库，封装了 OpenGL 的图形初始化、基本图元绘制、键盘和鼠标交互等函数，为用户提供简易开发界面与接口，图元绘制函数的命名也参考传统 graphics 库的命名习惯。如图 25.1 所示，CGraph2D 图形库包含图形初始化、窗口设置、基本图元绘制、字体创建与文本显示、图像读入与显示、键盘交互、鼠标交互、其它等 8 个功能模块。

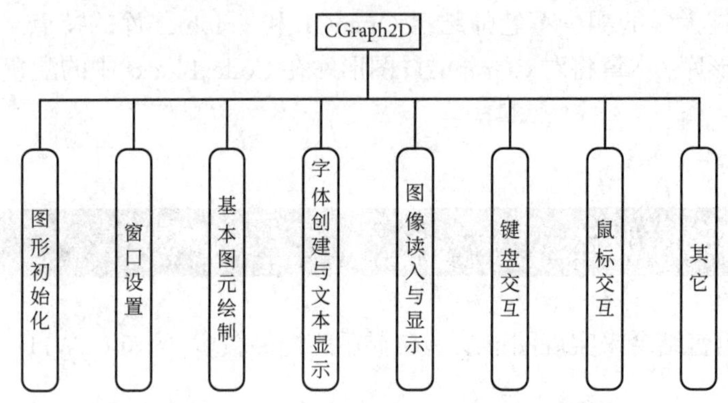

图 25.1　CGraph2D 功能结构图

25.1.2 坐标系统与函数命名

CGraph2D 图形库的坐标系统采用二维笛卡尔右手坐标系，其中 X 轴向右为正，Y 轴向上为正，原点在左下角，如图 25.2 所示。

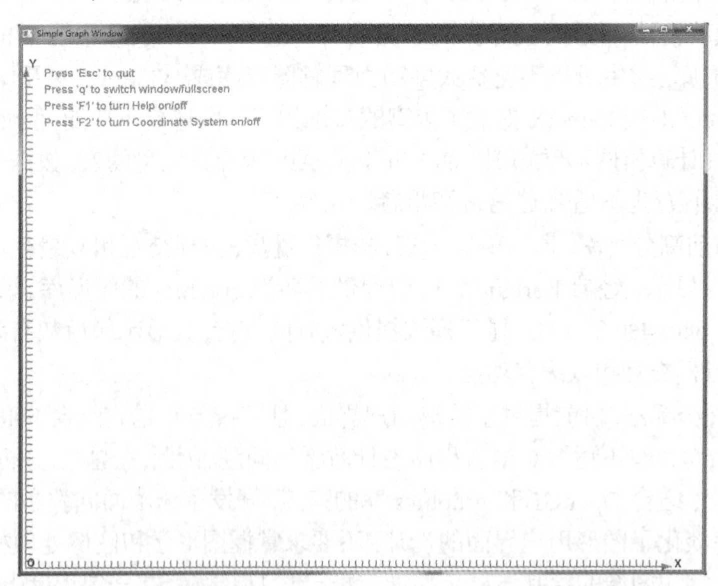

图 25.2　CGraph2D 窗口坐标

CGraph2D 图形库的函数命名采用驼峰命名法，即当函数名由一个或多个单词连在一起时，第一个单词以小写字母开始，后面的单词首字母均为大写，例如用于显示上述坐标系的函数为 showCoordinate()。

25.2 图形库的配置与使用

在 C 语言中使用第三方库时，要为“编译/链接”头文件和库文件提供配置，也要为程序“运行”时的动态链接库提供配置[1]。

在编译时需要指定“头文件 (.h)”的“路径信息”，头文件提供了程序所需的函数原型、结构体类型定义等库函数接口信息。在链接时需要指定“库文件 (.a)”的“路径信息”。可以在 Code::Blocks 等 IDE 中为第三方库提供必要的编译链接配置，也可以通过“Makefile”实现第三方库必要的编译链接配置。

在程序运行时，要为程序提供正确的“动态链接库 (.DLL)”的“路径信息”。对于不同的平台，其路径信息配置方法不完全相同，一种简单的方法是将所用到的“动态链接库 (.DLL)”置于构建好的程序的当前路径下，还可以将这些“动态链接库 (.DLL)”置于系统搜索路径 (如 Windows 平台下的“system32”或“SysWOW64”路径) 中，也可以通过环境变量的设置，将“动态链接库 (.DLL)”所在的路径配置到操作系统的环境变量中。

CGraph2D 图形库采用动态链接库方式发布，分别由“CGraph2D.h”“libCGraph2D.a”和“CGraph2D.dll”三个文件构成。其中，“CGraph2D.h”提供了 CGraph2D 中的“函数原型”“结构体类型定义”等信息，并为调用者提供了库函数接口。“libCGraph2D.a”用于在编译后的链接过程中，将需要的动态链接库“CGraph2D.dll”的“链接信息”插入最终的 EXE 可执行文件中。“CGraph2D.dll”在运行程序时提供实际的函数代码。

本章将以 Code::Blocks 集成开发环境 (IDE) 为例对 CGraph2D 的使用进行说明。

25.2.1 配置环境变量

CGraph2D 采用了动态链接库形式，使用了 MinGW 版的 freeglut 动态链接库。为了能够在开发的程序中正确链接到相应的动态链接库文件“*.dll”，常用的方式是将这些库在磁盘上的路径信息添加到系统环境变量的“Path 变量”中。

本例中将 CGraph2D 的“CGraph2D.dll”文件置于“C:\devlibs\CGraph2D\bin”路径中，并将 freeglut 库的“freeglut.dll”文件置于“C:\devlibs\freeglut\bin”路径中。同时，还需要将这些路径添加到系统环境变量中。

本章以 Windows10 为例，右击桌面上 此电脑 》属性 或通过 控制面板 》系统和安全 》系统 打开如图 25.3 所示的“系统”窗口。在图 25.3 中，单击 高级系统设置 选项，可以打开图 25.4 所示的“系统属性”对话框。

在图 25.4 中，单击 环境变量 (N)... ，可打开如图 25.5 所示的“环境变量”对话框。在图 25.5 中的系统变量中，找到 Path 变量，双击后打开如图 25.6 所示的“编辑环境变量”对话框。

[1] 有关第三方库使用的详细说明，可参阅第 24 章“PCRE2 正则表达式第三方库”。

在图 25.6 中，单击[新建]，将“CGraph2D.dll”和“freeglut.dll”文件所在的路径分别添加到环境变量中。

也可以将“CGraph2D.dll”和“freeglut.dll”动态链接库文件置于程序运行当前目录 (例如 Code::Blocks 的 *.cbp 工程文件目录) 或系统搜索路径 (如 Windows 平台下的“system32”或“SysWOW64”路径) 中。

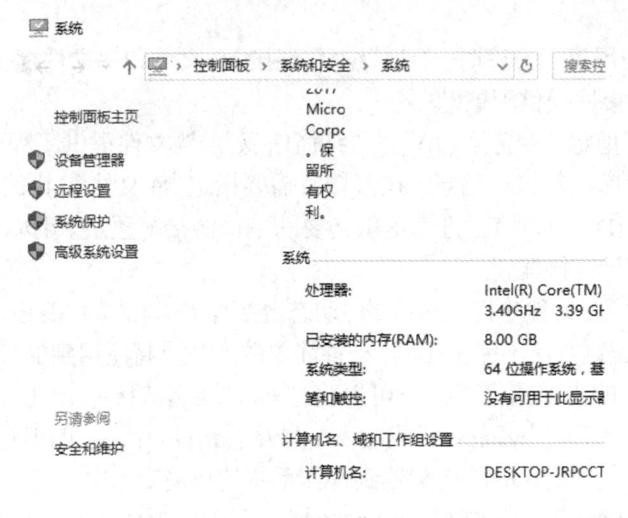

图 25.3 “系统”窗口

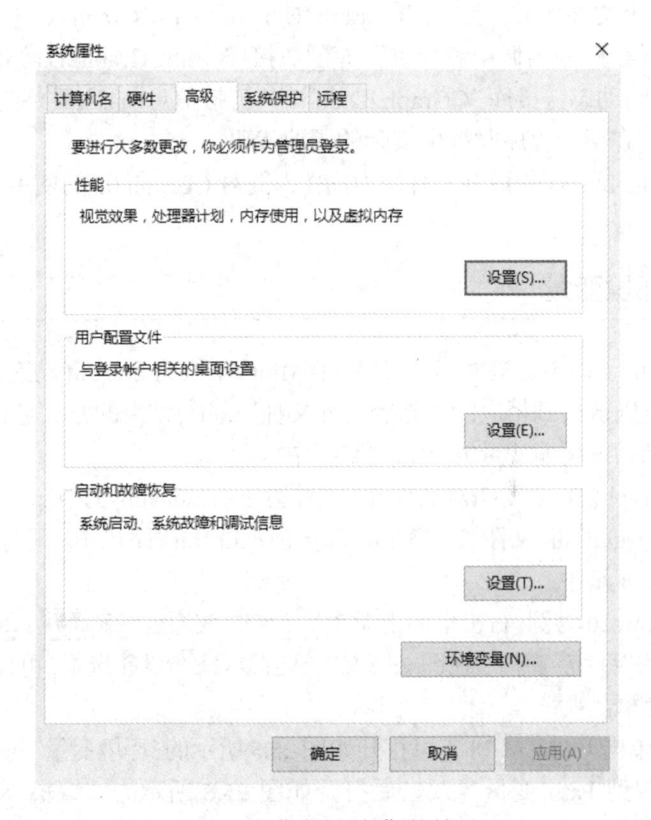

图 25.4 “系统属性”对话框

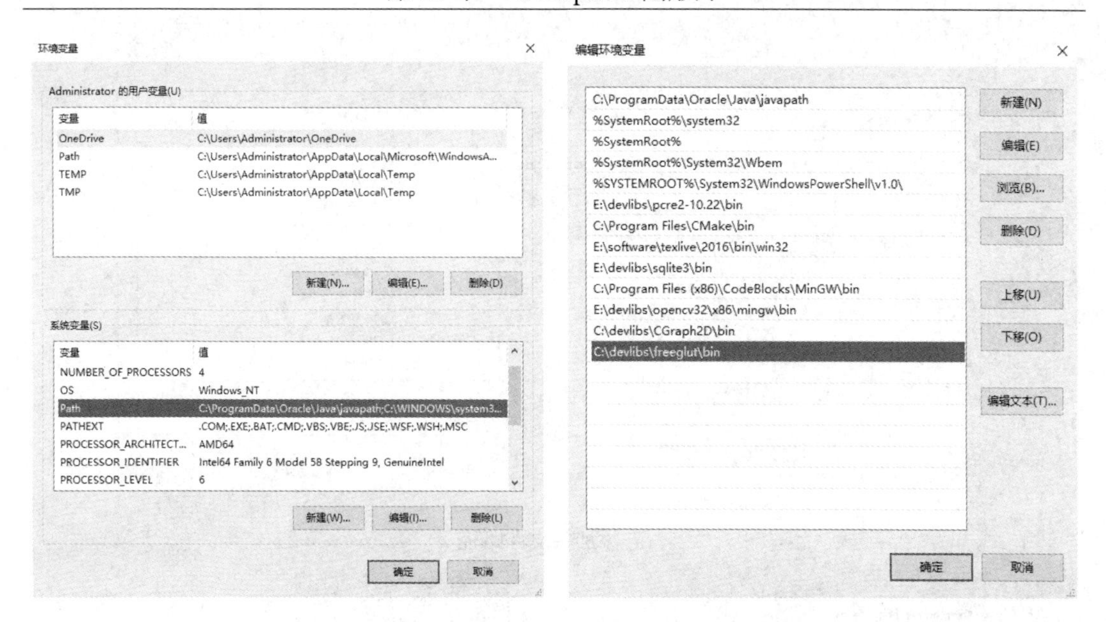

图 25.5　“环境变量”窗口　　　　图 25.6　“编辑环境变量”对话框

25.2.2　为 Code::Blocks 配置构建参数

为了能够在 Code::Blocks 找到需要的头文件 (*.h) 和库文件 (*.a) 以及链接到需要的库文件，需要为 CGraph2D 图形库和 freeglut 库在 Code::Blocks 中配置相应的构建参数。

在 Code::Blocks 中，当进行编译链接参数配置时，既可以为每个工程“单独进行配置”(通过 Project 》Build options... 或在工程名称上单击右键，在快捷菜单的 Build options... 中进行配置)，也可以进行“全局配置”(通过 Settings 》Compiler... 配置)，本章推荐按工程单独配置构建参数。

首先右击工程名，如图 25.7 所示，选择 Build options... 打开工程选项对话框，如图 25.8 所示。

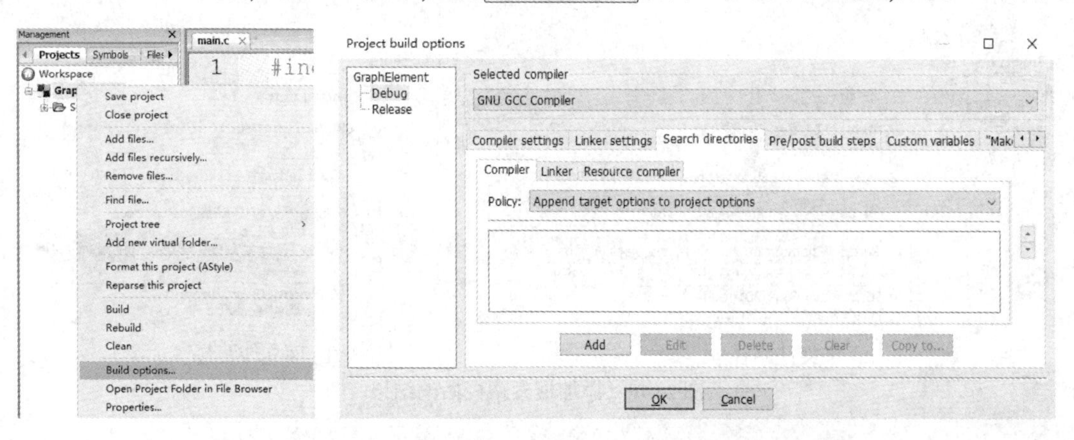

图 25.7　右键快捷菜单　　　　图 25.8　工程选项设置对话框

在图 25.8 中，选择 Search directories 》Compiler 和 Search directories 》Linker 可以分别添加“头文件 (*.h)”和“库文件 (*.a)”的搜索路径，如图 25.9 所示，图 25.10 是添加完路径后的结果。

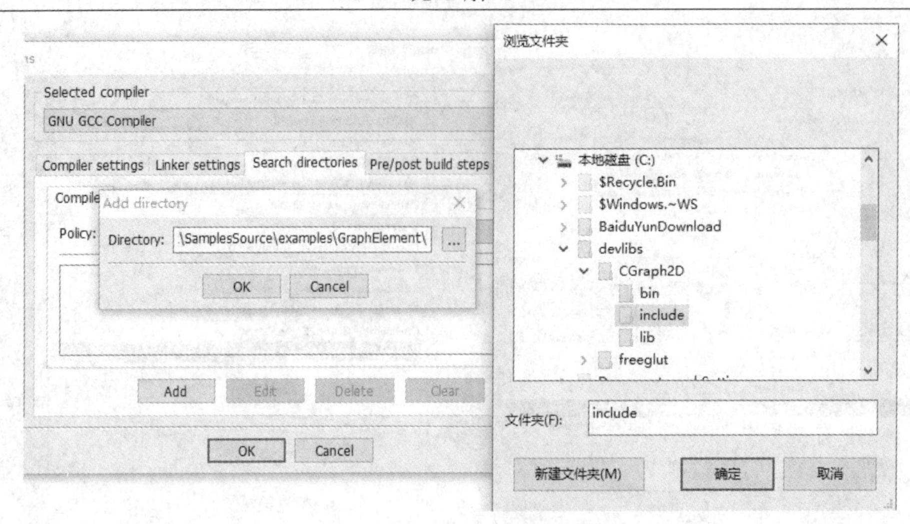

(a) 添加头文件路径

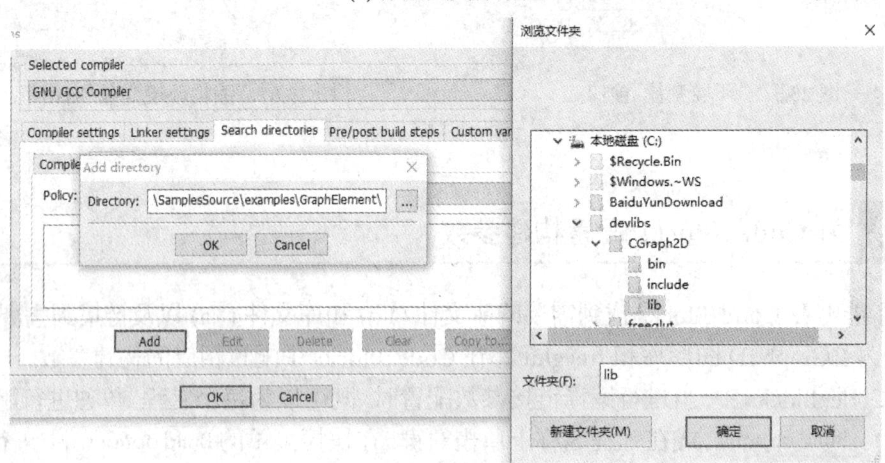

(b) 添加库文件路径

图 25.9　添加搜索路径

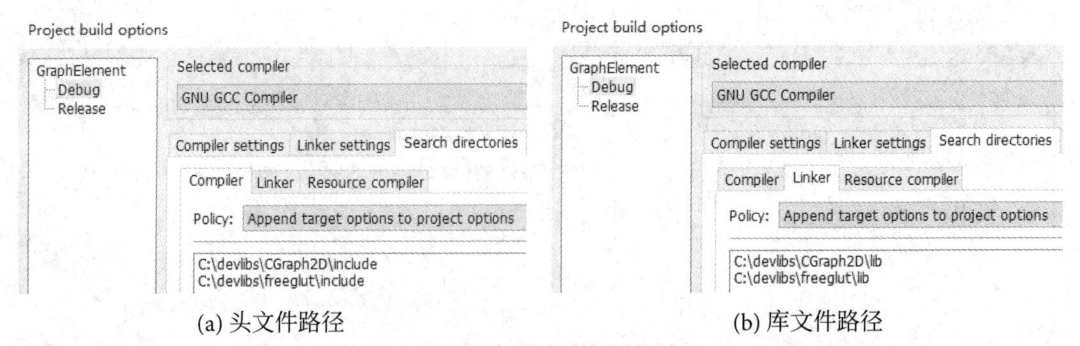

(a) 头文件路径　　　　(b) 库文件路径

图 25.10　添加搜索路径后的结果

其次，为使用该 CGraph2D 图形库添加需要链接库文件 (*.a)。添加链接库文件可以在如图 25.11 (a) 所示的 Project build options 对话框的 Linker Settings 》Link libraries 中通过 Add 添加，图 25.11 (b) 是添加链接库文件的结果。

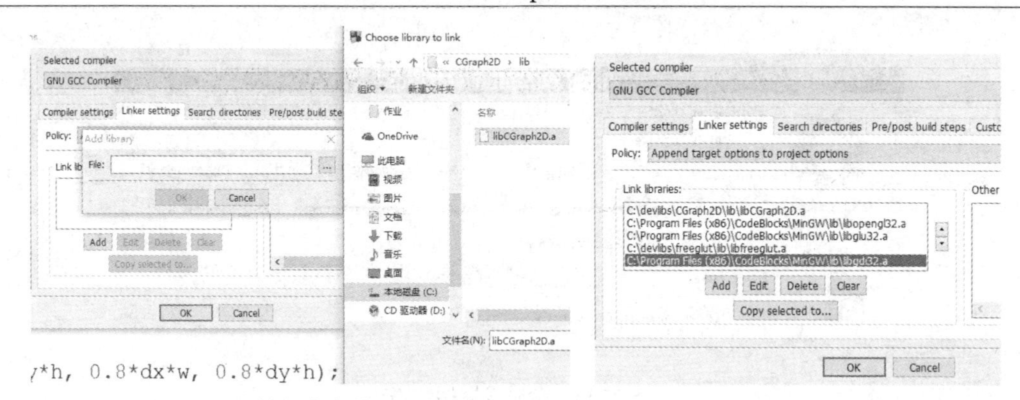

(a) 选择库文件　　　　　　　　(b) 添加库文件结果

图 25.11　添加链接库文件

需要添加的库文件有 libCGraph2D.a、libopengl32.a、libglu32.a、libfreeglut.a 和 libgdi32.a。注意，其中 libopengl32.a、libglu32.a 和 libgdi32.a 在 MinGW 的安装目录中。同时，在添加库文件时，建议按列出的顺序添加。

另外，也可在如图 25.12 所示的 Linker Settings 〉Other linker options 链接参数编辑框中通过添加“-lCGraph2D -lopengl32 -lglu32 -lfreeglut -lgdi32”链接参数实现所需链接库的设置。要注意的是，需要将各库文件名 libCGraph2D.a、libopengl32.a、libglu32.a、libfreeglut.a 和 libgdi32.a 中的“lib”替换为“-l”，并且不需要后缀名“.a”。

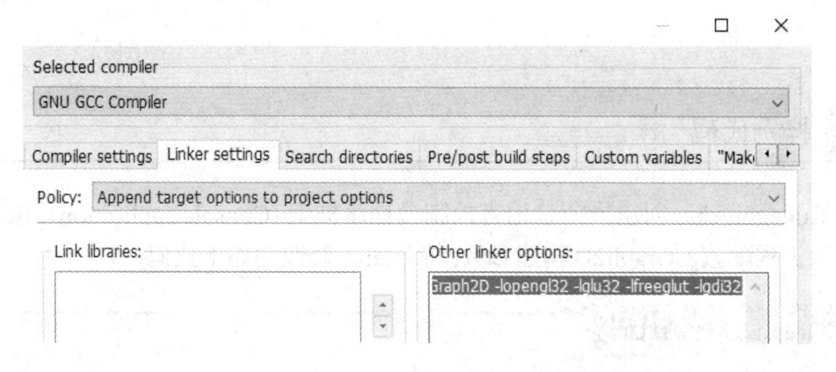

图 25.12　设置库链接参数

当按工程单独配置时，配置参数将被保存在工程文件中。当在不同的机器中再次打开同一工程文件时，其配置参数相同，采用该方式时工程便于迁移。但即便在同一台机器上，每建立一个工程时，都需要为该工程配置构建参数。

当然，也可以通过 Settings 〉Compiler... 进行“全局配置”，如图 25.13 和图 25.14 所示。当使用全局配置时，配置参数被保存在 Code::Blocks 的配置文件中，工程文件中没有这些配置参数，采用该方式的工程不便迁移，建立的任意工程都具备这些配置参数，特别是在同一平台下开发时相对便捷，对于不需要该配置的其它工程则会带来不必要的编译链接负担。

完成这些配置后，便可以正常使用 CGraph2D 图形库。

另外，也可以将 CGraph2D 和 freeglut 库文件的“bin”“include”和“lib”中的文件分别拷贝到 MinGW 的安装路径中。由于 MinGW 的相应目录已添加到环境变量和 Code::Blocks 的搜索路径中，因此不必再设置这些参数，但链接库文件参数仍需设置。

图 25.13　全局设置搜索路径

图 25.14　全局设置链接库参数

25.2.3 样例代码

运行 Code::Blocks, 创建一个 C 语言控制台程序框架 (Console application), 按照25.2.2小节的方式为工程配置 CGraph2D 构建参数, 将 main.c 修改为如下代码:

CGraph2D 样例代码

```c
#include <CGraph2D.h>

// 图形窗口绘制与更新函数回调函数
void display()
{
    circle(512, 384, 100);
    putText(480, 384, "Hello world!");
}

int main(int argc, char *argv[])
{
    // 图形系统初始化函数
    initGraph(display, NULL, NULL, NULL, NULL);
    return 0;
}
```

如果出现类似“fatal error: CGraph2d.h: No such file or directory”的编译错误，则表示头文件搜索路径配置错误。若出现类似“undefined reference to ‘circle’”或“undefined reference to ‘_imp____glutInitWithExit@12’”的链接错误，则表示库文件搜索路径或链接库文件配置错误，需要参照25.2.2小节进行配置。代码编译运行后的结果如图 25.15 所示。

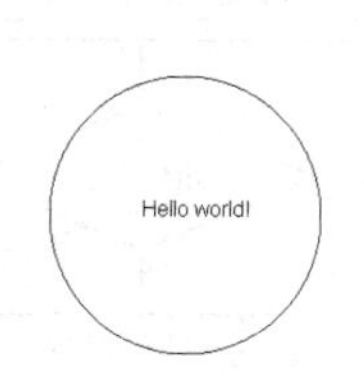

图 25.15　Hello World! 例程

与普通控制台程序框架类似，CGraph2D 需要使用 main() 函数作为程序的入口点，但最终能实现图形用户界面的显示，该例中输出“Hello world!”文本和一个圆。按 Esc 键可退出界面，按 F1 键可显示帮助信息，按 F2 键可显示坐标系，按 q 键可在窗口和全屏间切换。由示例代码可以看出，CGraph2D 代码结构简单、清晰，适合初学者使用。

在构建后，如在运行时出现如图 25.16 所示的“找不到 dll”的错误，则表示环境变量配置错误，需要参照25.2.1小节进行配置。

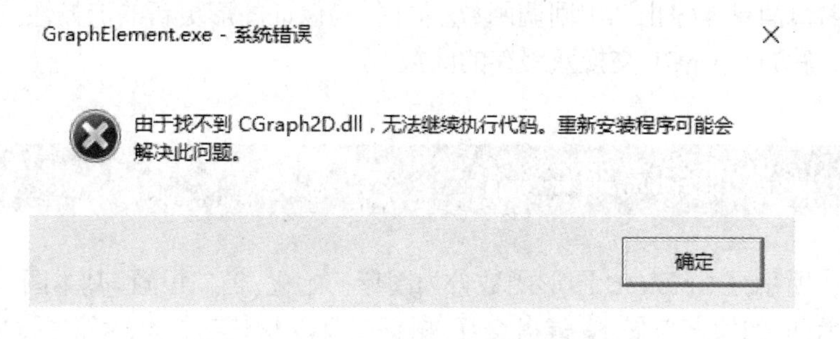

图 25.16　找不到 dll 错误

25.2.4 运行机制

在25.2.3小节的样例代码中，initGraph 函数参数中包含了一个名为 display 的函数指针，即回调函数。回调函数不由用户直接调用，而是在特定事件或条件 (如键盘被按下、鼠标单击等) 发生时, 由操作系统调用并给该函数发送消息, 用于对该事件或条件进行响应。除了 display 函数外, 还可以继续在 initGraph 中添加键盘、鼠标交互等回调函数。CGraph2D 中图形程序的运行机制如图 25.17 所示。

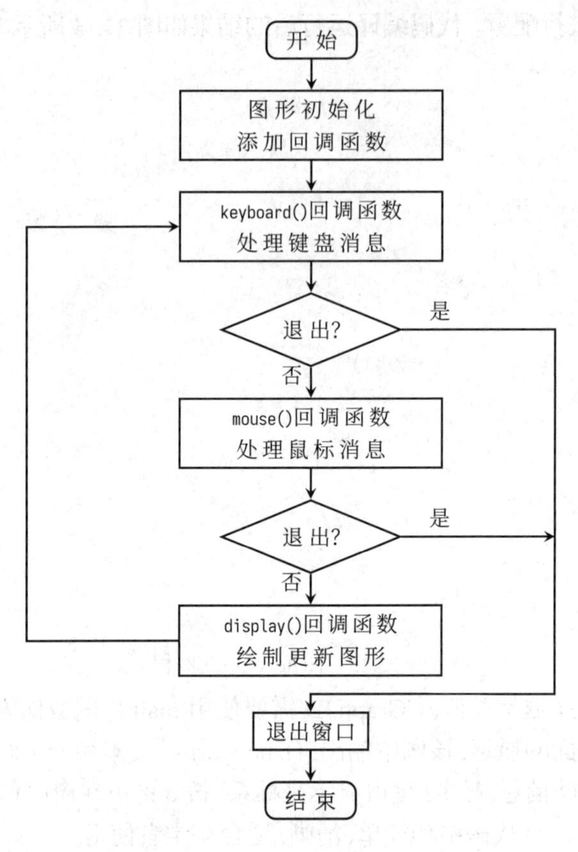

图 25.17　运行机制

为了对各种消息进行监听、更新图形窗口, display 等回调函数均处于一个循环体内, 直至收到退出窗口消息才停止调用回调函数。同时, 为保证图形更新的流畅性, 在 display 函数中使用了封装后的 OpenGL 交换双缓存的函数。

25.3　函数使用说明

如图 25.1 所示, CGraph2D 图形函数分为图形初始化、窗口设置、基本图元绘制、字体创建与文本显示、图像读入与显示、键盘交互、鼠标交互以及其它 8 类, 可根据 CGraph2D 所提供头文件中的注释查阅各个函数的使用说明。

25.4　小结

C 语言程序设计课程存在理论复杂、抽象度高的特点, 为在教学中直观体现程序设计思想, 我院程序设计课程组结合 OpenGL 和 VGA 模式下的 graphics 库, 开发了面向教学的简易 CGraph2D 图形库。该图形库结构简单清晰, 易学易用。实践表明, 保留以 main 函数为主线, 同时提供具备基本图形绘制和图像显示功能的图形库, 增加了学习的趣味性, 调动了学生的积极性, 有助于学生专注本课程的核心内容, 避免花费过多时间去理解窗口程序和图形用户界面的设计。此外, CGraph2D 也是一个过渡型图形库。通过该图形库的学习, 可以熟悉图形绘制的基本流程, 为过渡到专业软件开发包 (Qt 或 MFC) 或图形库 (OpenGL,DirectX) 的学习奠定基础。

后记

C语言说难也不难，无非是用函数加上指针操作各类数组。只要树立正确的内存观、代码观和调试观这程序设计的“三观”，熟练掌握和运用C语言并不是难事。在此，以笔者写的一篇《C语言之问》作为结语，与各位读者分享。

君问C语言，是否有点难，我说确如此，不是很简单。
数据分类型，皆为内存清，实则为两种，整型浮点数。
整型多花样，长短各不同，字符亦整型，牢记在心中。
浮点非难事，标准七五四，精度有误差，此事应详思。
构造表达式，运算符的事，结合有顺序，优先要分级。
分支复循环，逻辑有关联，细细自品味，涌思必若泉。

君问C语言，是否有点乱，我说细思量，实则序井然。
自顶而向下，求精模块化，待得无虑时，函数自可达。
参数是接口，劝君细把玩，迭代虽常用，递归亦常谈。
若得同类数，数组必有助，下标多变换，皆有归魂处。
自造结构体，形散神不乱，记录多字段，有容万事休。
联合共同体，文件亦可求，编程结构化，巉岩皆可攀。

君问C语言，指针该咋办，我说别无他，勤习再苦练。
指针为何物，内存一空间，地址亦整数，指向起始端。
内存各单元，此物均可见，各类地址型，仅定内存段。
可加也可减，内存跑得欢，加减有法度，长短需明断。
别说函数难，指针也可玩，非但为形参，函数指针赞。
莫再身形懒，深思必达远，习得指针魂，万法皆得闲。

耿楠
2020年10月
于杨凌